AF666060

EUL VERLAG

EINZELSCHRIFTEN

Natalie Malon
Generationsübergreifende Einflussfaktoren auf Karriereentscheidungen – Eine empirische Vergleichsstudie der Generationen X und Y
Lohmar – Köln 2017 • 112 S. • € 48,- (D) • ISBN 978-3-8441-0528-5

Christoph Wössner
Wertorientierte Incentivierung – Unter besonderer Berücksichtigung von Steuerungsphilosophie und Gaming-Phänomenen
Lohmar – Köln 2017 • 232 S. • € 60,- (D) • ISBN 978-3-8441-0530-8

Dieter Krimphove
Ökonomische Analyse der Sozialenzykliken der Katholischen Soziallehre
Lohmar – Köln 2017 • 164 S. • € 52,- (D) • ISBN 978-3-8441-0532-2

Anna-Lena Kotzur
Die verlustfreie Bewertung des Bankbuchs – Eine theoretische und umsetzungsorientierte Analyse der aktuellen Regelung
Lohmar – Köln 2017 • 208 S. • € 56,- (D) • ISBN 978-3-8441-0535-3

Matthias Schulz
Hybrid Entrepreneurship
Lohmar – Köln 2018 • 152 S. • € 52,- (D) • ISBN 978-3-8441-0536-0

Hendrik Jacobsen
Entwurf eines Landeshochschulgesetzes 2018 für Baden-Württemberg
Lohmar – Köln 2017 • 132 S. • € 50,- (D) • ISBN 978-3-8441-0539-1

Katrin Hamacher
Möglichkeiten der Verlustverrechnung bei Gruppenbesteuerungssystemen unter der Bedingung der wirtschaftlichen Verlusttragung
Lohmar – Köln 2018 • 316 S. • € 68,- (D) • ISBN 978-3-8441-0540-7

Dominique Hoffmann
Journal Entry Testing im Mittelstand – Effizientes Werkzeug oder notwendiges Übel?
Lohmar – Köln 2018 • 236 S. • € 60,- (D) • ISBN 978-3-8441-0541-4

JOSEF EUL VERLAG

Dominique Hoffmann

Journal Entry Testing im Mittelstand

Effizientes Werkzeug oder notwendiges Übel?

EUL VERLAG

Bibliografische Information der Deutschen Nationalbibliothek

Die Deutsche Nationalbibliothek verzeichnet diese Publikation in der Deutschen Nationalbibliografie; detaillierte bibliografische Daten sind im Internet über <http://dnb.d-nb.de> abrufbar.

Dissertation, Universität Duisburg-Essen, 2017

Die vorliegende Arbeit von Herrn Dominique Hoffmann, geboren in Duisburg, wurde vom Fachbereich Wirtschaftswissenschaften der Universität Duisburg-Essen (Campus Essen) als Dissertation zur Erlangung des akademischen Grades eines Doktors der Wirtschaftswissenschaften (Dr. rer. pol.) angenommen.

Erstgutachter: Prof. Dr. Ludwig Mochty
Zweitgutachter: Prof. Dr. Rainer Kasperzak

Tag der mündlichen Prüfung: 19. Oktober 2017

ISBN 978-3-8441-0541-4
1. Auflage Februar 2018

© JOSEF EUL VERLAG GmbH, Lohmar – Köln, 2018
Alle Rechte vorbehalten

JOSEF EUL VERLAG GmbH
Brandsberg 6
53797 Lohmar
Tel.: 0 22 05 / 90 10 6-80
Fax: 0 22 05 / 90 10 6-88
E-Mail: info@eul-verlag.de
https://www.eul-verlag.de

Bei der Herstellung unserer Bücher möchten wir die Umwelt schonen. Dieses Buch ist daher auf säurefreiem, 100% chlorfrei gebleichtem, alterungsbeständigem Papier nach DIN 6738 gedruckt.

Vorwort

Mein großer Dank gilt Herrn Prof. Dr. Ludwig Mochty, ohne ihn wäre diese Dissertation nicht denkbar gewesen. Herr Prof. Mochty hat mich bereits während meines Erststudiums an der Universität Duisburg-Essen begleitet und mir den Weg zurück an meine Alma Mater möglich gemacht. Mein bisheriger beruflicher Erfolg gebührt damit in Teilen auch ihm.

An dieser Stelle möchte ich noch einmal die herausragende Betreuung während der Anfertigung meiner Dissertation hervorheben. Die oft stundenlangen, lehr- und ergebnisreichen Diskussionen über meine Forschungsergebnisse waren ein wesentlicher Erfolgsfaktor dieser Dissertation. Hinzukommt, dass seine praxisorientierte und mathematisch-statistisch fundierte Ausrichtung meine Forschungen maßgeblich geprägt hat.

Ein besonders großer Dank gilt auch meiner Freundin Katja Stiefenhöfer, die während der gesamten Zeit eine wertvolle Unterstützung und damit ein weiterer Erfolgsfaktor dieser Dissertation war. Ihre kritische Grundhaltung, die mit ihr geführten Diskussionen, vor allem aber ihr moralischer Beistand und ihre Rückendeckung haben mir die Kraft zur Anfertigung der Dissertation gegeben.

Bei meinen Eltern möchte ich mich herzlich für die uneingeschränkte und vielseitige Unterstützung auf meinem bisherigen Lebensweg bedanken.

Mülheim an der Ruhr, Januar 2018 Dominique Hoffmann

Inhaltsverzeichnis

Abbildungsverzeichnis

Tabellenverzeichnis

Abkürzungsverzeichnis

AktG	Aktiengesetz
BGBl.	Bundesgesetzblatt
BMF	Bundesministerium der Finanzen
BStBl.	Bundessteuerblatt
FAIT	Fachausschuss für Informationstechnologie
Fn.	Fußnote
GDPdU	Grundsätze zum Datenzugriff und zur Prüfbarkeit digitaler Unterlagen
GmbHG	Gesetz betreffend die Gesellschaften mit beschränkter Haftung
GoBD	Grundsätze zur ordnungsmäßigen Führung und Aufbewahrung von Büchern, Aufzeichnungen und Unterlagen in elektronischer Form sowie zum Datenzugriff
HGB	Handelsgesetzbuch
Hrsg.	Herausgeber
i. d.	in den
IDW	Institut der Wirtschaftsprüfer
IFAC	International Federation of Accountants
ISA	International Standards of Auditing
JET	Journal Entry Testing
PH	Prüfungshinweis
PS	Prüfungsstandard
RGBl.	Reichsgesetzblatt
Rn.	Randnummer
RS	Rechnungslegungsstandard
Tz.	Textziffer
VO	Verordnung
WPK	Wirtschaftsprüferkammer

1 Einleitung

1.1 Problemstellung

Der Begriff „Big Data“ ist gegenwärtig in aller Munde und wird nicht nur in der entsprechenden Fachliteratur, sondern auch in der Tagespresse umfassend diskutiert[1]. So wählte die Gesellschaft für deutsche Sprache e. V. „Big Data“ im Jahr 2013 sogar auf Platz 5 bei der Wahl zum Wort des Jahres.[2] Und auch wenn vielfach nicht klar ist, was „Big Data“ eigentlich ist[3], wird heute davon ausgegangen, dass es sich um ein mächtiges Instrument handelt, durch das mit der erfolgreichen Auswertung von Daten eine politische Wahl zwar nicht gewonnen, aber zumindest so gesteuert werden kann, dass ein Wahlsieg wahrscheinlicher wird.[4]

Was versteht man also unter „Big Data“? Mit „Big Data“ wird dem Begriff nach zunächst einmal eine große Menge an Daten bezeichnet, wobei sich „groß“ nicht nur auf die Menge[5], sondern auch auf die Geschwindigkeit, mit der diese Daten produziert werden, und die Vielzahl an möglichen Formaten, die diese annehmen können, bezieht.[6] Zudem geht es hierbei nicht mehr nur um das Speichern dieser Daten, sondern auch um ihre Analyse.[7] Diese wird auch als „Big Data Analytics“ bezeichnet.

Unter „Big Data Analytics“ werden „echtzeitorientierte Analyse- und Optimierungsmethoden, die dem Nutzer [...] dabei behilflich sind, die nächsten Handlungsschritte einzuleiten“[8] verstanden. Auf Basis dieser Daten können Unregelmäßigkeiten, Wirkungszusammenhänge, Trends und Muster erkannt werden.[9] Fraglich ist nun, wie sich „Big Data“ bzw. „Big Data Analytics“ auf die Abschlussprüfung auswirken.

„Big Data“ und die Digitalisierung, also der Einsatz technologischer Innovationen im betrieblichen Umfeld,[10] verändern zunächst einmal die zu prüfenden Unternehmen

---

1 Vgl. *Kemper/Gerzer/Bachmann* (2014), S. 15; *Fasel/Meier* (2016), S. 4.
2 Vgl. *Gesellschaft für deutsche Sprache* (2013), o. S.
3 Vgl. *Fasel/Meier* (2016), S. 3.
4 Vgl. *Grassegger/Krogerus* (2016), o. S.
5 Nur in wenigen Fällen findet sich eine Einschätzung, ab welcher Menge an Daten von „Big Data“ gesprochen werden kann. So hat der Hersteller für Computerprozessoren Intel, allerdings bereits im Jahr 2012, eine Richtgröße von durchschnittlich 300 Terabyte pro Woche angegeben. Vgl. *Intel IT Center* (2012), S. 4.
6 Vgl. *Laney* (2001), S. 1.
7 Vgl. *Ward/Barker* (2013), S. 1.
8 *Koederitz* (2016), S. 125.
9 Vgl. ebd., S. 126.
10 Vgl. *Urbach/Ahlemann* (2016), S. 10.

und damit den Gegenstand der Abschlussprüfung.[11] Konkret führt die Digitalisierung von Unternehmen insbesondere zu Anpassungen und Veränderungen des Geschäftsmodells, der Unternehmenskultur, -organisation und der Geschäftsprozesse.[12] In diesem Zusammenhang fällt häufig der Begriff „Industrie 4.0", der durch das Bundesministerium für Bildung und Forschung geprägt wurde.[13] Die Bezeichnung „4.0" resultiert daraus, dass die technischen Entwicklungen der Vergangenheit in der Literatur in vier zeitliche Abschnitte unterteilt werden.

Der erste Abschnitt umfasst das Zeitalter, in dem erstmalig mit Dampfkraft angetriebene Maschinen eingesetzt wurden. Im Anschluss daran erfolgte durch den technischen Fortschritt die Massenfertigung von Produkten u. a. mithilfe von Fließbändern unter der Nutzung elektrischer Energie (zweiter Abschnitt). Der dritte Abschnitt, der in diesem Zusammenhang als „3.0" bezeichnet wird, beinhaltet insbesondere die Weiterentwicklung zu IT-gestützten Geschäftsprozessen und IT-gesteuerten Anlagen sowie zur IT-gestützten Buchführung.[14] Aktuell haben die meisten Unternehmen in Deutschland diese Stufe erreicht, da die Geschäftstätigkeit ohne den Einsatz von IT in weiten Teilen nicht mehr aufrechterhalten und kontrolliert werden kann.[15] Der Grad der IT-Durchdringung in den jeweiligen Unternehmen unterscheidet sich jedoch gerade im Mittelstand stark.[16]

Viele Großkonzerne, aber auch einige mittelständische Unternehmen stehen bereits an der Schwelle zum nachfolgenden vierten Abschnitt[17] oder sind zumindest bereit für eine entsprechende Entwicklung in der nahen Zukunft.[18] Die „Industrie 4.0" zeichnet

---

11 Häufig werden die Begriffe „Big Data" und Digitalisierung als Einheit aufgeführt. Dies erscheint historisch insofern etwas verwunderlich, da die Auswertung großer Datenmengen bereits zu einem Zeitpunkt passierte, zu dem an digitale Daten noch nicht zu denken war. Vgl. *Mayer-Schönberger/Cukier* (2013), S. 99.

12 Vgl. *Eckert* (2014), S. 263; *Bundesverband der deutschen Industrie e.V.* (2016), S. 2.

13 Vgl. *Bundesministerium für Forschung und Bildung* (2013), S. 1–33.

14 Vgl. *Henselmann* (2016), S. 360.

15 Vgl. *Jackmuth* (2012), S. 430 f.

16 Vgl. *Zentrum für Europäische Wirtschaftsforschung* (2016), S. 1 f.

17 Mittelständische Unternehmen stehen im Gegensatz zu Großunternehmen z. B. aufgrund der hohen Investitionskosten vor schwerwiegenderen Herausforderungen zur Erreichung der nächsten Stufe, sodass die Großunternehmen hier teilweise über einen technologischen Vorsprung verfügen. Vgl. *Bundesministerium für Wirtschaft und Energie* (2015), S. 8.

18 Diese Bereitschaft zeigt die Untersuchung zum Status quo der IT-Durchdringung im industriellen Mittelstand. Vgl. *Pierre Audoin Consultants* (2015), S. 6–22.

sich insbesondere durch die Vernetzung von Produktions- und Logistikprozessen sowie durch flexible miteinander verknüpfte Fertigungstechnologien[19], aber – etwas weiter gedacht – auch durch autonome, selbststeuernde und wissensbasierte Produktionssysteme aus.[20]

Trotz aller Vorteile der neuen digitalen Welt ergeben sich jedoch auch einige Problemfelder. So führen die ständig wachsenden Datenberge zu Intransparenzen in Unternehmensstrukturen, Prozessen und Abläufen, die in der Vergangenheit nicht selten Auslöser der großen Bilanzskandale waren oder diese zumindest begünstigt haben.[21] Diese Intransparenzen schaffen jedoch nur die Möglichkeiten für wirtschaftskriminelle Handlungen; ob diese tatsächlich genutzt bzw. ausgenutzt werden, hängt wiederum von den verantwortlichen Mitarbeitern ab.

Da durch die Digitalisierung und die damit einhergehende Automatisierung jedoch auch der Druck auf die Mitarbeiter steigt, schneller zu arbeiten, um bestimmte Ziele zu erfüllen, ist auch hier von einem entsprechenden Anreiz und einem daraus resultierenden Risiko auszugehen. Erschwerend kommt hinzu, dass es sich bei rund 70 % der Entscheider in Unternehmen um sogenannte digitale Anfänger handelt, denen die erforderlichen Fähigkeiten fehlen, ihr Unternehmen entsprechend den technischen Entwicklungen und den daraus resultierenden Risiken auszurichten.[22]

Für den Abschlussprüfer bedeutet diese Entwicklung, dass auch er sich auf neue Rahmenbedingungen einstellen muss. War die Abschlussanalyse früher ein rein manueller Abgleich von Kolonnen von Zahlen[23], so haben sich mit dem Einzug der IT auch die Methoden der Abschlussprüfung verändert, sodass heute bereits eine weitgehend automatisierte Abschlussanalyse möglich ist.[24] Diese „Big Data Analytics" helfen dem Abschlussprüfer nicht nur dabei, auf effizientem Wege Prüfungsnachweise zu erlangen, sondern auch, sein Verständnis über die Geschäftstätigkeit des Unternehmens einschließlich des internen Kontrollsystems zu vertiefen.[25]

---

19 Vgl. *Bundesministerium für Forschung und Bildung* (2013), S. 6.
20 Vgl. *Aigner* (2016), S. 5.
21 Vgl. *Romeike/Finke* (2003), S. 450.
22 Vgl. *Kollmann/Schmidt* (2016), S. 23.
23 Vgl. *Mann* (1909), S. 214.
24 Vgl. *Henselmann* (2016), S. 361 sowie S. 364–369.
25 Vgl. *Köhler* (2016), S. 12.

In welchen Bereichen der Abschlussprüfung diese Methoden genutzt werden können, hängt jedoch nicht nur davon ab, wie weit die Digitalisierung beim zu prüfenden Unternehmen bereits umgesetzt wurde, sondern auch davon, welchen digitalen Reifegrad der verantwortliche Abschlussprüfer hat.[26] An diesem Punkt werden die zentralen Problemfelder der vorliegenden Arbeit deutlich.

Zum einen benötigt der Abschlussprüfer moderne Werkzeuge, um diese Methoden nutzen zu können, zum anderen ist eine entsprechende Aus- und Fortbildung erforderlich, um sicherzustellen, dass auch er für das Zeitalter 4.0 gewappnet ist. Während der erste Punkt dank moderner Datenanalysesoftware i. d. R. erfüllt ist, ist der zweite Punkt aktuell noch kritisch zu hinterfragen. So fehlt bspw. für das verpflichtende Journal Entry Testing, also die Analyse der Journalbuchungen eines Geschäftsjahres, eine konkrete Anleitung, wie genau dieses durchzuführen ist. Dabei geht es nicht nur um die Frage, welche Analysen zu verwenden sind – also bspw. Informationen darüber, wer gebucht hat und wann wurde gebucht –, sondern auch darum, wie der Abschlussprüfer überhaupt die richtige Datengrundlage vom zu prüfenden Unternehmen erlangen kann. Mangels Kenntnissen über die technischen Gegebenheiten beim zu prüfenden Unternehmen und die damit verbundenen Möglichkeiten bleibt der Abschlussprüfer häufig hinter diesen zurück.[27]

Aus dem zuvor Gesagten wird auch die Motivation für die vorliegende Forschungsarbeit deutlich. Mangels konkreter Anweisungen oder zumindest einer Hilfestellung in den berufsständischen Verlautbarungen, wie mit großen Datenbeständen im Rahmen der Abschlussprüfung umzugehen ist, ergibt sich hier ein großer Handlungsspielraum, der sowohl wissenschaftlich als auch praxistauglich mit Leben gefüllt werden will. Aktuell lässt der Berufsstand der Abschlussprüfer viele Möglichkeiten, die die Digitalisierung bietet, noch ungenutzt, was zum einen dazu führt, dass Verstöße in der Masse an Daten nicht mehr entdeckt werden, zum anderen aber auch dazu, dass die Abschlussprüfung nicht so effizient ausgestaltet ist, wie sie es vielleicht sein könnte.

Vor dem Hintergrund des ständig steigenden Kostendrucks in der Branche und dem Wunsch nach Profitabilität ist insbesondere der letzte Punkt von Belang. Fakt ist: Ohne

---

26 Vgl. *Sailer/Flemming* (2016), S. 10.
27 Vgl. *Koederitz* (2016), S. 127.

sich an die Digitalisierung anzupassen, wird es der Abschlussprüfung nicht gelingen, mit zu prüfenden Unternehmen in der „Industrie 4.0“ Schritt zu halten.

Diesen Punkt hat auch das Institut der Wirtschaftsprüfer, ein freiwilliger Zusammenschluss von Wirtschaftsprüfern und Wirtschaftsprüfungsgesellschaften, erkannt und auch das Weiterbildungsangebot dahingehend angepasst. Darüber hinaus wurde eine Arbeitsgruppe „Forum für IT-Prüfungsexperten im Mittelstand“ gegründet, die sich mit dem gezielten Austausch zu IT-basierten Themen befasst. Beides sind Initiativen, die vor dem Hintergrund der Entwicklung der Unternehmen erforderlich und zu befürworten sind, jedoch aktuell den Berufsstand noch nicht flächendeckend erreichen. Hinzu kommt, dass die offenen Punkte wie bspw. eine konkrete Anleitung für das Journal Entry Testing – zumindest ist darüber nichts Konkretes bekannt – dort bisher nicht im Fokus stehen.

Berücksichtigt man dies, ergibt sich die folgende übergeordnete Frage für diese Forschungsarbeit, die gleichzeitig auch ihren Titel prägt: **Ist das Journal Entry Testing bei Abschlussprüfungen im Mittelstand ein effizientes Werkzeug oder nur notwendiges Übel?** Diese übergeordnete Fragestellung soll in die folgenden Forschungsfragen weiter untergliedert werden:

- Wie verändert die Digitalisierung den risikoorientierten Prüfungsansatz?
- Wie kann ein effizientes Journal Entry Testing in der Praxis eines mittelständischen Wirtschaftsprüfers ausgestaltet sein?
- Welche Weiterentwicklungen sind denkbar, um das Journal Entry Testing zu einem effizienten Werkzeug zu machen?

1.2 Gang der Untersuchung

Im Rahmen von Kapitel 2 werden zunächst die theoretischen Grundlagen für den weiteren Verlauf dieser Forschungsarbeit geschaffen. Dazu wird im ersten Schritt der risikoorientierte Prüfungsansatz komprimiert dargestellt, d. h. insbesondere wird darauf eingegangen, wie der Abschlussprüfer Risiken identifiziert und auf diese zu reagieren hat. Hierbei soll auch darauf eingegangen werden, welchen Einfluss Big Data und die Digitalisierung auf den Prüfungsansatz haben. Bereits an dieser Stelle wird aufgezeigt, wie essenziell es für den Berufsstand ist, sich den veränderten Rahmenbedingungen anzupassen und die bestehenden Ansätze weiterzuentwickeln. Weiterhin werden in diesem Kapitel die theoretischen Grundlagen für Unregelmäßigkeiten erläutert und ebenso, wie auf diese in der Abschlussprüfung zu reagieren ist. Unregelmäßigkeiten, die auch Verstöße umfassen, sind über die berufsständische Verlautbarung[28] untrennbar mit dem Journal Entry Testing verbunden, da der Abschlussprüfer verpflichtet ist, Prüfungshandlungen auf Basis des Buchungsjournals zur Identifizierung von Verstößen, das sogenannte Journal Entry Testing, durchzuführen.[29]

Auf Basis dieser theoretischen Grundlagen wird in Kapitel 3 dargestellt, wie das Journal Entry Testing in der Praxis idealtypisch ausgestaltet sein sollte. Es beginnt damit, dass der Untersuchungsgegenstand, eine mittelgroße Vertriebsgesellschaft, vorgestellt wird, an der schwerpunktmäßig die Auswirkungen der unterschiedlichen Alternativen, von dem Journal Entry Testing in seiner bisherigen Form bis hin zu verschiedenen Varianten einer Weiterentwicklung, getestet werden sollen. Diese Gesellschaft wurde ausgewählt, da sich damit eine möglichst große Allgemeingültigkeit und Aussagekraft erzielen lässt. Um die Ergebnisse der Forschungsarbeit bewerten zu können, werden außerdem die Zielgrößen der Abschlussprüfung – namentlich Effektivität und Effizienz – dargestellt, und es wird untersucht, welche die entscheidenden Einflussfaktoren in Bezug auf diese Zielgrößen sind.

Im Anschluss daran wird in Kapitel 3.3 bis Kapitel 3.6 das Journal Entry Testing systematisch in seine einzelnen Schritte zerlegt, und diese werden detailliert analysiert. Dabei werden zunächst die Anforderungen der Journalbuchungen in den Fokus gestellt, um darzustellen, worauf es bei der Festlegung der Datengrundlage ankommt und wie eine risikoorientierte und unternehmensindividuelle Anforderung der Daten ausgestaltet sein muss. Nachdem die Datengrundlage beim Unternehmen angefordert wurde und bevor die eigentlichen Datenanalysen durchgeführt werden können, steht der Schritt der Datenübernahme und -aufbereitung. Um die Bedeutung einer vollständig und richtig eingelesenen Datengrundlage in die Datenanalysesoftware aufzuzeigen, wird in Kapitel 3.4 erläutert, wie diese sichergestellt werden kann.

---

28 Der vorliegenden Arbeit werden grundsätzlich die von der IFAC herausgegebenen International Standards on Auditing zugrunde gelegt. Zum Zeitpunkt der Abgabe dieser Arbeit besteht zwar mangels Annahme durch die EU-Kommission noch keine gesetzliche Pflicht zur Anwendung der ISA bei der Abschlussprüfung in Deutschland; dennoch soll, da es sich nur um eine Frage der Zeit handelt, bereits jetzt auf die ISA abgestellt werden. Inhaltlich ergeben sich grundsätzlich nur wenige Abweichungen zwischen den ISA und den Verlautbarungen des Instituts der Wirtschaftsprüfer. Vgl. *WPK*, o. S.

29 Vgl. *IFAC*, ISA 240.32.

Kernpunkt jedes Journal Entry Testings sind jedoch die Datenanalysen selbst. Ihre Ausgestaltung entscheidet darüber, wie viele Journalbuchungen als risikobehaftet eingeschätzt werden. Während ein unkoordiniertes Stichprobenziehen i. d. R. zu einer großen Anzahl an Journalbuchungen führt, die dann einzelfallbezogen zu prüfen sind, führt die risikoorientierte und unternehmensindividuelle Vorgehensweise zu einer gezielteren Analyse.

Kapitel 3.6 stellt den letzten Schritt des Journal Entry Testings dar: die Bildung von Prüfungsaussagen auf Grundlage der zuvor durchgeführten Datenanalysen und der daran anschließenden einzelfallbezogenen Prüfungshandlungen. Hierbei soll vor allem die Bedeutung der Dokumentation für das Prüfungsvorgehen herausgestellt werden. Kapitel 3.7 liefert eine grafische Übersicht über die einzelnen Schritte des Journal Entry Testings, um einen kompakten Leitfaden für die Praxis zu liefern, an dem sich Abschlussprüfer orientieren können. Es zeigt sich, dass der in Kapitel 3 beschriebene idealtypische Ablauf bereits beim **Journal Entry Testing in seiner bisherigen Form** zu einer Verbesserung insbesondere im Hinblick auf die Risikoorientierung führt. Gleichwohl wird deutlich, dass weitere Effizienzpotenziale häufig nicht genutzt wurden, die insbesondere durch die stärkere Integration in den Prüfungsansatz erzielbar sind.

Vor diesem Hintergrund beschäftigt sich Kapitel 4 mit der Frage, wie der idealtypische Ablauf des Journal Entry Testings angepasst werden muss, um die angesprochenen Effizienzpotenziale zu heben. Das Kapitel beginnt zunächst mit einer Analogie, um die Schwachstellen des Journal Entry Testings in seiner bisherigen Form noch einmal zu verdeutlichen.

Aufbauend auf diesen Erkenntnissen wird in Kapitel 4.1 erläutert, wie, d. h. insbesondere an welchen Stellen, das Journal Entry Testing in den risikoorientierten Prüfungsansatz integriert werden kann. Hierbei werden zunächst die bisher nur allgemein umrissenen Verstöße noch einmal genauer beleuchtet und in Verstöße im weiteren Sinne (im Folgenden Verstöße i. w. S.) und im engeren Sinne (im Folgenden Verstöße i. e. S.) unterschieden. Diese Differenzierung ist erforderlich, um die Integration in den Prüfungsansatz zielgerichtet umsetzen zu können. Während Verstöße i. e. S. klassischerweise den aussagebezogenen Prüfungshandlungen zuzuordnen sind, wird zunächst die Arbeitshypothese aufgestellt, dass Verstöße i. w. S., die das Thema Management Override, also das Außerkraftsetzen von Kontrollen, umfassen, dem Bereich der Systemprüfung zuzuordnen sind. Zudem wird in Kapitel 4.1.2 erläutert, dass nicht alle Journalbuchungen gleich anfällig für Risiken sind, und das Buchungsjournal demnach in unterschiedliche Risikoklassen aufgeteilt.

Um die Arbeitshypothese zu verifizieren, wird in Kapitel 4.2 zunächst die bisherige Systemprüfung, bestehend aus Prozess- und Kontrollaufnahme, kurz dargestellt. Hierauf aufbauend wird ein Modell (das sogenannte „Kammermodell") entwickelt, das aufzeigen soll, wie das Außerkraftsetzen von Kontrollen aufgedeckt werden könnte. Ohne die Test-Ergebnisse dieses Modells vorwegzunehmen, sei gesagt, dass später, in Kapitel 4.5, noch ein alternativer Ansatz zum Erkennen von außer Kraft gesetzten Kontrollen aufgezeigt wird.

Im anschließenden Kapitel 4.3 wird ein multivariater Ansatz zur Datenmustererkennung vorgestellt, auf dessen Basis dann Verstöße i. e. S. erkannt werden können. Dieser stellt die **erste Stufe der risikoorientierten Weiterentwicklung des Journal Entry Testings** dar.

Dieser multivariate Ansatz wird in Kapitel 4.4 mit einem Scoring-Modell kombiniert, um das prüferische Vorgehen, das an vielen Stellen durch das Ermessen des Abschlussprüfers geprägt ist, für Dritte nachvollziehbar und transparent zu machen. Das entwickelte Scoring-Modell wird auf den Untersuchungsgegenstand angewendet, und die daraus resultierenden Effizienzgewinne werden dargestellt. Um das Modell zu verplausibilisieren, wird eine Korrespondenzanalyse durchgeführt, die die Zusammenhänge zwischen den Merkmalen grafisch darstellt und analysiert.

Das nachfolgende Kapitel 4.5 stellt eine alternative Vorgehensweise in Bezug auf das Ziel, Management Override erkennen zu können, dar. Hierzu werden zunächst die Process-Mining-Verfahren vorgestellt und ihre Relevanz für die Abschlussprüfung untersucht. Auf Basis der hierbei gewonnenen Erkenntnisse werden die Process-Mining-Verfahren dergestalt weiterentwickelt, dass sie in Form des Process-Fault-Tracings dazu eingesetzt werden können, um zielgerichtet und effizient außer Kraft gesetzte Kontrollen zu identifizieren (**zweite Stufe der risikoorientierten Weiterentwicklung des Journal Entry Testings einschließlich Scoring-Modell und Process-Fault-Tracing**).

In Kapitel 4.6 werden die Zielgrößen der Abschlussprüfung Effektivität und Effizienz noch einmal aufgegriffen und das Journal Entry Testing in seiner bisherigen Form sowie in den zwei Stufen der Weiterentwicklung beurteilt. Zudem wird die zentrale Frage dieser Forschungsarbeit abschließend beantwortet, ob das Journal Entry Testing ein effizientes Werkzeug des Abschlussprüfers oder doch nur ein notwendiges Übel ist.

Kapitel 5 enthält eine Zusammenfassung der gesamten Forschungsarbeit und einen Ausblick auf sich hieraus ergebende Forschungsfragen sowie zukünftige Herausforderungen des Berufsstands durch die Innovationen im Bereich „Big Data“ und Digitalisierung.

Der Gang der Untersuchung im Hauptteil dieser Arbeit stellt sich also insgesamt wie folgt dar:

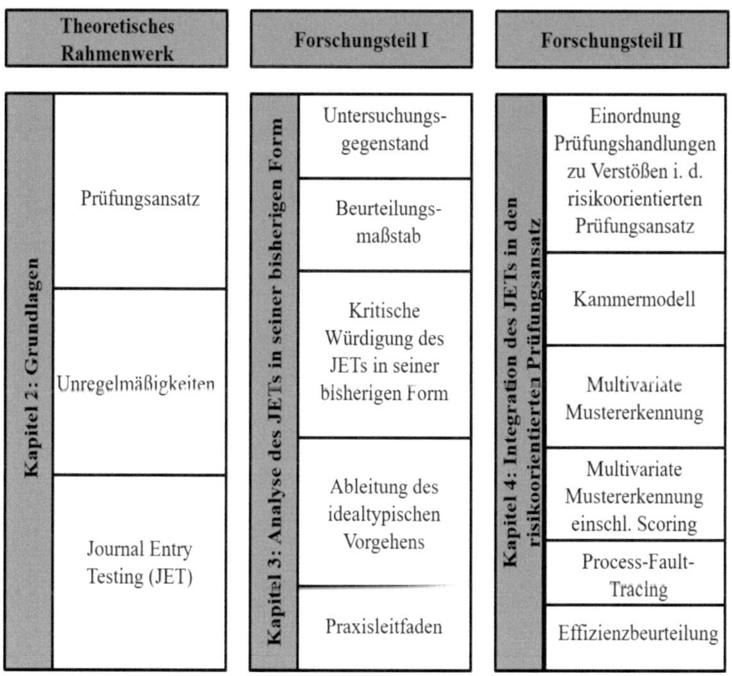

Abbildung 1: Gang der Untersuchung

2 Grundlagen

2.1 Der digitalisierte risikoorientierte Prüfungsansatz

2.1.1 Risikoidentifizierung im Rahmen des risikoorientierten Prüfungsansatzes

Der risikoorientierte Prüfungsansatz in seiner jetzigen Form existiert bereits seit dem zwanzigsten Jahrhundert[30] und somit seit einer Zeit, als die Digitalisierung und der Einsatz von IT in Unternehmen bei Weitem nicht so fortgeschritten waren wie derzeit. Vor diesem Hintergrund ist es erforderlich, den traditionellen risikoorientierten Prüfungsansatz weiterzuentwickeln und an die Digitalisierung in Unternehmen anzupassen.

Bestandteil dieser Arbeit ist es jedoch nicht, den in der Literatur bereits umfangreich diskutierten risikoorientierten Prüfungsansatz erneut herzuleiten und zu beurteilen.[31] Gleichwohl ist es erforderlich, die Grundzüge des risikoorientierten Prüfungsansatzes darzustellen, um entsprechende Weiterentwicklungen, die Kernpunkt dieser Arbeit sein sollen, vornehmen zu können.

Das zentrale Element im Rahmen der Prüfungsplanung und -durchführung ist eben jener risikoorientierte Prüfungsansatz. Von großer Bedeutung innerhalb des risikoorientierten Prüfungsansatzes ist das Prüfungsrisiko, das als Wahrscheinlichkeit definiert ist, dass der Abschlussprüfer den Abschluss bzw. ein Prüfgebiet[32] akzeptiert, obwohl darin wesentliche Fehler[33] enthalten sind.[34] Das Prüfungsrisiko, also das Risiko der irrtümlichen Annahme, wird auch als β-Risiko bezeichnet und vom Abschlussprüfer als Obergrenze bzw. als geforderte Sicherheit innerhalb der Abschlussprüfung verstanden.[35] Das Prüfungsrisiko setzt sich aus dem Fehlerrisiko und dem Entdeckungsrisiko

---

30 So z. B. *AICPA* (1984), S. 143–146; in der deutschsprachigen Literatur z. B. *Wiedmann* (1993), S. 13–16.

31 Siehe zum risikoorientierten Prüfungsansatz exemplarisch *Stibi* (1995), S. 45–136; *Quick* (1996), S. 23–64; *IDW* (2012), S. 2409–2445.

32 Das Prüfungsrisiko gilt nicht nur in Bezug auf den Abschluss selbst, sondern auch auf Ebene der einzelnen Prüfgebiete, da die Urteilsbildung des Abschlussprüfers nicht auf Ebene des Abschlusses, sondern auf Ebene abgrenzbarer Prüfgebiete erfolgt. Erst im Anschluss erfolgt eine Aggregation zum Gesamturteil. Vgl. *Stibi* (1995), S. 54; *Dörner* (2002), S. 1748.

33 Im Fokus des Prüfungsrisikos steht die Nicht-Entdeckung wesentlicher Fehler. Der Grundsatz der Wesentlichkeit besagt, dass die Ordnungs- und Gesetzmäßigkeit von Buchführung, Abschluss und Lagebericht nicht vorliegt, wenn Fehler auftreten, die Einfluss auf wirtschaftliche Entscheidungen der Adressaten des Prüfungsurteils haben können. Vgl. *Lück* (1993), S. 54.

34 Vgl. *Marten/Quick/Ruhnke* (2015), S. 232.

35 Vgl. *Dörner* (2002), S. 1747. In der Praxis und der Literatur wird ein Prüfungsrisiko von maximal 5 % als akzeptabel angesehen. Vgl. *Wiedmann* (1993), S. 19; *Marten/Quick/Ruhnke* (2015), S. 234.

zusammen. Das Fehlerrisiko, also das Risiko, dass im Jahresabschluss ein wesentlicher Fehler enthalten ist, kann vom Abschlussprüfer nicht beeinflusst werden. Es besteht aus zwei Komponenten: dem inhärenten Risiko und dem Kontrollrisiko.[36] Das inhärente Risiko stellt die Anfälligkeit von Informationssystemen, Beständen oder Transaktionen für Fehler oder bewusste Eingriffe dar,[37] und zwar unter der Annahme, dass im zu prüfenden Unternehmen kein internes Kontrollsystem[38] vorhanden ist.[39] Das Kontrollrisiko steht dagegen für die Wahrscheinlichkeit, dass wesentliche Fehler nicht durch das interne Kontrollsystem verhindert oder aufgedeckt werden.[40] Im Gegensatz zum Fehlerrisiko und seinen Komponenten kann der Abschlussprüfer das Entdeckungsrisiko, also das Risiko, dass er einen wesentlichen Fehler nicht entdeckt, direkt über seine Prüfungshandlungen beeinflussen.[41]

Um den risikoorientierten Prüfungsansatz greifbar zu machen, kann das entwickelte Risikomodell durch die folgende Gleichung auch rechnerisch dargestellt werden.[42] Die Gleichung zeigt, dass sich das Prüfungsrisiko (PR) aus der multiplikativen Verknüpfung des inhärenten Risikos (IR), des Kontrollrisikos (KR) und des Entdeckungsrisikos (ER) ergibt.[43]

$$PR = IR \times KR \times ER$$

Die Gleichung zeigt, dass sich das Prüfungsrisiko (PR) aus der multiplikativen Verknüpfung des inhärenten Risikos (IR), des Kontrollrisikos (KR) und des Entdeckungsrisikos (ER) ergibt.[44]

Um den Abschlussprüfer bei der Prüfungsplanung und -durchführung zu unterstützen,

---

36 Vgl. *Wiedmann* (1993), S. 17 f.

37 Vgl. *Lück* (1993), S. 53.

38 Ziele des internen Kontrollsystems sind die Sicherung der Wirksamkeit und Wirtschaftlichkeit der Geschäftstätigkeit, die Ordnungsmäßigkeit und Verlässlichkeit der internen und externen Rechnungslegung sowie die Einhaltung der rechtlichen Vorschriften. Vgl. *Marten/Quick/Ruhnke* (2015), S. 304.

39 Vgl. ebd., S. 232 f.

40 Vgl. *Stibi* (1995), S. 76.

41 Vgl. *Wiedmann* (1993), S. 18.

42 Vgl. *AICPA* (1984), S. 143–146; *Wiedmann* (1993), S. 18.

43 Vgl. *Lück* (1993), S. 53.

44 Vgl. *Lück* (1993), S. 53.

sind der Einsatz und insbesondere das Verständnis des risikoorientierten Prüfungsansatzes essenziell. Der Prüfungsansatz stellt jedoch nur ein gedankliches Hilfskonstrukt dar. In Bezug auf die praktische Vorgehensweise stehen zusammenfassend die folgenden Fragen im Vordergrund:

- Welches Prüfgebiet ist wesentlich und muss daher betrachtet werden?
- Welche Prüfungsziele werden für das jeweilige Prüfgebiet verfolgt?
- Welche Daten liegen im Sinne einer Prüfungsgrundlage vor?
- Welche Prüfungstechniken[45] bzw. Prüfungshandlungen sollen angewendet werden?

Grundlage für die Ermittlung des inhärenten Risikos und des Kontrollrisikos sind Informationen.[46] Gemäß ISA 315 ist der Abschlussprüfer dazu verpflichtet, Kenntnisse über die Geschäftstätigkeit sowie das wirtschaftliche und rechtliche Umfeld des zu prüfenden Unternehmens zu erlangen.[47] Die gewonnenen Informationen sind für den Abschlussprüfer die wesentliche Grundlage sowohl für die Risikobeurteilung als auch für die wirksame und sachgerechte Prüfungsplanung und -durchführung.[48] Der Prüfungsstandard gibt eine Übersicht über verschiedene Quellen, aus denen die Informationen gewonnen werden können.[49]

Vor dem Hintergrund der zunehmenden Digitalisierung können diese Informationsquellen in traditionelle und elektronische Informationsquellen differenziert werden. Zu den traditionellen Informationsquellen zählen z. B. Gespräche mit Mitarbeitern und der Geschäftsführung[50], Vorjahresunterlagen und Handelsregisterauszüge,[51] wobei eine Vielzahl der Dokumente bereits ebenfalls in elektronischer Form vorhanden ist. Dagegen beinhalten die elektronischen Informationsquellen Informationen in Form

45 In der Praxis und Literatur werden die Begriffe „Prüfungstechnik" und „Prüfungshandlung" häufig nicht klar voneinander abgegrenzt. Vgl. *Brösel et al.* (2015), S. 258. Da dies jedoch für das weitere Vorgehen in dieser Arbeit notwendig ist, werden im Folgenden unter dem Begriff „Prüfungstechnik" die bei der Prüfung verwendeten Hilfsmittel verstanden, während „Prüfungshandlungen" einzelne prüferische Tätigkeiten wie die Einsichtnahme in Unterlagen, also die Mittelanwendung, meint.

46 Vgl. *Biendarra* (1998), S. 41; *Leffson* (1988), S. 224; *Wich* (2008), S. 271.

47 Vgl. *IFAC*, ISA 315.11; *Schmidt/Eibelshäuser* (2013), S. 697.

48 Vgl. *IFAC*, ISA 315.3.

49 Vgl. *IFAC*, ISA 315.14–24.

50 Im Folgenden wird der Begriff „Geschäftsführung" für das Management des zu prüfenden Unternehmens, unabhängig von der betrachteten Rechtsform, verwendet.

51 Vgl. *IFAC*, ISA 315.A17-A41.

maschinell erzeugter Daten, z. B. Protokolle, Transaktionsdaten und Reports.[52] Eine weitere Informationsquelle des Abschlussprüfers, die den elektronischen Quellen zuzuordnen ist und bisher nicht oder nur in Ansätzen berücksichtigt wird, gewinnt vor dem Hintergrund der Digitalisierung zunehmend an Bedeutung: die Ergebnisse der IT-Systemprüfung.

Der Abschlussprüfer muss die IT-Systeme, d. h. konkret die IT-gestützten Rechnungslegungssysteme, daraufhin beurteilen, ob sie die gesetzlichen Anforderungen – im Wesentlichen Ordnungsmäßigkeit und Sicherheit – erfüllen.[53] In Bezug auf das Risikomodell ist insbesondere die Beurteilung des IT-Fehlerrisikos, das sich wiederum in inhärentes Risiko und Kontrollrisiko unterteilt, Teil der IT-Systemprüfung.[54]

Die Ergebnisse der IT-Systemprüfung liefern dem Abschlussprüfer wertvolle Informationen über den Aufbau und die Ausgestaltung der IT-Landschaft im zu prüfenden Unternehmen und über bestehende Fehlerrisiken. Vor allem die Prüfungsergebnisse über die IT-gestützten Geschäftsprozesse und die internen Kontrollen stellen vor dem Hintergrund der Digitalisierung und des zunehmenden technischen Fortschritts wichtige Informationsquellen für den Abschlussprüfer dar.

Im Ergebnis liegt dem Abschlussprüfer eine Vielzahl von Informationen aus unterschiedlichen Quellen vor. Aufgrund der Tatsache, dass sowohl die Informationen aus traditionellen als auch aus den elektronischen Quellen heutzutage i. d. R. in digitaler Form vorliegen, kann der zuvor beschriebene Schritt der Einholung von Informationen auch zusammenfassend als Phase der **Datenbeschaffung** zur Risikoidentifizierung bezeichnet werden.

An die Phase der Datenbeschaffung schließen die Phasen der **Datenauswertung** und **Datenbeurteilung** an, im Zuge derer der Abschlussprüfer auf Grundlage der zuvor erlangten Informationen zunächst das inhärente Risiko einschätzen wird.[55] Auf das inhärente Risiko kann das zu prüfenden Unternehmen durch ein angemessen ausgestaltetes internes Kontrollsystem reagieren, d. h. das Kontrollrisiko entsprechend reduzieren.[56] Hierbei ist zu beachten, dass das Kontrollrisiko eines Unternehmens nie

---

52 Vgl. *Feld/Kreisel/Baum* (2013), S. 575.

53 Vgl. *IDW*, FAIT 1, Tz. 76. Zur IT-Systemprüfung siehe im Detail exemplarisch *Sydon* (2012), S. 86–210. Die IT-Systemprüfung soll im Rahmen dieser Arbeit nicht weiter erläutert werden.

54 Vgl. *IFAC*, ISA 401.8.

55 Vgl. *Stibi* (1995), S. 63 f.

56 Vgl. *Wiedmann* (1993), S. 18.

gleich null sein kann, selbst wenn ein wirksames internes Kontrollsystem vorliegt.[57] Dafür gibt es zwei Gründe: Zunächst einmal können die internen Kontrollen aufgrund unvollständiger Kontrollanweisungen, menschlichen Versagens oder von Fehlern innerhalb der automatischen Kontrollen keine absolute Sicherheit gewährleisten (Risiko durch Fehler).[58] Daneben besteht das Risiko, dass Kontrollen bewusst umgangen werden.[59]

Daher wird der Abschlussprüfer zunächst eine vorläufige Einschätzung des Kontrollrisikos vornehmen. Die dafür benötigten Informationen werden durch eine Prozess- und Kontrollaufnahme erlangt, und zwar mit dem Ziel, ein Verständnis über die Arbeitsabläufe und Funktionalität der internen Kontrollen zu gewinnen (Aufbauprüfung).[60] Dabei sollte der Abschlussprüfer die Prozess- und Kontrollaufnahme durch eigene Beobachtungen, Einsichtnahme und Nachvollziehen durchführen.[61]

Vor dem Hintergrund der Digitalisierung und des technischen Wandels ist zu beachten, dass zahlreiche Unternehmen ihr internes Kontrollsystem bereits an die neuen Gegebenheiten angepasst haben. Hierbei führen insbesondere die zunehmende Integration und Automatisierung sowohl der Transaktionsverarbeitung als auch der internen Kontrollen zu Intransparenzen aus Sicht des Abschlussprüfers.[62] Diese Entwicklung führt dazu, dass der Abschlussprüfer zur Beurteilung des Kontrollrisikos nunmehr ein Verständnis vom digitalen Weg des Geschäftsvorfalls durch die Prozesse und internen Kontrollen innerhalb der IT-Systeme erlangen muss.[63]

Weiterhin sind die vom Unternehmen eingesetzten IT-Systeme bzw. die IT-gestützten Rechnungslegungssysteme als Teil des internen Kontrollsystems zu prüfen.[64] Der Umfang der IT-Systemprüfung hängt dabei maßgeblich von der Komplexität des Einsatzes von IT im Unternehmen und der Bedeutung der IT-Systeme für die Rechnungslegung ab.[65] Konkret bedeutet dies: Je umfangreicher das zu prüfende Unternehmen IT-

57 Vgl. *Brösel et al.* (2015), S. 255; *Marten/Quick/Ruhnke* (2015), S. 307.
58 Vgl. *Quick* (1996), S. 43.
59 Vgl. *Schiel* (2012), S. 44 f.
60 Vgl. *Biendarra* (1998), S. 43.
61 Vgl. *Leffson* (1988), S. 231 ff.; *Schmidt/Eibelshäuser* (2013), S. 704.
62 Vgl. *Gerber* (2015), S. 55 f.
63 Vgl. *Feld/Kreisel/Baum* (2013), S. 575.
64 Vgl. *Brösel et al.* (2015), S. 398.
65 Vgl. *Marten/Quick/Ruhnke* (2015), S. 519.

Systeme für Rechnungslegungszwecke einsetzt und je umfangreicher die Geschäftsprozesse und internen Kontrollen IT-gestützt ablaufen, desto weitreichender sollte auch die IT-Systemprüfung sein. Als Prüfungsgegenstand der IT-Systemprüfung sind insbesondere das IT-Umfeld, die IT-Organisation, die IT-Anwendungssysteme und die IT-gestützten Geschäftsprozesse inklusive der automatischen internen Kontrollen relevant, sofern sie Bezug zu rechnungslegungsrelevanten Sachverhalten haben.[66]

Die Tiefe sowohl der normalen Systemprüfung wie auch der IT-Systemprüfung hängt dabei zudem von der ausgewählten Prüfungsstrategie[67] ab.[68] Dabei kann zwischen einer kontrollbasierten bzw. geschäftsprozessorientierten und einer aussagebezogenen Prüfungsstrategie unterschieden werden.[69]

Grundgedanke einer kontrollbasierten Prüfungsstrategie ist es, dass der Abschlussprüfer im Rahmen einer Systemprüfung relevante[70] interne Kontrollen erfasst, ihre Ausgestaltung und Angemessenheit sowie ihre Wirksamkeit während des Geschäftsjahres prüft und eine Analyse festgestellter Schwachstellen vornimmt.[71] Es erfolgt also eine Ausrichtung der Prüfungsplanung und -durchführung an den unternehmensindividuellen Prozessen und internen Kontrollen.[72] In Bezug auf das Risikomodell bedeutet dies, dass durch die Systemprüfung das Kontrollrisiko hinreichend sicher beurteilt und somit ebenfalls das Entdeckungsrisiko als korrespondierende Größe festgelegt werden kann. Ziel ist es, dass der Abschlussprüfer sich darauf aufbauend im Rahmen der Prüfungsdurchführung auf das interne Kontrollsystem stützen und damit den (notwendigen) Umfang der nachfolgenden aussagebezogenen Prüfungshandlungen reduzieren kann, ohne dass das Prüfungsrisiko steigt.[73]

66 Vgl. *Köster/Ribbert* (2012), S. 530 f.; *Marten/Quick/Ruhnke* (2015), S. 521.

67 Die Prüfungsstrategie stellt die Grundsatzentscheidung des Abschlussprüfers über das erwartete Ausmaß der Prüfungshandlungen und das einzusetzende prüferische Instrumentarium dar. Vgl. *Brösel et al.* (2015), S. 286.

68 Vgl. *Marten/Quick/Ruhnke* (2015), S. 314.

69 Vgl. *Mochty/Wiese* (2011), S. 13; *Marten/Quick/Ruhnke* (2015), S. 287.

70 Der Abschlussprüfer wählt in seinem Ermessen nicht alle relevanten Kontrollen für die Funktionsprüfung aus. Ein Grund dafür ist z. B., dass Kontrollziele bzw. die dadurch abgedeckten Prüfungsziele sich überschneiden. In diesem Fall wird der Abschlussprüfer aus Effizienzgründen die relevante Kontrolle auswählen, die die meisten Kontrollziele bzw. Prüfungsziele abdeckt. Vgl. *Orth* (1999), S. 580 f.

71 Vgl. *Leffson* (1988), S. 231.

72 Vgl. *Severus* (2007), S. 57 f.

73 Vgl. *Quick* (1996), S. 368; *Dörner* (2002), S. 1756.

Wenn der Abschlussprüfer sich auf die Kontrollen verlassen will, reicht die Prozess- und Kontrollaufnahme (Aufbauprüfung) jedoch nicht aus. Vielmehr muss er die Wirksamkeit der relevanten Kontrollen prüfen, auf die er sich verlassen will, da auf Basis der Prüfung der Angemessenheit der eingerichteten internen Kontrollen noch keine Sicherheit über ihre tatsächliche Umsetzung während des gesamten Geschäftsjahres vorliegt.[74] Da die Wirksamkeit des internen Kontrollsystems an jedem einzelnen Tag des Geschäftsjahres nicht direkt beobachtbar ist, muss der Abschlussprüfer diesbezügliche Informationen stichprobenbasiert aus den Verarbeitungsergebnissen der internen Kontrollen, z. B. in Form abgezeichneter Belege, ableiten.[75] Diese stichprobenbasierte Prüfung wird als Funktionsprüfung bezeichnet.[76] Auf Grundlage der Ergebnisse der Funktionsprüfung wird die vorläufige Einschätzung des Kontrollrisikos entweder bestätigt oder muss angepasst werden.[77]

Im Gegensatz zur kontrollbasierten Prüfungsstrategie steht die ausschließliche Betrachtung der buchhalterischen Abbildung einzelner Geschäftsvorfälle (aussagebezogene Prüfungsstrategie). Bei dieser Form der Prüfungsstrategie wird das interne Kontrollsystem nicht berücksichtigt.[78] Wenn der Abschlussprüfer bereits im Rahmen der Datenbeschaffung feststellt, dass das interne Kontrollsystem ganz oder teilweise nicht angemessen ausgestaltet oder offensichtlich unwirksam ist, so muss er von einem hohen Kontrollrisiko ausgehen.[79] In diesem Fall kann der Abschlussprüfer den Umfang der aussagebezogenen Prüfungshandlungen nicht reduzieren. Aus diesem Grund ist die aussagebezogene Prüfungsstrategie i. d. R. nur dann der kontrollbasierten Prüfungsstrategie vorzuziehen, wenn die zuvor beschriebenen Mängel im internen Kontrollsystem auch tatsächlich vorliegen oder es zweifelsfrei unwirtschaftlich wäre, eine kontrollbasierte Prüfungsstrategie anzuwenden.

Auf Basis der gewählten Prüfungsstrategie wird der Abschlussprüfer im nächsten Schritt den Umfang und die Prüfungshandlungen als Reaktion auf die identifizierten Risiken festlegen. Der Schritt der Prüfungsdurchführung kann dabei erneut in die drei Phasen Datenbeschaffung, Datenauswertung und Datenbeurteilung gegliedert werden.

---

74 Vgl. *Marten/Quick/Ruhnke* (2015), S. 314.
75 Vgl. *Leffson* (1988), S. 234 f.
76 Vgl. *IFAC*, ISA 315.A68 i. V. m. *IFAC*, ISA 330.4.
77 Vgl. *Dörner* (2002), S. 1756.
78 Vgl. *Mochty/Wiese* (2011), S. 13.
79 Vgl. *Marten/Quick/Ruhnke* (2015), S. 314.

2.1.2 Reaktion auf die identifizierten Risiken

Da das inhärente Risiko und das Kontrollrisiko vom zu prüfenden Unternehmen vorgegebene Größen sind, verbleibt das Entdeckungsrisiko als Stellgröße, auf die der Abschlussprüfer Einfluss nehmen kann.[80] Die zuvor dargestellte Gleichung des Risikomodells kann so umgestellt werden, dass der Abschlussprüfer ermitteln kann, wie hoch das maximale Entdeckungsrisiko unter Berücksichtigung des zuvor festgelegten Fehlerrisikos für den Abschluss bzw. für das entsprechende Prüfgebiet sein darf, um das akzeptable Prüfungsrisiko von maximal fünf Prozent zu erreichen.[81] In diesem Fall stellt sich die Gleichung des Risikomodells folgendermaßen dar:

$$ER = \frac{PR}{IR \times KR}$$

Diese Gleichung kann der Abschlussprüfer jetzt einsetzen, um die Beziehungen zwischen den einzelnen Risiken und seinen darauf als Reaktion geplanten aussagebezogenen Prüfungshandlungen aufzuzeigen, wodurch es ihm möglich ist, Art, Zeitpunkt und Umfang der Prüfungshandlungen festzulegen.[82]

Die aussagebezogenen Prüfungshandlungen sind Teil der im Prüfungsvorgehen auszuführenden Tätigkeiten,[83] wobei der Abschlussprüfer aussagebezogene Prüfungshandlungen bei allen wesentlichen Prüfgebieten durchführen muss.[84] Dabei stehen dem Abschlussprüfer im Rahmen seines pflichtgemäßen Ermessens zwei grundsätzliche Arten von Prüfungshandlungen zur Verfügung, die aber auch miteinander kombiniert werden können: analytische und einzelfallbezogene Prüfungshandlungen.[85]

Analytische Prüfungshandlungen beinhalten insbesondere Plausibilitätsbeurteilungen von Verhältniszahlen und Trends, durch die die Beziehungen von finanziellen und

---

80 Vgl. *Dörner* (2002), S. 1747.

81 Hierbei ist zu betonen, dass es im Rahmen der Abschlussprüfung weder sinnvoll noch möglich ist, eine exakte Einschätzung der jeweiligen Risiken abzugeben. Vgl. *Lück* (1993), S. 53. Zur Kritik an diesem Risikomodell siehe *Marten/Quick/Ruhnke* (2015), S. 236–239.

82 Vgl. *Ruhnke* (2002), S. 438.

83 Vgl. *Leffson* (1988), S. 161.

84 Vgl. *IFAC*, ISA 330.18.

85 Vgl. *IFAC*, ISA 500.A10; *Wiedmann* (1993), S. 18.

nicht finanziellen Daten des zu prüfenden Unternehmens aufgedeckt werden. Sie helfen zudem dabei, Inkonsistenzen zwischen Daten des zu prüfenden Unternehmens zu anderen relevanten Informationen oder Abweichungen zu einem Erwartungswert aufzuzeigen.[86]

Im Gegensatz dazu stehen die einzelfallbezogenen Prüfungshandlungen. Diese Prüfungshandlungen sind insbesondere dann durchzuführen, wenn analytische Prüfungshandlungen keine ausreichende Sicherheit bringen oder hierbei Auffälligkeiten identifiziert werden, die weitergehend geprüft werden müssen, und somit die Zielgröße des Entdeckungsrisikos nicht erreicht wird.[87] Im Rahmen der einzelfallbezogenen Prüfungshandlungen kann der Abschlussprüfer entweder bei wenigen großen Transaktionen eine Vollauswahl, eine bewusste Auswahl oder ein Zufallsauswahl der Elemente einer Grundgesamtheit durchführen.[88]

Aus der Digitalisierung der Unternehmen resultieren große Datenmengen, die nicht mehr durch den Einsatz klassischer Prüfungstechniken allein prüfbar sind,[89] mit der Konsequenz, dass sich auch der Abschlussprüfer mit der eingesetzten Prüfungstechnik an die neuen Gegebenheiten anpassen muss.[90] Dabei kann zwischen traditionellen[91] und IT-gestützten[92] Prüfungstechniken unterschieden werden. Zu den IT-gestützten Prüfungstechniken zählen insbesondere Analysen elektronischer Massendaten[93], im Folgenden auch als Datenanalysen[94] bezeichnet, mit unterschiedlichen Zielsetzungen.[95] Diese Datenanalysen waren anfänglich originärer Bestandteil der IT-Sys-

86 Vgl. *IFAC*, ISA 520.4.
87 Vgl. *Brösel et al.* (2015), S. 396.
88 Vgl. *IFAC*, ISA 500.A52.
89 Vgl. *Bähr/Gläser* (2009), S. 14; *Lieder/Goldshteyn* (2013), S. 595; *Adelmeyer/Teuteberg* (2016), S. 698.
90 Vgl. *Bönner/Riedl/Wenig* (2011), S. 24.
91 Als traditionelle Prüfungstechnik wird in diesem Zusammenhang die manuelle Durchführung der in ISA 500.A2 genannten Prüfungshandlungen durch den Abschlussprüfer verstanden. Siehe hierzu auch *Mielke* (2007), S. 45 f.
92 Der Begriff IT-gestützte Prüfungstechnik umfasst in diesem Zusammenhang alle IT-gestützten Hilfsmittel des Abschlussprüfers. Vgl. *Marten/Quick/Ruhnke* (2015), S. 511.
93 Digitale Massendaten werden in diesem Zusammenhang als eine hohe Anzahl digital gespeicherter abschlussrelevanter Daten definiert. Vgl. *Bönner/Riedl/Wenig* (2011), S. 24.
94 Datenanalysen dienen insbesondere zur zielgerichteten Auswahl, Aufbereitung und Auswertung von Daten zur Festlegung von Stichprobenumfängen und zur Einholung ausreichender und angemessener Prüfungsnachweise. Vgl. *IDW*, PH 9.330.3, Tz. 4.
95 Vgl. *Bönner/Riedl/Wenig* (2011), S. 24; *IDW*, PH 9.330.3, Tz. 2.

temprüfung und stellten erst später eine eigenständige Prüfungstechnik des Abschlussprüfers dar.[96] Da sich jedoch nur mithilfe der Datenanalysen große Datenbestände prüfen lassen, sind sie ein zentrales Werkzeug jedes Abschlussprüfers[97] und müssen aus diesem Grund als die Prüfungstechnik der Gegenwart und Zukunft bezeichnet werden.[98]

Mit Blick in die Zukunft lassen sich insbesondere Verfahren aus dem interdisziplinären Forschungsgebiet „Wissensentdeckung in Datenbanken" (Knowledge Discovery in Databases)[99] als Werkzeuge des Abschlussprüfers benennen, die vom Grundprinzip her häufig auf Datenanalysen beruhen oder diese beinhalten, jedoch deutlich über bisher angewendete konventionellen Datenanalysen[100] im Rahmen der Abschlussprüfung hinausgehen.[101] Hierzu gehören u. a. die (Daten-)Mustererkennung und die Process-Mining-Verfahren, die im Laufe dieser Arbeit dargestellt werden sollen.

2.2 Berücksichtigung von Unregelmäßigkeiten

Ein Bestandteil der Abschlussprüfung ist die Pflicht zum Erkennen von Verstößen. Diese ergibt sich originär aus § 317 Abs. 1 Satz 3 HGB, wonach der Abschlussprüfer seine Prüfung so anzulegen hat, dass Unrichtigkeiten und Verstöße gegen die gesetzlichen Vorschriften und ergänzenden Bestimmungen des Gesellschaftsvertrags oder der Satzung, die sich auf die Vermögens-, Finanz- und Ertragslage wesentlich auswirken, bei gewissenhafter Berufsausübung erkannt werden. Im HGB wird allerdings weder definiert, was Unrichtigkeiten und Verstöße sind, noch wird dargestellt, wie der Abschlussprüfer dieser Pflicht im Detail nachkommen muss.

Bei fehlender gesetzlicher Konkretisierung in Bezug auf die Abschlussprüfung hat der Abschlussprüfer im nächsten Schritt die berufsständischen Verlautbarungen heranzuziehen. Im konkreten Fall wird der Abschlussprüfer dazu auf ISA 240 und ISA 250

---

96 Vgl. *Lieder/Goldshteyn* (2013), S. 587.

97 Vgl. *Stegmann* (2009), S. 40.

98 Vgl. *Müller* (2009), S. 70.

99 Ziel dieser Verfahren ist die Extraktion von bislang unbekanntem, aber nützlichem und validem Wissen aus Datenbanken. Siehe dazu im Detail *Fayyad/Piatetsky-Shapiro/Smyth* (1996), S. 37–54. Zu dem Forschungsgebiet zählen insbesondere maschinelles Lernen, Expertensysteme, neuronale Netze, Datenbanktechniken und Data Mining. Vgl. *Hamberger* (2001), S. 494.

100 Konventionelle Datenanalysen stellen aus Sicht des Abschlussprüfers lediglich Werkzeuge dar, die ihn auf Grundlage eines vorprogrammierten Lösungspfads im Rahmen seiner Prüfung unterstützen. Vgl. *Marten/Quick/Ruhnke* (2015), S. 511.

101 Vgl. *Gerber* (2015), S. 69.

zurückgreifen. In der Praxis hat sich der Begriff „Unregelmäßigkeiten“ als Oberbegriff für Unrichtigkeiten und Verstöße etabliert,[102] während in ISA 240 der Begriff „Misstatements“, also „Fehler“ verwendet wird.[103] Die nächste Abbildung stellt den Inhalt der zuvor genannten Prüfungsstandards in Bezug auf die Unregelmäßigkeiten dar. Unrichtigkeiten sind unbeabsichtigte falsche Angaben i. S. v. unbewussten Buchführungs- und Bilanzierungsfehlern, die zu falschen Angaben in Abschluss und Lagebericht führen.[104] Hierzu zählen bspw. Rechenfehler oder die fehlerhafte Übernahme von Daten, die im Rahmen der Buchführung und der Abschluss- bzw. Lageberichterstellung auftreten.[105]

<table>
<tr><th colspan="6">Unregelmäßigkeiten</th></tr>
<tr><td colspan="3">ISA 240</td><td colspan="3">ISA 250</td></tr>
<tr><td>Unrichtigkeiten in der Rechnungslegung</td><td colspan="4">Verstöße mit Auswirkungen auf die Rechnungslegung</td><td>Verstöße / Unrichtigkeiten ohne Auswirkungen auf die Rechnungslegung</td></tr>
<tr><td>Unbeabsichtigte falsche Angaben</td><td>Manipulationen</td><td colspan="2">Vermögensschädigungen</td><td>Gesetzesverstöße</td><td>Sonstige Gesetzesverstöße</td></tr>
</table>

Abbildung 2: Übersicht Unregelmäßigkeiten[106]

Auf der anderen Seite stehen die Verstöße, die wiederum in solche mit und ohne Auswirkungen auf die Rechnungslegung unterteilt sind. ISA 240 versteht unter Verstößen mit Auswirkungen auf die Rechnungslegung beabsichtigte falsche Angaben im Abschluss und Lagebericht.[107] Hierbei handelt es sich sowohl um Falschaussagen, die auf gezielten Buchführungs- und Bilanzierungsfehlern (Manipulationen) beruhen oder

[102] So z. B. *Köster/Kuschel/Ribbert* (2010), S. 727 f.; *Marten/Quick/Ruhnke* (2015), S. 14.

[103] Vgl. *IFAC*, ISA 240.2. Insbesondere vor dem Hintergrund, dass das Prüfungsrisiko als Wahrscheinlichkeit definiert wurde, dass der Abschlussprüfer wesentliche Fehler nicht entdeckt, erscheint diese Übersetzung zutreffender. Gleichwohl wird im Folgenden der in der Literatur übliche Begriff „Unregelmäßigkeiten“ verwendet.

[104] Vgl. *Hauser* (2000), S. 72 f.

[105] Vgl. *Marten/Quick/Ruhnke* (2015), S. 464.

[106] In Anlehnung an *Marten/Quick/Ruhnke* (2015), S. 465.

[107] Vgl. *IFAC*, ISA 240.A2 f.; *Marten/Quick/Ruhnke* (2015), S. 464.

Folge von Unterschlagungen (Vermögensschädigungen) sind, als auch um unterlassene Angaben.[108] Zu den Verstößen mit Auswirkungen auf die Rechnungslegung zählen auch beabsichtigte Gesetzesverstöße wie z. B. gegen steuerrechtliche Vorschriften.[109]

Hiervon abzugrenzen sind sonstige Gesetzesverstöße gemäß ISA 250, die unbeabsichtigte oder beabsichtigte Handlungen oder Unterlassungen <u>ohne</u> Auswirkungen auf die Rechnungslegung enthalten.[110]

In Bezug auf Unregelmäßigkeiten ist erneut zu betonen, dass es nicht Aufgabe des Abschlussprüfers ist, Unregelmäßigkeiten im Rahmen der Möglichkeiten vollständig aufzudecken und diese zu verhindern, sondern dass dies die Aufgabe der Geschäftsführung des zu prüfenden Unternehmens ist.[111] Die Verpflichtung des Abschlussprüfers besteht darin, seine Prüfung so auszugestalten, dass Unregelmäßigkeiten bei gewissenhafter Berufsausübung erkannt werden können.[112] Konkret ist es die Pflicht des Abschlussprüfers, die Risiken wesentlicher Fehler aufgrund von Verstößen zu identifizieren und zu beurteilen.

Weiterhin sind durch die Planung und die Durchführung angemessener Prüfungshandlungen als Reaktion auf die identifizierten Risiken ausreichende und geeignete Prüfungsnachweise zu erlangen.[113] Verstöße in der Praxis zu erkennen, gestaltet sich jedoch als schwierig. Zunächst ist es daher erforderlich, zu verstehen, welche Einflussfaktoren ausschlaggebend dafür sind, dass ein Mitarbeiter einen Verstoß überhaupt begeht. Zu diesem Zweck wurde das sogenannte „Fraud-Triangle“[114] entwickelt. Demnach entsteht ein Verstoß immer dann, wenn die folgenden drei Faktoren[115] vorliegen.

---

108 Vgl. *Hauser* (2000), S. 73.

109 Vgl. *Marten/Quick/Ruhnke* (2015), S. 466.

110 Vgl. *IFAC*, ISA 250.6b. Hierbei handelt es sich z. B. um eine nicht fristgerechte Offenlegung des Vorjahresabschlusses im elektronischen Bundesanzeiger. Vgl. *Marten/Quick/Ruhnke* (2015), S. 466.

111 Vgl. *IFAC*, ISA 240.4.

112 Vgl. *Schindler/Haußer* (2014), S. 979.

113 Vgl. *IFAC*, ISA 240.10.

114 Hierbei handelt es sich um einen Ansatz zur Erklärung, warum Verstöße in einem Unternehmen auftreten. Vgl. *Cressey* (1953), S. 19–138.

115 Vgl. *IFAC*, ISA 240.A25. Hierbei ist zu beachten, dass das Risiko für Verstöße umso höher ist, wenn alle drei Faktoren zusammen vorliegen. Vgl. *Knabe et al.* (2004), S. 1058; *Marten/Quick/Ruhnke* (2015), S. 469. Jedoch kann ein (geringes) Risiko für Verstöße grundsätzlich auch dann bestehen, wenn nur ein oder zwei Faktoren vorliegen. *Knabe et al.* (2004), S. 1059.

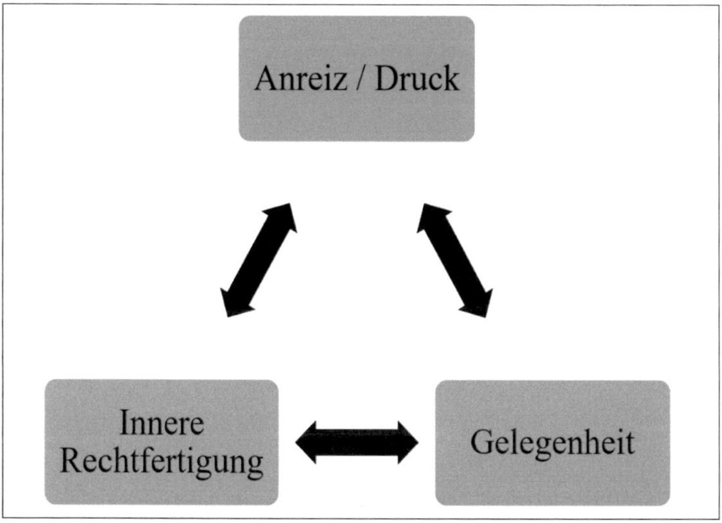

Abbildung 3: „Fraud-Triangle"

Der Faktor Anreiz / Druck zum Begehen eines Verstoßes bedeutet, dass es für einen Mitarbeiter eine persönliche Motivation gibt, einen Verstoß zu begehen.[116] Diese Motivation kann vielfältiger Natur sein. Ein klassisches Beispiel ist, dass der Mitarbeiter durch den Verstoß bestimmte Unternehmensziele (z. B. Umsatzschwellen) noch erreichen möchte, an die seine erfolgsabhängige Vergütung (Bonus) geknüpft ist. Ein weiteres Motiv wäre die Absicht zur persönlichen Bereicherung.[117] Mitarbeiter, die einen Verstoß begehen, sind häufig Führungskräfte, da sie häufig einen entsprechenden Anreiz bzw. den Druck haben, die Struktur des internen Kontrollsystems kennen und über entsprechende Möglichkeiten zur Umsetzung verfügen.[118]

Die innere Rechtfertigung der Mitarbeiter ist ebenfalls ein zentraler Faktor, der das Risiko für Verstöße beeinflusst. Hierunter ist zu verstehen, ob es Mitarbeiter mit ihrer Einstellung, ihrem Charakter und ihren ethischen Wertvorstellungen vereinbaren können, einen Verstoß zu begehen.[119]

---

116 Vgl. *Behringer* (2013), S. 38.
117 Vgl. *Knabe et al.* (2004), S. 1058; *Terlinde* (2005), S. 12; *Schindler/Haußer* (2014), S. 981.
118 Vgl. *Schruff* (2003), S. 905 ff.; *Boecker* (2010), S. 35.
119 Vgl. *Marten/Quick/Ruhnke* (2015), S. 468.

Zudem muss der Mitarbeiter zusätzlich auch die Gelegenheit haben, einen Verstoß zu begehen.[120] Während die anderen beiden Faktoren im Wesentlichen von den persönlichen Einstellungen und Ansichten des Mitarbeiters determiniert werden und somit durch die Geschäftsführung schwer direkt zu beeinflussen sind, ist es Aufgabe der Geschäftsführung, die Gelegenheiten für Verstöße zu minimieren.[121] Dazu dient der Geschäftsführung insbesondere die Einrichtung eines angemessenen und wirksamen internen Kontrollsystems. Hierbei ist allerdings zu beachten, dass die Geschäftsführung natürlich auch selbst Verstöße begehen und interne Kontrollen außer Kraft setzen kann.[122]

Gelegenheiten resultieren dabei insbesondere aus den umfangreichen Rechten im Unternehmen und den zumeist umfassenden Berechtigungen für das IT-System.[123] Bezogen auf die Risikoeinschätzung im Rahmen der Abschlussprüfung kommt hinzu, dass aufgrund der umfangreichen Rechte und Berechtigungen der potenzielle Schaden, der dem Unternehmen entsteht, bei Führungskräften i. d. R. deutlich höher ist als bei den übrigen Mitarbeitern, die zumeist nur Bagatelldelikte begehen können.[124] Damit ein Mitarbeiter einen Verstoß begehen kann, müssen bewusst teilweise interne Kontrollen umgangen oder außer Kraft gesetzt werden. Dieses Risiko wird in der Literatur als „Management Override of internal Controls“[125] bezeichnet.[126]

Vor diesem Hintergrund ist der Abschlussprüfer sowohl auf Abschluss- als auch auf Aussageebene dazu verpflichtet, das Risiko für Verstöße einzuschätzen und eine entsprechende Reaktion hierauf zu planen.[127] Die Vorgehensweise kann in drei Schritte unterteilt werden:

1. Identifizierung von Risikofaktoren für Verstöße,[128]
2. Beurteilung der tatsächlichen Risiken für Verstöße[129] und
3. Durchführung von Prüfungshandlungen als Reaktion auf diese Risiken[130].

---

120 Vgl. *Schindler/Haußer* (2014), S. 981; *Knabe et al.* (2004), S. 1058.
121 Vgl. *Behringer* (2013), S. 39.
122 Vgl. *Knabe et al.* (2004), S. 1058; *Behringer* (2013), S. 38.
123 Vgl. *Schuchter* (2012), S. 76 f.
124 Vgl. *IFAC*, ISA 240.A5; *Hofmann* (2008), S. 58.
125 Im Folgenden wird hierfür die in der Praxis übliche Kurzform „Management Override“ verwendet.
126 Vgl. *Hofmann* (2008), S. 213; *Marten/Quick/Ruhnke* (2015), S. 233.
127 Vgl. *Marten/Quick/Ruhnke* (2015), S. 473.
128 Vgl. *IFAC*, ISA 240.24.
129 Vgl. *IFAC*, ISA 240.25.
130 Vgl. *IFAC*, ISA 240.28 f.

Hinweise auf Risikofaktoren werden auf Grundlage der Informationen erlangt, die ohnehin für die grundsätzliche Risikobeurteilung durch den Abschlussprüfer einzuholen sind.[131] Ob bzw. welcher Risikofaktor im Einzelfall vorliegt, erfordert eine Einschätzung im pflichtgemäßen Ermessen des Abschlussprüfers.[132]

Auf Basis der Risikofaktoren wird der Abschlussprüfer aus einzelnen Risikofaktoren oder einer Kombination aus diesen unter Berücksichtigung der Faktoren des Fraud-Triangles die tatsächlichen Risiken für Verstöße identifizieren und beurteilen.[133] Dies erfolgt, wie bereits erwähnt, sowohl auf Abschluss- als auch auf Aussageebene. Risiken für Verstöße auf Abschlussebene können Auswirkungen auf den Abschluss als Ganzes haben und bestehen z. B. darin, dass die Geschäftsführung zur Einhaltung der Bedingungen von Kreditverträgen mehrere – dem Abschlussprüfer jedoch nicht bekannte – Abschlussposten manipuliert, um bestimmte Kennzahlen einzuhalten. Dagegen lassen sich manche Risiken für Verstöße direkt einzelnen, postenspezifischen Abschlussaussagen zuordnen, wie z. B. die Existenz der Umsatzerlöse.[134] Wenn der Abschlussprüfer das Risiko für Verstöße auf Abschluss- und Aussageebene identifiziert und beurteilt hat, erfolgt im nächsten Schritt die Planung der Reaktion auf diese Risiken.[135]

Vor dem Hintergrund der Digitalisierung und der technischen Entwicklungen der zu prüfenden Unternehmen sind dabei insbesondere folgende Prüfungshandlungen auf Abschluss- und Aussageebene hervorzuheben:

- "Performing computer-assisted techniques, such as data mining to test for anomalies in a population.
- Testing the integrity of computer-produced records and transactions.
- For those situations for which revenue transactions are electronically initiated, processed, and recorded, testing controls to determine whether they provide assurance that recorded revenue transactions occurred and are properly recorded.

---

131 Vgl. *IFAC*, ISA 240.16. Wie genau Risikofaktoren zu ermitteln sind, wird im Verlauf des Kapitels 3 erläutert.

132 *IFAC*, ISA 240.A24.

133 Vgl. *IFAC*, ISA 240.25.

134 Vgl. *Marten/Quick/Ruhnke* (2015), S. 473 f.

135 Vgl. *IFAC*, ISA 240.28 f.

- Using computer-assisted audit techniques to further test the compilation of the physical inventory counts – for example, sorting by tag number to test tag controls or by item serial number to test the possibility of item omission or duplication."[136]

Dieser Auszug aus dem Appendix zu ISA 240 zeigt, dass die berufsständische Verlautbarung bereits auf die technologischen Entwicklungen und die daraus resultierenden stetig wachsenden Datenmengen reagiert hat. Sie empfiehlt dem Abschlussprüfer, IT-gestützte Prüfungstechniken einzusetzen, jedoch sollten zuvor immer die drei Schritte zur Einschätzung des Risikos für Verstöße und zur Planung einer entsprechenden Reaktion zwingend berücksichtigt werden.

2.3 Ursprünge des Journal Entry Testings

Eine laut berufsständischer Verlautbarung verpflichtende Reaktion auf das Risiko für Verstöße ist die Prüfung der Journalbuchungen.[137] In Literatur und Praxis hat sich in diesem Zusammenhang der Begriff „Journal Entry Testing“ (oder kurz „JET“) etabliert.[138]

Auf den ersten Blick scheint es, als wäre mit dem Begriff lediglich die englische Übersetzung des Werkzeugs und der dazugehörigen Datenquelle, auf die das Werkzeug angewendet wird, gemeint. Dies ist jedoch nicht der Fall, denn unter dem Begriff Journal Entry Testing wird eine durch den Abschlussprüfer durchzuführende konkrete Prüfungshandlung mit einem bestimmten Prüfungsziel verstanden. Der IDW Prüfungshinweis 9.330.3 zum Einsatz von Datenanalysen im Rahmen der Abschlussprüfung nennt z. B. als konkreten Anwendungsfall, dass „zur Feststellung von auffälligen Abweichungen [...] in der Praxis Analysen durchgeführt [werden], die häufig unter dem Begriff ‚Journal Entry Testing (JET)‘ zusammengefasst werden“.[139]

Um die Problematik der uneinheitlichen Verwendung des Begriffs zu lösen, werden im Folgenden unter dem Begriff Journal Entry Testing die Datenanalysen der Trans-

136 *IFAC*, ISA 240 Appendix 2.
137 Vgl. *IFAC*, ISA 240.32 (a).
138 Vgl. *Schindler/Haußer* (2014), S. 981.
139 *IDW*, PH 9.330.3, Tz. 72.

aktionsdaten des zu prüfenden Unternehmens und des damit verbundenen Buchungsstoffs verstanden,[140] aber auch Prüfungshandlungen, die zum Ziel haben, Verstöße erkennen zu können. Mit Verstößen sind dabei sowohl beabsichtige falsche Angaben mit Auswirkung auf den Abschluss als auch das Risiko von Management Override, also das Risiko, dass Kontrollen umgangen oder außer Kraft gesetzt werden, gemeint.[141]

Um die Beziehungen der beiden Bestandteile zueinander im Rahmen dieser Arbeit besser darstellen zu können, wird im nachfolgenden allgemeinen Teil zunächst der Begriff Verstöße i. w. S. genutzt, bis eine weitergehende Untergliederung in Kapitel 4 erfolgt.

Bei der Durchführung des Journal Entry Testings wird der Abschlussprüfer die in Kapitel 2.2 dargestellten Datenanalysen als Werkzeug einsetzen. Zwar wird das Journal Entry Testing heutzutage in den meisten Fällen bereits mithilfe von Datenanalysen durchgeführt, jedoch erfolgt die Umsetzung i. d. R. nicht entsprechend den zuvor dargestellten drei Schritten zur Identifizierung und Beurteilung von Verstößen i. w. S. Dadurch kann unterstellt werden, dass es sich bei den bisher durchgeführten Datenanalysen genau genommen nur eingeschränkt um adäquate Prüfungshandlungen als Reaktion auf das Risiko für Verstöße i. w. S. handelt.

Die Ursachen dafür liegen neben unzureichenden IT-Kenntnissen einiger Abschlussprüfer auch in der verspäteten Entwicklung und Nutzung IT-gestützter Prüfungstechniken im Bereich der Abschlussprüfung.[142] Erschwerend kommt hinzu, dass bisher weder in einer berufsständischen Verlautbarung noch in der Literatur eine konkrete Anleitung existiert, wie das Journal Entry Testing durchzuführen und eine entsprechende Integration umzusetzen ist. Folge ist, dass das Journal Entry Testing bisher als isolierte Prüfungshandlung ohne Bezug zum risikoorientierten Prüfungsansatz durchgeführt wird.[143]

Dieses Kernproblem greift die vorliegende Arbeit auf. Hierzu wird zunächst das Journal Entry Testing in seiner bisherigen Form kritisch analysiert. Darauf aufbauend wird

---

140 Vgl. *Köster/Kuschel/Ribbert* (2010), S. 727.
141 Vgl. *IFAC*, ISA 240.7.
142 Vgl. *McKee/Quick* (2003), S. 547; *Köster/Kuschel/Ribbert* (2010), S. 730; *Feld* (2013), S. 1034; *Goldshteyn/Gabriel/Thelen* (2013), S. 30; *Kempf* (2013), S. 584.
143 Vgl. *Richter/Fischer* (2016), S. 87.

eine entsprechende Anleitung für ein idealtypisches Vorgehen dargestellt, um dem Abschlussprüfer eine Hilfestellung für die Praxis zu geben. Weiterhin wird dargestellt, wie das Journal Entry Testing in den risikoorientierten Prüfungsansatz integriert werden kann.

3 Analyse des Journal Entry Testings in seiner bisherigen Form

3.1 Untersuchungsgegenstand und Ziele der Analyse

Nachdem in Kapitel 2 die theoretischen Grundlagen des Journal Entry Testings und der infolge der Digitalisierung weiterentwickelte, risikoorientierte Prüfungsansatz dargestellt wurden, soll im Forschungsteil der bisherige Ansatz anhand der Kriterien Wirksamkeit (Effektivität) und Wirtschaftlichkeit (Effizienz) beurteilt werden.

Für die Beurteilung des Journal Entry Testings in seiner bisherigen Form ist es zunächst erforderlich, reale Daten eines Unternehmens als Untersuchungsgegenstand zu verwenden. Über diesen zentralen Untersuchungsgegenstand hinaus werden die Untersuchungsergebnisse auf Daten weiterer Unternehmen angewendet, um die Ergebnisse zu validieren und die Übertragbarkeit sicherzustellen. Damit die Ergebnisse soweit wie möglich übertragbar sind, wird ein Unternehmenstyp verwendet, der eine möglichst hohe Allgemeingültigkeit aufweist. Es wird eine mittelständische[144] Vertriebsgesellschaft gewählt, genauer gesagt eine mittelgroße Kapitalgesellschaft nach § 267 Abs. 2 HGB. Die Wahl einer Vertriebsgesellschaft anstatt eines produzierenden Unternehmens basiert darauf, dass im nachfolgenden Kapitel im Rahmen der Entwicklung zusätzlicher Einsatzmöglichkeiten des Journal Entry Testings schwerpunktmäßig das Prüfgebiet Umsatzerlöse dargestellt werden soll und sich die Journalbuchungen der Vertriebsgesellschaft im Wesentlichen hierauf beschränken.[145]

Das Unternehmen verwendet für die IT-gestützte Rechnungslegung SAP©. Der Untersuchung werden bewusst die Daten eines Unternehmens zugrunde gelegt, das SAP© verwendet, da SAP©, ausgehend vom Marktanteil, in Deutschland[146] am weitesten verbreitet ist und so von einer verbesserten Übertragbarkeit der Untersuchungsergebnisse ausgegangen werden kann. Weiterhin wird unterstellt, dass das interne Kontrollsystem an die Unternehmensgröße und die Komplexität der Geschäftsvorfälle angepasst ist.

---

144 Der Untersuchungsgegenstand ist von einem sogenannten „kleinen und mittelständischen Unternehmen" (KMU) abzugrenzen. Während ein KMU i. d. R. durch wenige Geschäftsbereiche, ein einfaches Rechnungswesen und einfache interne Kontrollen geprägt ist (vgl. hierzu *IDW*, PH 9.100.1, Tz. 3), verfügt der Untersuchungsgegenstand über ein vollwertiges internes Kontrollsystem, auf das im Verlauf der Arbeit noch gesondert eingegangen werden soll, und erfüllt damit nicht die Voraussetzungen eines KMU.

145 Bei der Vertriebsgesellschaft handelt es sich um einen Prinzipal, d. h., das Unternehmen weist den vollen Betrag der Verkaufserlöse in den Umsatzerlösen aus, wohingegen ein Agent nur Umsatzerlöse in Höhe seiner Provision ausweist. Vgl. *Bierich* (1988), S. 47 f.; *Bittner* (2016), S. 103 f.

146 Im Jahr 2013 hatte SAP© in Deutschland einen Markanteil im Segment ERP-Software von 54,9 % mit deutlichem Abstand zu den übrigen Marktteilnehmern. Vgl. *o. V.* (2016), o. S.

Die Geschäftsführung hat das interne Kontrollsystem sowohl verantwortungsvoll und zweckdienlich eingerichtet als auch im erforderlichen Maße überwacht.[147]

Der Untersuchungsgegenstand besteht aus den gesamten Journalbuchungen eines Geschäftsjahres, also inklusive der Abschluss- und bereits bekannter Nachbuchungen in oder nach der zwölften Periode. Für diesen Untersuchungsgegenstand soll aufgezeigt werden, wie die nach den berufsständischen Verlautbarungen durchzuführenden Anforderung, Aufbereitung und Analysen der Daten vollzogen werden. Dabei soll analysiert werden, wie wirksam und wirtschaftlich dieses Vorgehen ist. Zusätzlich soll der Einsatz von Makros[148] und Add-ons[149], die in der Praxis häufig zur Analyse der Journalbuchungen eingesetzt werden können, dargestellt und kritisch auf die zuvor genannten Ziele hin beurteilt werden.

Ziele der Untersuchungen sind somit eine kritische Würdigung des Journal Entry Testings in seiner bisherigen Form in Bezug auf die Wirksamkeit und Wirtschaftlichkeit, um darauf aufbauend die Möglichkeiten der Effizienzsteigerung durch die Entwicklung eines idealtypischen Vorgehens und dessen Integration in den risikoorientierten Prüfungsansatz zu realisieren.

3.2 Maßstab zur Beurteilung der Zielerreichung

Zur kritischen Würdigung des bisherigen Prüfungsvorgehens[150] ist zunächst festzulegen, welcher Beurteilungsmaßstab hierfür verwendet werden soll. Naheliegend ist, die zuvor erwähnten Kriterien zur Beurteilung der Abschlussprüfung an sich, Wirksamkeit und Wirtschaftlichkeit[151], zu verwenden, die im Folgenden näher erläutert werden.

---

147 Der Geschäftsführung obliegt gemäß § 93 Abs. 1 AktG bzw. § 43 Abs. 1 GmbHG (mit Ausstrahlungswirkung auf andere Rechtsformen) eine Sorgfaltspflicht. Hiernach hat die Geschäftsführung bei Tätigkeiten in allen Angelegenheiten der Gesellschaft (also auch bei der Einrichtung des internen Kontrollsystems) mit der Sorgfalt eines ordentlichen Geschäftsmanns zu handeln, d. h. nach bestem Wissen und Gewissen. Die Pflicht zur Einrichtung eines internen Kontrollsystems leitet sich dabei aus der Pflicht zur Einrichtung eines Risikofrüherkennungssystems ab (§ 91 Abs. 2 AktG). Vgl. *Axhausen* (2009), Rn. 132.

148 Makros sind aufgezeichnete und somit automatisierte Unterprogramme und bestehen aus einer Abfolge von Anweisungen an die jeweilige Software. Hierdurch können wiederkehrende Schritte im Rahmen der Datenanalyse vordefiniert und zur Kostenminimierung in den folgenden Analysen automatisch wiederholt werden. Vgl. *Brosius* (2008), S. 405.

149 Ein Add-on dient dazu, eine bestehende Software um zusätzliche Funktionalitäten zu erweitern. Vgl. *Eggert* (2013), S. 24.

150 Der Begriff Prüfungsvorgehen umfasst über die Prüfungshandlungen hinaus sowohl die vorgelagerten Schritte wie die Prüfungsplanung als auch die Dokumentation.

151 Vgl. *IFAC*, ISA 200.3-9.

Das erste Kriterium für die Beurteilung stellt die Wirksamkeit in Form der Sicherheit dar, die durch das Prüfungsvorgehen erlangt wird. Die höchste Sicherheit würde dabei grundsätzlich durch eine Vollprüfung (lückenlose Prüfung) erreicht. Eine Abschlussprüfung als Vollprüfung durchzuführen, ist jedoch nur schwer vorstellbar, da die Kosten zur Erlangung des Prüfungsurteils wirtschaftlich nicht vertretbar wären.[152] Gemäß berufsständischer Verlautbarung sind Prüfungsaussagen unter Beachtung des Wirtschaftlichkeitsaspekts lediglich mit hinreichender und somit nicht mit hundertprozentiger Sicherheit zu treffen.[153] Anders als bei einer Vollprüfung werden Prüfungshandlungen daher auf Basis von Stichproben durchgeführt, was nach Auffassung des Berufsstands ausreichend ist, um hinreichende Sicherheit zu erlangen.[154] Obwohl festgelegt ist, dass der Abschlussprüfer Prüfungsaussagen mit hinreichender Sicherheit treffen muss, spielt hier neben einer quantitativen Ausprägung der erlangten Sicherheit, die jedoch nicht zuverlässig rechnerisch ermittelt werden kann[155], auch das subjektive Ermessen des Abschlussprüfers eine Rolle.[156]

Neben der Wirksamkeit ist auch die Wirtschaftlichkeit des Prüfungsvorgehens zu beurteilen (zweites Kriterium). Eine Abschlussprüfung ist wirtschaftlich, wenn ihr Umfang zu hinreichender Sicherheit, d. h. zur Erreichung der unternehmensindividuellen Prüfungsziele, bei gleichzeitigem Einsatz minimaler Ressourcen bzw. Kosten führt.[157]

Die Nichterreichung von Prüfungszielen hingegen führt nicht zu Effizienzgewinnen, sondern dazu, dass bereits das erste Kriterium der Wirksamkeit nicht erfüllt ist und der Abschlussprüfer kein Prüfungsurteil mit hinreichender Sicherheit treffen kann. Gleichzeitig führt eine zusätzliche Abdeckung von nicht erforderlichen Prüfungszielen zu einer Überdeckung der notwendigen hinreichenden Prüfungssicherheit. Folge: Die Kosten steigen, und die Effizienz vermindert sich.

Unabhängig von der Risikoneigung des Abschlussprüfers sind also die Zielgrößen Wirksamkeit und Wirtschaftlichkeit zu beachten, die in folgender Beziehung zueinander stehen:

152 Vgl. *Lück* (1993), S. 38.

153 Vgl. *IFAC*, ISA 200.3-9. Unter hinreichender Sicherheit wird dabei üblicherweise ein Wert von mindestens 95 % verstanden. Vgl. *Wiedmann* (1993), S. 19; *Marten/Quick/Ruhnke* (2015), S. 234.

154 Vgl. *Lück* (1993), S. 38.

155 Vgl. Siehe zur Modellkritik *Sydon* (2012), S. 31 f.; *Marten/Quick/Ruhnke* (2015), S. 236–240.

156 Vgl. *Krommes* (2009), S. 2392–2396.

157 Vgl. *Lück* (1993), S. 41; *Marten/Quick/Ruhnke* (2015), S. 231.

1. Wurde hinreichende Sicherheit bereits erreicht, führen zusätzliche Kosten dazu, dass es zu Ineffizienzen kommt. Es liegt Wirksamkeit, aber keine Wirtschaftlichkeit vor.
2. Gegenläufig führen sinkende Kosten bei hinreichender Sicherheit zu Effizienzgewinnen. Das Prüfungsvorgehen ist somit wirksam und wirtschaftlich.
3. Wenn die Kosten nicht weiter gesenkt werden können, es aber durch Anpassungen des Prüfungsvorgehens zu mehr Sicherheit kommt, steigert dies die Wirksamkeit über „hinreichend" hinaus, was aus Sicht eines risikoaversen Abschlussprüfers zu befürworten ist. Es liegen Wirksamkeit und Wirtschaftlichkeit vor.

Beim Prüfungsvorgehen spielt auch immer die individuelle Risikoneigung des jeweiligen Abschlussprüfers eine Rolle, die im folgenden Exkurs kurz dargestellt werden soll.

Ein risikoneutraler Abschlussprüfer wird dasjenige Prüfungsvorgehen wählen, das am effizientesten ist, d. h. mit minimalen Kosten zu hinreichender Sicherheit führt. Der risikofreudige Abschlussprüfer wird ebenfalls das Vorgehen mit minimalen Kosten wählen; seine Risikofreudigkeit wird dabei grundsätzlich durch die Anforderung der hinreichenden Sicherheit limitiert. Beide Risikotypen werden folglich das Mindestmaß an hinreichender Sicherheit als ausreichend erachten. Demgegenüber steht der oben genannte risikoaverse Abschlussprüfer. Dieser wird bei identischen Kosten das Vorgehen mit der aus seiner Sicht höchsten Sicherheit wählen („hinreichend + x"). Gleichzeitig wird der risikoaverse Abschlussprüfer i. d. R. das Verhältnis zwischen Kosten und Sicherheit abwägen und, insofern leicht gestiegene Kosten zu deutlich mehr Sicherheit führen, dieses Prüfungsvorgehen wählen.[158] Der neutrale sowie der risikofreudige Abschlussprüfer werden unter Beachtung der Kriterien zur Beurteilung der Abschlussprüfung folglich ihr Vorgehen so gestalten, dass Fall 2 daraus resultiert. Ein risikoaverser Abschlussprüfer hingegen wird bei seinem Prüfungsvorgehen versuchen Fall 3 herbeizuführen.

\- Exkurs Ende -

[158] Siehe zur Entscheidungstheorie unter Risikoaspekten exemplarisch *Bamberg/Coenenberg/Krapp* (2012), S. 67–109.

Zusammenfassend kann festgehalten werden, dass der Abschlussprüfer das Prüfungsvorgehen so planen und durchführen muss, dass die Prüfungsziele mit hinreichender Sicherheit und mit minimalen Kosten erfüllt werden. Nur in diesem Fall kann das Vorgehen sowohl als effektiv als auch als effizient bezeichnet werden.

Wesentlicher Maßstab zur Beurteilung der Wirtschaftlichkeit sind die mit dem Prüfungsvorgehen verbundenen Kosten. Um die Kosten beurteilen zu können, ist zunächst zu klären, was die Kosten des Prüfungsvorgehens genau umfassen. Die Kosten des Prüfungsvorgehens umfassen sowohl die fixen Kosten der Abschlussprüfung als auch die variablen Kosten und somit alle unmittelbar oder mittelbar zurechenbaren Kosten der Wirtschaftsprüfungsgesellschaft.[159] Zu den fixen Kosten zählen z. B. die Büromiete, der Fuhrpark und die Beiträge zu Berufsverbänden.[160] Demgegenüber werden als variable Kosten die Kosten definiert, die für die Durchführung einer bestimmten Prüfung anfallen. Hierzu zählen insbesondere die Personalkosten, d. h. die Gehälter plus Nebenkosten der eingesetzten Prüfer.[161]

Neben diesem Preisgerüst ist die zweite entscheidende Komponente die Dauer in Zeiteinheiten, die für die Prüfung benötigt wird (Mengengerüst).[162] Je länger der verantwortliche Prüfer zur Erreichung hinreichender Sicherheit benötigt, umso höher sind die damit verbundenen variablen Kosten.[163]

Fraglich ist, ob die variablen Kosten messbar gemacht werden können, um eine exakte Effizienzbeurteilung vornehmen zu können, oder ob lediglich eine Näherungslösung möglich ist.

Der Abschlussprüfer muss im Rahmen der Festlegung der Prüfungsstrategie, d. h. vor Beginn der eigentlichen Abschlussprüfung, eine zeitliche, sachliche und personelle Planung[164] vornehmen. Hierzu wurde in der Literatur[165] und Praxis mit unterschiedlichen Ansätzen versucht, die Kosten des Prüfungsvorgehens metrisch skaliert abzubil-

---

159 Vgl. *Loitlsberger* (1966), S. 61;*Marten/Quick/Ruhnke* (2015), S. 231.

160 Da der Fokus dieser Arbeit auf der Beurteilung des jeweiligen Prüfungsvorgehens liegt und die Berücksichtigung von auftragsunabhängigen Fixkosten keine zusätzliche Aussagekraft liefert, werden die anteiligen Fixkosten in den weiteren Ausführungen als konstant angenommen und nicht weiter betrachtet.

161 Vgl. *Leffson* (1988), S. 121; *Wollgarten* (2015), S. 39.

162 Vgl. *Loitlsberger* (1966), S. 84.

163 Vgl. *Leffson* (1988), S. 121.

164 Vgl. *IFAC*, ISA 300.2.

165 Siehe dazu *Ewert* (1999), S. 35–100.

den. In der Praxis ist eine Planung des Prüfungsvorgehens und insbesondere des Personaleinsatzes durch ein Herunterbrechen der gesamten Abschlussprüfung (von der Beauftragung bis hin zur Berichterstattung und Archivierung der Prüfungsdokumentation) in unterschiedliche Prüfgebiete bzw. Prüfungshandlungen üblich. Hierzu werden für jedes Prüfgebiet zunächst die Soll-Stunden geplant, die für die Durchführung benötigt werden sollen, wie aus der folgenden Abbildung ersichtlich ist:

Abschluss der xxx GmbH zum 31.12.x1

	Stunden								Kosten*										
	Prüfungs-assistent		IT-Prüfer		Manager		Partner		Prüfungs-assistent		IT-Prüfer		Manager		Partner				
	Soll	Ist	Soll	Ist	Soll	Ist	Soll	Ist	Soll	Ist	Soll	Ist	Soll	Ist	Soll	Ist	∑ Soll	∑ Ist	Delta
Organisation	**0,00**	**0,00**	**0,00**	**0,00**	**3,00**	**3,00**	**1,00**	**1,00**	**[...]**	**[...]**	**[...]**	**[...]**	**[...]**	**[...]**	**[...]**	**[...]**	**[...]**	**[...]**	**[...]**
Prüfungsplanung einschl. Zeitplan	0,00	0,00	0,00	0,00	2,00	2,00	0,00	0,00	[...]	[...]	[...]	[...]	[...]	[...]	[...]	[...]	[...]	[...]	[...]
Terminabstimmung mit Mandant	0,00	0,00	0,00	0,00	1,00	1,00	0,00	0,00	[...]	[...]	[...]	[...]	[...]	[...]	[...]	[...]	[...]	[...]	[...]
[...]	0,00	0,00	0,00	0,00	0,00	0,00	1,00	1,00	[...]	[...]	[...]	[...]	[...]	[...]	[...]	[...]	[...]	[...]	[...]
Risikobeurteilung	**40,00**	**45,00**	**40,00**	**42,00**	**14,00**	**14,00**	**4,00**	**4,00**	**[...]**	**[...]**	**[...]**	**[...]**	**[...]**	**[...]**	**[...]**	**[...]**	**[...]**	**[...]**	**[...]**
Einholung von Informationen über das Unternehmen	0,00	0,00	0,00	0,00	8,00	8,00	2,00	2,00	[...]	[...]	[...]	[...]	[...]	[...]	[...]	[...]	[...]	[...]	[...]
[...]	0,00	0,00	0,00	0,00	0,00	0,00	0,00	0,00	[...]	[...]	[...]	[...]	[...]	[...]	[...]	[...]	[...]	[...]	[...]
IT-Systemprüfung	0,00	0,00	40,00	42,00	0,00	0,00	0,00	0,00	[...]	[...]	[...]	[...]	[...]	[...]	[...]	[...]	[...]	[...]	[...]
Befragung der Geschäftsführung	0,00	0,00	0,00	0,00	0,00	0,00	2,00	2,00	[...]	[...]	[...]	[...]	[...]	[...]	[...]	[...]	[...]	[...]	[...]
Identifizierung von nahestehenden Personen	0,00	0,00	0,00	0,00	4,00	4,00	0,00	0,00	[...]	[...]	[...]	[...]	[...]	[...]	[...]	[...]	[...]	[...]	[...]
[...]	0,00	0,00	0,00	0,00	0,00	0,00	0,00	0,00	[...]	[...]	[...]	[...]	[...]	[...]	[...]	[...]	[...]	[...]	[...]
Prozessaufnahme und Aufbauprüfung	40,00	45,00	0,00	0,00	0,00	0,00	0,00	0,00	[...]	[...]	[...]	[...]	[...]	[...]	[...]	[...]	[...]	[...]	[...]
[...]	0,00	0,00	0,00	0,00	0,00	0,00	0,00	0,00	[...]	[...]	[...]	[...]	[...]	[...]	[...]	[...]	[...]	[...]	[...]
Reaktionen auf die Risikobeurteilung	**248,00**	**248,00**	**0,00**	**0,00**	**24,00**	**24,00**	**4,00**	**4,00**	**[...]**	**[...]**	**[...]**	**[...]**	**[...]**	**[...]**	**[...]**	**[...]**	**[...]**	**[...]**	**[...]**
Funktionsprüfung für die relevanten Kontrollen	80,00	80,00	0,00	0,00	0,00	0,00	0,00	0,00	[...]	[...]	[...]	[...]	[...]	[...]	[...]	[...]	[...]	[...]	[...]
Aussagebezogene Prüfungshandlungen																			
- Umsatzerlöse	0,00	0,00	0,00	0,00	0,00	0,00	0,00	0,00	[...]	[...]	[...]	[...]	[...]	[...]	[...]	[...]	[...]	[...]	[...]
- Materialaufwand	8,00	8,00	0,00	0,00	0,00	0,00	0,00	0,00	[...]	[...]	[...]	[...]	[...]	[...]	[...]	[...]	[...]	[...]	[...]
- [...]	160,00	160,00	0,00	0,00	36,00	36,00	8,00	8,00	[...]	[...]	[...]	[...]	[...]	[...]	[...]	[...]	[...]	[...]	[...]
[...]	**0,00**	**0,00**	**0,00**	**0,00**	**4,00**	**4,00**	**2,00**	**2,00**	**[...]**	**[...]**	**[...]**	**[...]**	**[...]**	**[...]**	**[...]**	**[...]**	**[...]**	**[...]**	**[...]**
[...]	0,00	0,00	0,00	0,00	4,00	4,00	2,00	2,00	[...]	[...]	[...]	[...]	[...]	[...]	[...]	[...]	[...]	[...]	[...]

* Aus Datenschutzgründen werden die korrespondierenden Stundensätze nicht dargestellt.

Tabelle 1: Prüfungsplanung[166]

166 Vgl. *Leffson* (1988), S. 204 f.

Die Ermittlung der variablen Kosten pro Prüfgebiet bzw. Prüfungshandlung und Prüfer erfolgt mittels Multiplikation der Personalkosten je Zeiteinheit mit der Anzahl der benötigten Zeiteinheiten. Die Ermittlung der Personalkosten je Zeiteinheit ist dabei unproblematisch, da die Werte zuverlässig auf Basis der individuellen Vergütung des verantwortlichen Prüfers unter Berücksichtigung der jeweiligen Soll-Arbeitszeit ermittelt werden können.[167]

Probleme ergeben sich vielmehr bei der Bestimmung der Zeit, die zur Erreichung von hinreichender Sicherheit in einem Prüfgebiet benötigt wird („Prüfungszeit"). Hierbei kann auf Erfahrungswerte aus vorangegangenen Prüfungen zurückgegriffen werden, wobei diese nicht zwingend auf die Abschlussprüfung anderer Unternehmen übertragbar sind. Denkbar wäre auch eine Schätzung der Prüfungszeit, wobei verschiedene Einflussfaktoren dazu führen, dass die Schätzung vergleichsweise komplex ist.[168] Zu den Einflussfaktoren zählen insbesondere die Qualifikation und die Erfahrung des Prüfers, die eingesetzte Prüfungstechnik sowie die Komplexität des zu prüfenden Unternehmen und der Geschäftsvorfälle.[169] Kurz: Entscheidend ist insbesondere, **wer** prüft und **wie** geprüft wird.

Insbesondere die Qualifikation und Erfahrung sind im Rahmen der Abschlussprüfung entscheidend für die Höhe der variablen Kosten. Studien haben gezeigt, dass erfahrene Abschlussprüfer zielgerichteter und in kürzerer Zeit Prüfungsurteile abgeben können.[170] Weiterhin wurde festgestellt, dass sich die Erfahrungen durch Vorjahresprüfungen beim selben Unternehmen und das Führungsverhalten der Abschlussprüfer innerhalb des Prüfungsteams positiv auf die benötigte Prüfungszeit auswirken.[171]

Die Übertragbarkeit der Ergebnisse dieser Studien auf die vorliegende Untersuchung ist nicht ohne weiteres gegeben, da die Aussage für die Zwecke der Untersuchung nicht ausreichend spezifiziert ist. Klar ist, dass ein Abschlussprüfer mit viel Erfahrung Prü-

---

167 Gleichwohl wird im Rahmen der Prüfungsplanung häufig aus Vereinfachungsgründen auf interne pauschalierte Stundensätze pro Karrierestufe zurückgegriffen. Vgl. *Buchholz/Sassen/Jucknat* (2010), S. 324.

168 Vgl. *Leffson* (1988), S. 202.

169 Vgl. *Salewski/Böttcher/Drexl* (1996), S. 29 f.; *Sarkis/Seol* (2006), S. 220–230.

170 Vgl. *Davis* (1996), S. 16–32.

171 Vgl. *Apostulu/Pasewark/Stawser* (1993), S. 110–120. Bei der Aufzählung ist jedoch die sogenannte Betriebsblindheit, die sich aufgrund langjähriger Prüfung einstellen kann, als Gegenargument anzuführen.

fungsurteile schneller mit hinreichender Sicherheit abgeben kann. Dennoch ist zu beachten, dass selbst vergleichbar qualifizierte Abschlussprüfer unterschiedlich lange für ein Prüfgebiet benötigen können. Grund dafür ist, dass zwei Abschlussprüfer bei gleichem Ausbildungs- bzw. Tätigkeitsbeginn aufgrund der Vielfalt der Tätigkeiten eines Abschlussprüfers unterschiedliche Erfahrungen sammeln.

Darüber hinaus bestehen in der Praxis zeitliche und personelle Restriktionen, die als Nebenbedingungen zu beachten sind.[172] Grundsätzlich dürften aus Wirtschaftlichkeitsgesichtspunkten nur solche Prüfer eingesetzt werden, die aufgrund ihrer Qualifikation und Erfahrung eine möglichst geringe Prüfungszeit benötigen. Dies ist aber in der Praxis i. d. R. nicht umsetzbar, da häufig nur derjenige Mitarbeiter eingesetzt werden kann, der aktuell verfügbar ist.[173]

Im Ergebnis kann festgehalten werden, dass eine exakte Berechnung der variablen Kosten eines Prüfungsvorgehens an der Komplexität und der fehlenden Möglichkeit, die Prüfungszeit ausreichend präzise zu messen, scheitert. Daher wird mit folgenden Annahmen gearbeitet:

Es wird angenommen, dass das bisherige Prüfungsvorgehen effektiv ist, da sonst grundsätzlich kein Prüfungsurteil hätte abgegeben werden dürfen. Aufgrund der zuvor beschriebenen Problematik wird die Wirtschaftlichkeit daran gemessen, inwieweit durch das verpflichtend durchzuführende Journal Entry Testing Kosteneinspareffekte erzielt werden können. Weiterhin wird unterstellt, dass immer dann Effizienzgewinne entstehen, wenn in derselben Prüfungszeit zusätzliche Prüfungsziele abgedeckt werden können, d. h. hinreichende Sicherheit kostengünstiger erreicht wird.

Der Kosteneinspareffekt, der durch die Weiterentwicklung des Prüfungsvorgehens entsteht, wird anhand der zwei Abbildungen auf der nächsten Seite illustriert.

---

172 Vgl. *Marten/Quick/Ruhnke* (2015), S. 232.

173 Vgl. *Pommeränke* (1971), S. 129; *Salewski/Böttcher/Drexl* (1996), S. 31 f. Aufgrund der zuvor genannten Gründe und da der Mitarbeitereinsatz nicht das originäre Thema der Arbeit ist, wird bei den nachfolgenden Untersuchungen unterstellt, dass das Prüfungsvorgehen immer von demselben Mitarbeiter mit einer ausreichenden Qualifikation durchgeführt wird.

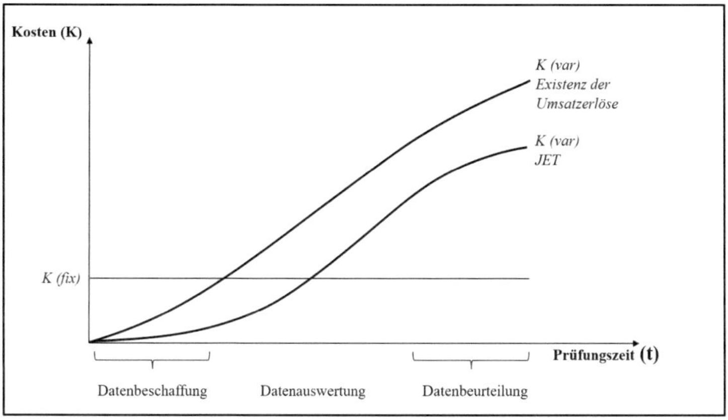

Abbildung 4: Kosten des Journal Entry Testings – Ausgangssituation

Im Rahmen der Weiterentwicklung des Prüfungsvorgehens kommt es zu Effizienzgewinnen, da die Kosten aus der Auswertung der Journalbuchungen für mehrere Prüfgebiete bzw. Prüfungsziele, insbesondere in der Phase der Datenbeschaffung, aber auch im Rahmen der Phase Datenauswertung sinken. Weiterhin sinken auch die Kosten für die Abdeckung weiterer Prüfungsziele, wie die Existenz der Umsatzerlöse.

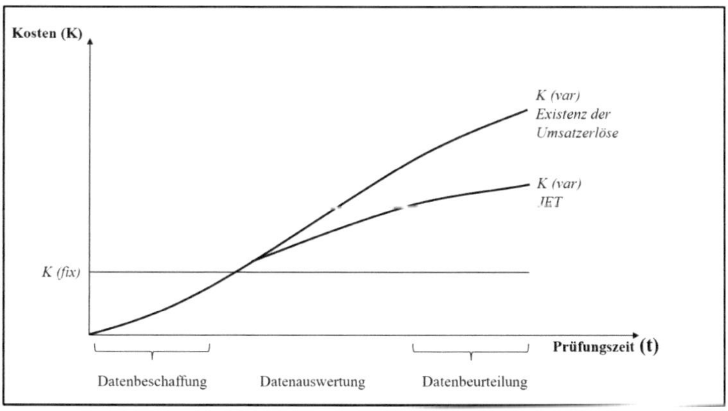

Abbildung 5: Kosten des Journal Entry Testings – Weiterentwicklung

Konkret liegt der Grund hierfür darin, dass die Journalbuchungen als Datengrundlage nicht nur für das Journal Entry Testing, sondern auch für andere Prüfungshandlungen verwendet werden können, wodurch die Datenübernahme und -aufbereitung nur einmal durchgeführt werden müssen und auch bei den Datenauswertungen entsprechende

Synergieeffekte realisiert werden können. Dadurch sinken die Kosten der durchzuführenden Prüfungshandlungen für die beiden Prüfungsziele entsprechend.

3.3 Anforderung der Journalbuchungen vom geprüften Unternehmen

In Kapitel 2 wurde dargestellt, dass die Durchführung des Journal Entry Testings eine Pflichtprüfungshandlung gemäß ISA 240 zum Erkennen von Verstößen ist. In ISA 240 ist hingegen nicht geregelt, wie die konkrete Durchführung erfolgen soll, ob papierbasiert oder elektronisch. Dies liegt im Ermessen des Abschlussprüfers.[174] Da die papierbasierte Anforderung und Auswertung der Journalbuchungen nur in Ausnahmefällen sowohl in Bezug auf die hinreichende Sicherheit als auch aus Wirtschaftlichkeitsaspekten durchführbar sein wird,[175] wird im Folgenden davon ausgegangen, dass die Durchführung des Journal Entry Testings auf Basis elektronischer Journalbuchungen IT-gestützt erfolgt, wie es auch im Prüfungshinweis 9.330.3 aufgeführt wird.[176]

Im nächsten Kapitel sollen hieraus resultierende mögliche Schwierigkeiten aufgezeigt werden, um darauf aufbauend eine ausführliche und praxisnahe kritische Würdigung des Journal Entry Testings vorzunehmen. Zur besseren Nachvollziehbarkeit der einzelnen Schritte wird dabei ein idealtypischer Ablauf[177] des Journal Entry Testings zugrunde gelegt, der in der nachfolgenden Abbildung dargestellt wird.

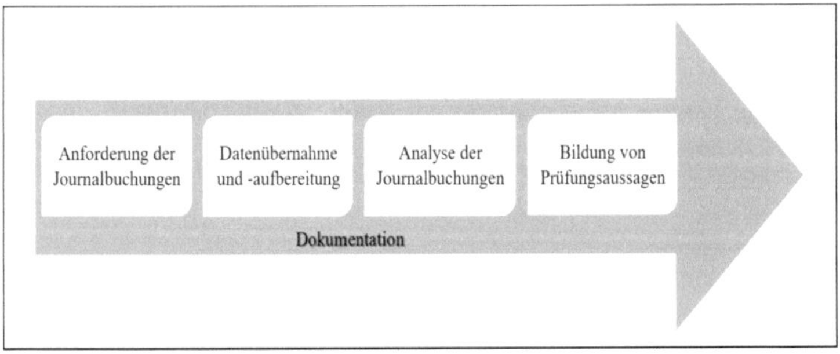

Abbildung 6: Idealtypischer Ablauf des Journal Entry Testings

---

174 Vgl. *IFAC*, ISA 240.A44.
175 Vgl. *Lanza/Gilbert* (2007b), S. 33.
176 Vgl. *IDW*, PH 9.330.3, Tz. 72.
177 Der idealtypische Ablauf wird in Anlehnung an *IDW*, PH 9.330.3, Tz. 27 dargestellt.

3.3.1 Vorgehensweise zur Festlegung der Datengrundlage

3.3.1.1 Bisherige Vorgehensweise zur Festlegung der Datengrundlage

Der erste Schritt im Rahmen des Journal Entry Testings besteht in der Anforderung der Journalbuchungen beim zu prüfenden Unternehmen. Entscheidender Bestandteil ist dabei die Festlegung der Datengrundlage als Gesamtheit der anzufordernden Journalbuchungen. Die Datengrundlage kann in eine zeitliche und eine inhaltliche Komponente unterteilt werden. Während unter der zeitlichen Komponente der Zeitraum verstanden wird, auf den sich die Journalbuchungen beziehen, umfasst die inhaltliche Komponente die im Datensatz[178] enthaltenen Informationen bzw. Datenfelder[179].

a) Zeitliche Komponente

Die berufsständischen Verlautbarungen erfordern, dass der Abschlussprüfer die Journalbuchungen zum Ende der Berichtsperiode sowie die Anpassungen („at the end of a reporting period“[180]) auswählt.[181] Hierbei handelt es sich um den zeitlichen Mindestumfang des Journal Entry Testings, der folglich aus einem Teilausschnitt des gesamten Buchungsjournals des zu prüfenden Geschäftsjahres besteht. Was genau unter den Buchungen zum Ende der Berichtsperiode zu verstehen ist, hängt von der Geschäftstätigkeit des Unternehmens und dem Zeitplan ab, innerhalb dessen das Unternehmen seinen Abschluss erstellt. Grundsätzlich könnte man annehmen, dass mit der Formulierung „zum Ende der Berichtsperiode“ der Monat Dezember gemeint ist. Der Zeitraum ist jedoch unternehmensindividuell anzupassen. Führt das Unternehmen bspw. einen sogenannten Fast-Close durch – d. h., der Abschluss muss bereits in der ersten Januarwoche fertig erstellt worden sein –, werden auch Buchungen zum Ende der Berichtsperiode deutlich früher vorgenommen und sind somit im Rahmen des Journal Entry Testings zu berücksichtigen.[182]

Gleichzeitig enthält die berufsständische Verlautbarung ein Wahlrecht zur Ausdehnung des zeitlichen Umfangs, wonach vom Abschlussprüfer abzuwägen ist, inwieweit

[178] Der Begriff „Datensatz“ beschreibt die Gesamtheit inhaltlich zusammenhängender Datenfelder. Vgl. *Mertens et al.* (2012), S. 39.

[179] Ein Datenfeld besteht aus einem oder mehreren Zeichen und stellt die kleinste auswertungsfähige Dateieinheit dar. Die Anzahl möglicher Datenfelder wird dabei vom jeweils eingesetzten IT-System determiniert. Vgl. ebd., S. 38 f.

[180] *IFAC*, ISA 240.32.

[181] Maßgeblich für die Festlegung, welcher Periode eine Journalbuchung zuzuordnen ist, ist das jeweilige Buchungsdatum, das vom Benutzer zum Zeitpunkt der Buchung manuell eingegeben wird.

[182] Vgl. *Petry* (2002), S. 1635–1639.

auch für während der Berichtsperiode vorgenommene Buchungen und Anpassungen eine Prüfung erforderlich ist.[183] Eine weitergehende Konkretisierung enthält die berufsständische Verlautbarung nicht, sodass hier ein Ermessensspielraum für den Abschlussprüfer besteht.

Aufgrund der nicht abschließenden Regelung muss sich der Abschlussprüfer bereits vor Anforderung der Daten über die zeitliche Komponente klar werden und diese festlegen.[184] Aus Vereinfachungsgründen und um die Kosten der Anforderung zu minimieren, kommt es in der Praxis häufig dazu, dass der Abschlussprüfer pauschal die Journalbuchungen zum Jahresende anfordert. Auf Unternehmensseite sind daraus resultierend drei Fälle denkbar:

1. Der IT-Verantwortliche des Unternehmens fragt aufgrund der fehlenden Vorgaben beim Abschlussprüfer nach, für welchen Zeitraum genau er die Journalbuchungen abrufen soll. Dadurch kommt es zu einem erneuten Informationsaustausch, der jedoch keine Garantie für den Erhalt der richtigen Journalbuchungen sein muss, da bspw. keine Eingrenzung der Daten möglich oder die Eingrenzung für das Unternehmen aufwendiger als der Abruf des gesamten Buchungsjournals ist. Im Idealfall erhält der Abschlussprüfer jedoch die entsprechenden Journalbuchungen.

2. Mangelt es nach der pauschalen Anforderung an weiterer Kommunikation zwischen dem Abschlussprüfer und dem Unternehmen, führt dies dazu, dass die Entscheidung über die Datengrundlage letztendlich implizit vom IT-Verantwortlichen getroffen wird. Problematisch ist hierbei die fehlende Eigenverantwortlichkeit des Abschlussprüfers, da er durch dieses Vorgehen die Grundlage für die Prüfung nicht selbst festgelegt hat.[185]

3. Der Vollständigkeit halber ist auch der Fall aufzuführen, dass das Unternehmen dem Abschlussprüfer zufällig die aus Sicht des Abschlussprüfers richtige zeitliche Komponente zur Verfügung stellt.

Die beschriebenen Fälle führen dazu, dass trotz eines ungenauen oder pauschalen Vorgehens die Prüfung bisher auch effektiv gewesen sein konnte, jedoch die Wirtschaftlichkeit zu hinterfragen ist. Wird im Verlauf der Prüfung dagegen festgestellt, dass es sich um eine unvollständige Datengrundlage handelt, müssen die Journalbuchungen

---

183 Vgl. *IFAC*, ISA 240.32.
184 Vgl. *IDW*, PH 9.330.3, Tz. 28.
185 Gemäß § 43 Abs. 1 WPO hat der Abschlussprüfer seine Tätigkeit eigenverantwortlich auszuüben. Hiernach muss der Abschlussprüfer Art, Umfang und Dokumentation der Prüfungsdurchführung im Rahmen seiner Eigenverantwortlichkeit nach pflichtgemäßem Ermessen bestimmen. Vgl. *Krommes* (2015), S. 787.

erneut angefordert werden. Die Pflicht zur erneuten Anforderung ist damit zu begründen, dass Prüfungsaussagen mit hinreichender Sicherheit einer vollständigen Datengrundlage bedürfen.[186]

Der Umfang der investierten Zeit in die Festlegung der zeitlichen Komponente hat Auswirkungen auf die Wirtschaftlichkeit des Prüfungsvorgehens. Grundsätzlich ist davon auszugehen, dass eine umfassende Planung der zeitlichen Komponente und die Kommunikation mit dem Unternehmen zu höheren Kosten führen.

Diese zusätzlichen Kosten rentieren sich jedoch i. d. R. bereits bei der erstmaligen Datenanforderung, da die pauschale Anforderung der Journalbuchungen nur kurzfristig zu niedrigeren Kosten führt. Zwar spart der Abschlussprüfer zunächst Zeit bei der Anforderung ein, jedoch können eine umfassende Nachfrage durch den IT-Verantwortlichen oder, im Fall einer unvollständigen Datengrundlage, eine erneute Anforderung zu erheblichen Mehrkosten führen. Prüfungstechnisch nicht sachgerecht wäre es auch, wenn der Abschlussprüfer aufgrund der zuvor genannten Gründe sein weiteres Prüfungsvorgehen an dem erhaltenen Datensatz ausrichtet, anstatt einen neuen Datensatz anzufordern, nur um die Kosten des Journal Entry Testings zu minimieren.[187]

Bezüglich der zeitlichen Komponente ist zusammenfassend festzuhalten, dass insbesondere die Wirtschaftlichkeit der Anforderung der Journalbuchungen von der Prüfungsplanung und der Kommunikation des Abschlussprüfers mit dem Unternehmen abhängt. Im nachfolgenden Kapitel 3.3.1.2 soll daher dargestellt werden, in welchem zeitlichen Umfang die Journalbuchungen angefordert werden sollten, um eine möglichst effiziente Prüfung sicherzustellen.

b) Inhaltliche Komponente

In Bezug auf die inhaltliche Komponente stellt sich die Frage, welche Informationen bzw. Datenfelder anzufordern sind. Grundsätzlich wird die Anzahl potenziell verfügbarer Datenfelder und hinterlegter Informationen zunächst vom eingesetzten IT-Sys-

---

[186] Vgl. *IDW*, PH 9.330.3, Tz. 17 und Tz. 32.

[187] In diesem Fall würde es sich erneut um einen Verstoß gegen die Eigenverantwortlichkeit handeln, wie zuvor bereits erläutert wurde.

tem des Unternehmens terminiert. Innerhalb der im IT-System enthaltenen Datenfelder obliegt die inhaltliche Auswahl dem Abschlussprüfer, da die berufsständische Verlautbarung hierzu keine Vorgaben enthält.

In der Praxis ist es jedoch wie auch bei der zeitlichen Komponente denkbar, dass der Abschlussprüfer die Auswahl der Datenfelder nicht eigenverantwortlich festlegt. Ursache dafür kann die zuvor beschriebene pauschale Anforderung der Journalbuchungen zur vermeintlichen Kostenreduzierung sein oder aber die Tatsache, dass dem Abschlussprüfer schlichtweg nicht bekannt ist, aus welchen Datenfeldern er überhaupt wählen kann. Fehlt die Auswahl der Datenfelder durch den Abschlussprüfer, erfolgt diese i. d. R. durch den IT-Verantwortlichen bzw. wird implizit durch das jeweilige IT-System bestimmt, bei dem unterschiedliche Datenfelder im Rahmen des Customizings[188] voreingestellt sind. Sofern durch den IT-Verantwortlichen keine weitere Anpassung erfolgt, werden folglich die vordefinierten Standarddatenfelder vom IT-System ausgegeben.

Die Bedeutung der inhaltlichen Komponente für die Durchführung eines risikoorientierten Vorgehens wird häufig unterschätzt: In Kapitel 2 wurde dargestellt, dass der risikoorientierte Prüfungsansatz aus den Phasen Datenbeschaffung, -auswertung und -beurteilung besteht. Im Gegensatz zum Journal Entry Testing wird bei der Bearbeitung eines Prüfgebiets zunächst im Rahmen der Planung festgelegt und kommuniziert, welche Daten für die Prüfung benötigt werden, und nur diese werden beim Unternehmen angefragt. Folglich ist für eine effiziente Prüfung eine angemessene Prüfungsplanung auch im Hinblick auf die inhaltliche Komponente der anzufordernden Daten entscheidend.

In der Praxis findet eine solche Planung gerade beim Journal Entry Testing jedoch i. d. R. nicht statt, sodass die Anforderung der inhaltlichen Komponente nicht risikoorientiert erfolgt. Konkret äußert sich dies darin, dass die Datenfelder nicht auf Basis der vorläufigen Risikoeinschätzung und der festgelegten Prüfungsziele ausgewählt werden. Weiterhin bedarf es zumindest einer groben Planung der später durchzuführenden Datenanalysen, um die inhaltliche Komponente abschließend festzulegen.

---

188 Unter dem Begriff „Customizing“ werden individuelle Anpassungen einer Standardsoftware an die spezifischen Einsatzbedürfnisse im Unternehmen verstanden. Vgl. *Mertens et al.* (2012), S. 23.

Eine fehlende Eingrenzung der Datenfelder und ein daraus resultierender zu großer Datensatz führen dazu, dass die Kosten bei der späteren Datenübernahme und -analyse erheblich ansteigen.[189] In Bezug auf die Datenübernahme entstehen zudem höhere Kosten durch die notwendige Prüfung der Daten nicht nur auf Vollständigkeit, sondern auch im Hinblick auf das Erfordernis, die Daten umfangreich auf ihre Qualität hin zu beurteilen – insbesondere, wenn der Abschlussprüfer die Datenextraktion nicht selbst durchgeführt bzw. überwacht hat.

Anderseits können fehlende Datenfelder, d. h. ein zu kleiner Datensatz, dazu führen, dass durch die nicht im Datensatz enthaltenen Informationen neben dem Journal Entry Testing noch weitere aussagebezogene Prüfungshandlungen erforderlich werden, um auf die Gefahr von Verstößen in der Rechnungslegung angemessen zu reagieren. Fehlende Datenfelder beschränken weiterhin die Verwendung der Journalbuchungen für die Abdeckung anderer Prüfungsziele, wie in Kapitel 4 deutlich wird.

Die unterschiedlichen Vorgehensweisen in Bezug auch auf die inhaltliche Komponente zeigen, dass eine ungenaue oder pauschale Anforderung der Journalbuchungen als kritisch zu beurteilen ist. Den Hauptkritikpunkt stellt dabei die fehlende Eigenverantwortlichkeit des Abschlussprüfers über den Schritt der Anforderung der Journalbuchungen dar. Durch eine unzureichende Planung und Kommunikation mit dem Unternehmen kann eine unbewusste Übertragung der Entscheidungskompetenz sowohl bezüglich der zeitlichen als auch der inhaltlichen Komponente auf den IT-Verantwortlichen des Unternehmens erfolgen. Eine solche Situation darf es allerdings laut Gesetz und den berufsständischen Verlautbarungen nicht geben.[190]

Der vermeintliche Nachteil höherer Kosten bei der erstmaligen Anforderung der Journalbuchungen sollte in Kauf genommen werden. Aus Effizienzgesichtspunkten ist hierbei zu beachten, dass es sich überwiegend um einmalige Kosten handelt[191], da die Datengrundlage in den Folgejahren nicht bzw. zumindest nicht gleich umfangreich erneut festgelegt werden muss. Die Reproduzierbarkeit der Anforderung führt dann zu

---

[189] Vgl. *Goldshteyn/Gabriel/Thelen* (2013), S. 101. Die Vielzahl an nicht prüfungsrelevanten Daten führt in diesem Kontext zu einer längeren Dauer des Einlesens der Daten, und die Analysedauer der Datenanalysesoftware steigt.

[190] Vgl. § 43 Abs. 1 WPO; *IDW*, PH 9.330.3, Tz. 16 f.

[191] Die Kosten sind nur überwiegend einmalig, da die Datengrundlage jährlich überprüft werden muss.

entsprechenden Kosteneinspareffekten.[192] Um das Journal Entry Testing risikoorientierter und effizienter zu gestalten, soll in den folgenden Kapiteln ein risikoorientierter Ansatz vorgestellt werden, mithilfe dessen der Abschlussprüfer die Zielsetzung des ISA 240 bei der Festlegung der Datengrundlage erfüllen kann.

3.3.1.2 Einholung von Informationen und Risikobeurteilung

Die Festlegung der zeitlichen und inhaltlichen Komponente ist Voraussetzung für die Definition der Datengrundlage, die vom zu prüfenden Unternehmen bereitgestellt wird und auf Basis derer Prüfungsaussagen getroffen werden. Fraglich ist, wie die Festlegung der Datengrundlage **idealtypisch** ausgestaltet sein sollte, um gleichzeitig effektiv – d. h., dass auf ihrer Basis ein Prüfungsurteil mit hinreichender Sicherheit getroffen werden kann – und effizient zu sein, also zu möglichst geringen Kosten zu führen. Dies soll im Folgenden anhand von drei Teilschritten, die vor der eigentlichen Anforderung der Journalbuchungen stehen, dargestellt werden:[193]

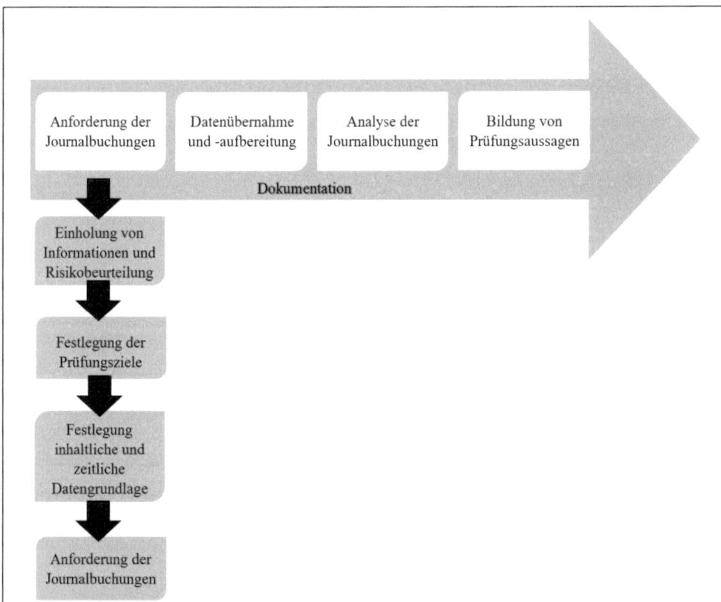

Abbildung 7: Idealtypischer Ablauf der Anforderung der Journalbuchungen

---

[192] Vgl. *Lieder/Goldshteyn* (2013), S. 594.

[193] Erneute Anlehnung an das grundsätzliche Vorgehen gemäß *IDW*, PH 9.330.3, Tz. 27.

Die drei vorgelagerten Teilschritte zeigen, dass die Anforderung eng mit dem risikoorientierten Prüfungsansatz verzahnt sein muss, wenn ein effektives und effizientes Prüfungsvorgehen vorliegen soll. Eine Verzahnung mit dem risikoorientierten Prüfungsansatz bedeutet, dass mit dem Journal Entry Testing auf bestehende individuelle Risiken des Unternehmens reagiert wird und nicht nur beliebige, unspezifische Datenanalysen am Ende der Prüfung durchgeführt werden.

Grund für die bisherige Vernachlässigung des Journal Entry Testings ist, dass insbesondere die Identifizierung von Faktoren, die eine risikobehaftete Journalbuchung kennzeichnen, zu Problemen führt. Durch die vielfältigen Ausprägungen von Verstößen i. w. S. und deren Abbildungen im Buchungsjournal muss der Abschlussprüfer etwas erkennen, von dem er nicht weiß, wie es konkret aussieht.[194]

Um dieses Problem zu lösen, wäre ein Instrument wünschenswert, mit dem der Abschlussprüfer möglichst zweifelsfrei die Journalbuchungen in risikofreie und risikobehaftete Journalbuchungen differenzieren kann. Für eine vollständige und eindeutige Trennung muss der Abschlussprüfer jedoch wissen, wie risikofreie und risikobehaftete Journalbuchungen überhaupt aussehen.[195] Dies gestaltet sich jedoch in der Praxis aufgrund der vielen Ausprägungen von Verstößen i. w. S. einerseits und der fehlenden empirischen Informationen anderseits als schwierig.[196] Selbst die Analyse der historischen Bilanzskandale, zu denen in der Literatur Informationen vorliegen[197], konnte nur Rückschlüsse über einige Ursachen und Ausprägungen von Verstößen i. w. S. liefern.[198] Hinzu kommt, dass diese Fälle nur exemplarisch für eine Vielzahl nicht veröffentlichter Fälle von Verstößen i. w. S. stehen.

Denkbar ist auch, z. B. auf die Methoden des maschinellen Lernens i. V. m. der Mustererkennung (Data Mining)[199] oder den neuronalen Netzwerken[200] zurückzugreifen, um eine entsprechende Trennung der Journalbuchungen durchzuführen. Aufgrund der fehlenden Beispieldaten für risikobehaftete Journalbuchungen und der Tatsache, dass ein Verstoß i. w. S. einen Ausnahmefall im Rahmen der Abschlussprüfung bildet, sind

---

194 Vgl. *Henselmann/Hofmann* (2010), S. 268; *Gee* (2015), S. 12 f.
195 Vgl. *Debreceny/Gray* (2010), S. 158; *Strecker/Reutter* (2013), S. 182 f.
196 Vgl. *Knabe et al.* (2004), S. 1059.
197 Siehe zu den Bilanzskandalen *Boecker* (2010), S. 49–70.
198 Vgl. *Strecker/Reutter* (2013), S. 183 f.
199 Vgl. *Heno* (1983), S. 121; *Bissantz/Hagedorn* (2009), S. 139.
200 Vgl. *Baetge/Hüls/Uthoff* (1996), S. 151–168; *Füser* (2001), S. 66–74.

diese Methoden jedoch ebenso wenig geeignet, um Verstöße i. w. S. mit hinreichender Sicherheit ausgehend von den Journalbuchungen zweifelsfrei erkennen zu können.

Ein Modell, um Verstöße i. w. S. zweifelsfrei zu identifizieren, lässt sich auch dadurch, dass im Gegensatz bspw. zur Bonitätsbeurteilung eines Kredits das Ergebnis nicht wirtschaftlich überprüfbar ist, nicht belegen. Dazu wäre eine unternehmens- und periodenübergreifende Analyse sämtlicher Journalbuchungen erforderlich.

Gleichwohl können insbesondere die Methoden der Mustererkennung dazu eingesetzt werden, den Abschlussprüfer bei der Identifizierung risikobehafteter Journalbuchungen mit hinreichender Sicherheit zu unterstützen, da die Mustererkennung an sich, – anders als das Journal Entry Testing in seiner bisherigen Form – ein geplanter Prozess von der Selektion und Aufbereitung der Daten bis hin zur Ergebnisinterpretation ist.[201] Aus diesem Grund werden in Kapitel 4.3 die Einsatzmöglichkeiten der multivariaten Mustererkennung dargestellt und auf den Untersuchungsgegenstand angewendet.

Ungeachtet, ob Methoden der Mustererkennung eingesetzt werden sollen oder nicht, ist es für den Abschlussprüfer erforderlich, zumindest das Risiko für Verstöße i. w. S. einschätzen zu können, um daran das weitere Prüfungsvorgehen auszurichten. Voraussetzung hierfür ist ein vorgelagerter Informationsprozess, der es dem Abschlussprüfer ermöglicht, eine vorläufige Risikoeinschätzung vorzunehmen.

Diese Risikoeinschätzung ist erforderlich, um eine vollständige und richtige Datengrundlage anzufordern. Daher muss dieser Schritt bereits vor der Anforderung der Journalbuchungen angesetzt werden, da er sowohl Einfluss auf die Anforderung der Journalbuchungen als auch auf die Auswahl der durchzuführenden Datenanalysen hat. Erfolgt eine entsprechende Berücksichtigung, spiegelt der Ablauf des Journal Entry Testings insgesamt den in Kapitel 2 dargestellten Verlauf des risikoorientierten Prüfungsansatzes wider, der einen stetigen Prozess der Datenbeschaffung, -auswertung und -beurteilung beinhaltet.

Fraglich ist jedoch weiterhin, wie der Abschlussprüfer anhand der bisher erlangten Informationen konkret ein risikoorientiertes Journal Entry Testing durchführen kann. Dazu erfolgt zunächst eine Auswertung der Informationen, die im Rahmen der ver-

---

201 Vgl. *Gentsch* (2003), S. 14.

pflichtenden Erlangung von Kenntnissen über das Unternehmen und seine Geschäftstätigkeit[202] beschafft und anschließend verdichtet wurden. Die verdichteten Informationen, die relevant für das Journal Entry Testing sind, werden in der Literatur als Risikofaktoren, Risikoindikatoren, Risikoindizien oder „Red Flags" bezeichnet.[203]

Die berufsständische Verlautbarung ISA 240 beschreibt solche Risikofaktoren, die auf Verstöße i. w. S. hindeuten können. Es handelt sich dabei insbesondere um Sachverhalte, die im Sinne des Fraud-Triangles entweder auf einen Anreiz bzw. Druck, eine Motivation oder Gelegenheit hindeuten.[204] Neben dieser berufsständischen Vorgabe werden in der Literatur zahlreiche weitere Risikofaktoren aufgeführt.[205] Diese beruhen auf den Auswertungen der letzten großen Bilanzskandale, sodass die Praxistauglichkeit grundsätzlich gegeben ist. Jedoch kann es sich hierbei aus Effizienzgesichtspunkten nur um eine Hilfestellung für den Abschlussprüfer handeln, da eine vollständige Beurteilung aller potenziellen Risikofaktoren im Rahmen der Abschlussprüfung wirtschaftlich nicht vertretbar wäre. Gleichwohl wird in der Praxis mithilfe von Checklisten angestrebt, sämtliche potenziellen Risikofaktoren bei der Prüfung zu berücksichtigen.[206]

Der Abschlussprüfer kann folglich die im Vorfeld aufgenommenen Informationen mit dieser Checkliste vergleichen und die Risikofaktoren identifizieren. Hat der Abschlussprüfer im Rahmen der Prüfungsplanung bspw. erfahren, dass das Ergebnis des Unternehmens in den letzten Monaten deutlich unterhalb der Planzahlen lag, liegt ein Anzeichen für den Risikofaktor „ungünstige Ergebnisentwicklung" vor.[207]

Die Checkliste kann jedoch nur als Hilfsmittel dienen, da ein reines Abarbeiten anhand einer Checkliste in den wenigsten Fällen effizient ist und häufig dazu führt, dass die Unternehmensindividualität nur unzureichend berücksichtigt wird.[208]

---

202 Vgl *IFAC*, ISA 315.3.

203 Vgl. *Singleton et al.* (2006), S. 125; *Hofmann* (2008), S. 413; *Henselmann/Hofmann* (2010), S. 268; *Marten/Quick/Ruhnke* (2015), S. 471 f. Im Folgenden wird der Begriff Risikofaktor synonym für die genannten Begriffe verwendet.

204 Siehe ausführlich Kapitel 2.2.

205 Siehe exemplarisch *Singleton et al.* (2006), S. 127–147; *Henselmann/Hofmann* (2010), S. 268–274.

206 Vgl. *Knabe et al.* (2004), S. 1060.

207 Vgl. *IFAC*, ISA 240 Appendix 1.

208 Vgl. *Hofmann* (2008), S. 526; *Köster/Kuschel/Ribbert* (2010), S. 729.

Erst die **individuelle** Ermittlung der Risikofaktoren aus bestehenden Informationen über das Unternehmen und seine Geschäftstätigkeit macht ein risikoorientiertes Verfahren aus.[209]

Im Ergebnis muss der Abschlussprüfer die in der berufsständischen Verlautbarung genannten Risikofaktoren zur Festlegung des Risikos nach pflichtgemäßem Ermessen berücksichtigen. Jedoch führt dies nicht allein dazu, den Umfang und das konkrete Vorgehen des Journal Entry Testings festzulegen. Entscheidend ist vielmehr, dass der Abschlussprüfer aus den bestehenden Informationen insgesamt ein Risikobewusstsein entwickelt und das weitere Prüfungsvorgehen daran ausrichtet. In Bezug auf das zuvor genannte Beispiel bedeutet dies, dass es nicht darauf ankommt, wie der Risikofaktor im Detail benannt wird. In der Praxis geht es vielmehr darum, dass der Abschlussprüfer aus diesen Informationen ableitet, dass ein Risiko besteht, dass ggf. kurz vor dem Stichtag noch fiktive Buchungen durchgeführt werden, um das Ergebnis besser darzustellen und die Planzahlen doch noch zu erreichen. Es wäre somit zu erwarten, dass der Abschlussprüfer Datenanalysen i. S. v. Explorativen Datenanalysen wählt, die solche Manipulationen zum Ende der Berichtsperiode aufdecken. Im Zusammenhang damit wird er hinsichtlich der inhaltlichen Komponente die Journalbuchungen mit zeitlichen und betragsmäßigen Datenfeldern vom Unternehmen anfordern.

Liegen keine Informationen vor, dass ein Anreiz zur Ergebnismanipulation besteht, führt der Abschlussprüfer diese Datenanalysen dagegen nicht durch. Dadurch werden auch die entsprechenden Datenfelder nicht unbedingt benötigt, und der Datenumfang sinkt.

Um das Journal Entry Testing effizient planen und durchführen zu können, sind folglich umfangreiche Informationen über das zu prüfende Unternehmen notwendig. Aufgrund der Bedeutung für das weitere Vorgehen wird im nachfolgenden Kapitel eine Übersicht darüber gegeben, welche Informationen für die Ermittlung von Risikofaktoren relevant sind und wie diese erlangt werden können.

---

209 Vgl. *Strecker/Reutter* (2013), S. 184.

3.3.1.3 Grundlagen für die Bestimmung von Risiken für Verstöße i. w. S.

Nach ISA 315 hat sich der Abschlussprüfer bereits vor der Auftragsannahme sowie fortlaufend während der Prüfung Informationen zum Unternehmen und zu seiner Geschäftstätigkeit zu beschaffen. Diese Informationen können auch als Ausgangspunkt zur Bestimmung von Risikofaktoren und damit zur Ableitung von Risiken für Verstöße i. w. S. genutzt werden.[210]

Häufig werden bei der Informationsbeschaffung i. S. d. ISA 315 jedoch nicht alle erforderlichen Informationen zur Bestimmung der entsprechenden Risikofaktoren direkt eingeholt. Der Abschlussprüfer muss sich daher weitere Informationen beschaffen und diese zu Risikofaktoren verdichten.[211] Fraglich ist nun, welche Informationen und Quellen **konkret** für die Bestimmung von Risikofaktoren bzw. die Ableitung von Risiken für Verstöße i. w. S. und damit für das Journal Entry Testing berücksichtigt werden sollten.

Ein Instrument zur Erlangung von Informationen ist die in der berufsständischen Verlautbarung[212] enthaltene Pflicht zur Befragung der in den Rechnungslegungsprozess eingebundenen Mitarbeiter in Bezug auf das Vorliegen von Verstößen i. w. S. Ziel der Befragungen ist es, Hinweise und Informationen zu erlangen, die auf Verstöße i. w. S. hindeuten, aber auch ein Verständnis darüber zu erlangen, wie die Geschäftsführung und das Aufsichtsorgan das Risiko für Verstößen i. w. S. grundsätzlich einschätzen. Im Rahmen der Befragungen[213] ist es unwahrscheinlich, dass ein Mitarbeiter einen eigenen Verstoß offen zugibt.[214] Deswegen ist der Abschlussprüfer vielmehr auf Hinweise von anderen Mitarbeitern angewiesen, auch wenn es sich hierbei nur um Vermutungen handelt. Die Befragungen sollten daher nicht nur die Geschäftsführung, das Aufsichtsorgan und andere Führungspersonen umfassen, sondern auch Mitarbeiter auf nachgeordneten Hierarchieebenen.[215] Dadurch besteht die Möglichkeit, dass Mitarbeiter, die sich bisher nicht getraut haben, über ihre Vermutungen oder vielleicht sogar

---

210 Vgl. *IFAC*, ISA 315.6; *Strecker/Reutter* (2013), S. 185.
211 Vgl. *IFAC*, ISA 240.A25.
212 Vgl. ebd., ISA 240.17-19 und 32.
213 Siehe zum Ablauf solcher Befragungen *Hofmann* (2008), S. 536–546.
214 Vgl. *Terlinde* (2005), S. 137.
215 Vgl. *Hofmann* (2008), S. 373; *Schindler/Haußer* (2014), S. 980.

einen konkreten Verdacht sprechen. Entscheidend ist dabei, dass eine geeignete Befragungstechnik angewendet wird, um die relevanten Informationen zu erhalten.[216]

In der Literatur wird darüber hinaus vielfach auf die Diskussion innerhalb des Prüfungsteams verwiesen.[217] Der Informationsaustausch zwischen den Mitgliedern des Prüfungsteams ist dazu grundsätzlich ein probates Mittel. Eine in der Literatur teilweise[218] geforderte, umfangreiche Brainstorming Session mit anschließender Diskussion zum Thema Verstöße i. w. S. scheint unter Wirtschaftlichkeitsaspekten etwas zu hoch gegriffen. Hierbei muss zudem beachtet werden, dass der Abschlussprüfer nicht nach Verstößen i. w. S. suchen, sondern diese im Rahmen seiner Prüfung nur erkennen können muss. Daher sollte die Teamdiskussion zwar die Diskussion über Hinweise in Bezug auf das Fraud-Triangle enthalten, allerdings im Rahmen der regulären Teamplanungsbesprechung zu Beginn der Prüfung und nicht als zusätzliche Besprechung stattfinden. Aus Effizienzgesichtspunkten stellt diese Integration, wie auch die Ermittlung der Risikofaktoren, eine Erweiterung des bisherigen Ansatzes um die Komponente der Verstöße i. w. S. dar.

Ein weiter wichtiger Bestandteil der Prüfungsplanung und -durchführung ist die kritische Grundhaltung[219] des Abschlussprüfers. Der Abschlussprüfer muss sich „stets darüber im Klaren sein, dass Umstände (Fehler, Täuschungen, Vermögensschädigungen oder sonstige Gesetzesverstöße) existieren können“ und „er [..] daher nicht ohne weiteres im Vertrauen auf die Glaubwürdigkeit der gesetzlichen Vertreter bspw. von der Richtigkeit ihrer Auskünfte ausgehen [kann], sondern [..] sich diese belegen lassen und die Überzeugungskraft dieser Nachweise würdigen [muss]“.[220] Durch ein ständiges Hinterfragen der erhaltenen Informationen insgesamt wird ein fortlaufender Prozess der Herleitung und Verdichtung von Risikofaktoren (für Verstöße i. w. S.) aufrechterhalten.[221] Die kritische Grundhaltung ist somit ein wichtiges Hilfsmittel, Informationen in Bezug auf Verstöße i. w. S. zu identifizieren.

---

216 Vgl. *Hofmann* (2008), S. 536 f.

217 Vgl. *IFAC*, ISA 240.15; *Hofmann* (2008), S. 528–536.

218 So sieht *Hofmann* (2008) in detaillierten und umfangreichen „Brainstorming Sessions“ mit allen Mitgliedern des Prüfungsteams eine Möglichkeit, Risikofaktoren zu ermitteln und Verstöße zu identifizieren. Vgl. *Hofmann* (2008), S. 528–536.

219 Siehe ausführlich *Deckers/Hermann* (2013), S. 2315–2321.

220 *IDW*, PS 200, Tz. 17. In den ISA ist die kritische Grundhaltung in *IFAC*, ISA 200.15 definiert.

221 Vgl. *Hofmann* (2008), S. 525.

Durch die Vorgabe von Risikofaktoren in der berufsständischen Verlautbarung besteht die Gefahr, dass der Abschlussprüfer sich bei der Informationsbeschaffung ausschließlich an dieser Vorgabe orientiert, also im Sinne einer Checkliste abfragt, ob die vorgegebenen Risikofaktoren vorliegen, und dabei außer Acht lässt, dass es noch weitere Risikofaktoren geben kann.[222] So enthält die berufsständische Verlautbarung bspw. keinerlei Risikofaktoren, die sich unmittelbar aus den Informationen über die Buchführung und die Buchungssystematik von Geschäftsvorfällen ergeben.[223] Dabei ist die Buchführung die Ausgangsbasis für den Abschluss, den der Abschlussprüfer mit hinreichender Sicherheit beurteilen muss.

Gerade deswegen sollten Informationen über die Abläufe und Vorgaben zur Buchung von Geschäftsvorfällen bei der Herleitung von Risikofaktoren berücksichtigt werden. Bspw. kann sich durch die Information, dass gemäß Ablaufanweisungen nur einmal in der Woche Kreditorenrechnungen gebucht werden, ein Risikofaktor für ein bestehendes Risiko für Verstöße i. w. S. ergeben. Das mögliche Risiko der unvollständigen Verbindlichkeiten wird folglich basierend auf den buchführungsbezogenen Informationen erkannt. Der Grund, warum diese Informationen im Rahmen der Risikobeurteilung bisher nicht verwendet wurden, ist die Auffassung, dass Verstöße i. w. S. häufig mithilfe der Rechnungslegung verschleiert werden sollen und ein Täter daher versuchen wird, die buchführungsbezogenen Informationen so darzustellen, dass eben keine Auffälligkeiten ersichtlich sind.[224] Dies ist jedoch ein Trugschluss, denn gerade die Buchführung selbst und die (Soll-)Abläufe im Rechnungswesen liefern wertvolle Informationen, die nicht nur helfen, Verstöße i. w. S. erkennen zu können, sondern den Abschlussprüfer auch unterstützen, z. B. Zusammenhänge zwischen den Umsatzerlösen und dem Materialaufwand zu erkennen und so ein tieferes Verständnis bezüglich der Produktionsprozesse zu erlangen.[225]

Zu den buchführungsbezogenen Informationen zählen außerdem die Informationen aus der IT-Systemprüfung. Da die Geschäftsprozesse heutzutage im Wesentlichen IT-gestützt abgebildet werden und somit eine direkte Verknüpfung zwischen den IT-gestützten Geschäftsprozessen und dem internen Kontrollsystem besteht, ist es sinnvoll,

---

[222] Vgl. *Marten/Quick/Ruhnke* (2015), S. 471.

[223] Hierdurch wird berücksichtigt, dass sich der Risikofaktor nicht direkt aus der Rechnungslegung, sondern vielmehr aus der Prozessanweisung zur Rechnungslegung bzw. aus dem Umfeld der Rechnungslegung ergibt.

[224] Vgl. *Knabe et al.* (2004), S. 1064.

[225] Vgl. *Henselmann/Hofmann* (2010), S. 303.

auch diese Informationen zu berücksichtigen.[226] Entscheidende Informationen aus der IT-Systemprüfung für das Journal Entry Testing sind die Ausführungen zur Ausgestaltung des Zugriffs- und Berechtigungskonzepts.[227] Das Zugriffs- und Berechtigungskonzept betrifft einerseits den Zugriff auf das jeweilige System, die Identifizierung sowie Authentifizierung und andererseits die Autorisierung, also die Kontrolle und Dokumentation des Zugriffs.[228]

In den meisten aktuell verfügbaren Softwarelösungen zur IT-gestützten Abbildung der Rechnungslegung werden bei der Buchung von Geschäftsvorfällen diese Benutzerinformationen eingepflegt und sind dadurch auch in den Journalbuchungen enthalten.[229] In diesem Zusammenhang lassen sich z. B. Informationen über Schwachstellen im Berechtigungskonzept wie eine unzureichende Funktionstrennung ermitteln. Je nachdem, an welcher Stelle im Geschäftsprozess eine solche Schwachstelle besteht, kann diese einen Risikofaktor für Verstöße i. w. S. darstellen.

Im Hinblick auf mögliche Risikofaktoren kann sich der Abschlussprüfer nicht allein auf die berufsständische Verlautbarung verlassen, sondern sollte diese nur als Hilfestellung für den Prozess der Informationssammlung und -auswertung ansehen. Im Vordergrund steht weiterhin das prüferische Ermessen zur Beurteilung der unternehmensindividuellen Umstände.

Nachdem die Risikofaktoren identifiziert sowie weitere relevante Informationen in Bezug auf Risiken für Verstöße i. w. S. zusammengetragen wurden, erfolgt der konkrete Risikoidentifizierungsprozess. Im Zuge dessen muss der Abschlussprüfer auf Grundlage der zuvor erlangten Informationen und der Risikofaktoren eine Einschätzung des Risikos für Verstöße i. w. S. abgeben.[230] Dabei sind die in Kapitel 2 dargestellten Komponenten des Fraud-Triangles entsprechend zu berücksichtigen. Problematisch an diesem Vorgehen ist, dass das Ergebnis der Identifizierung von Risikofaktoren und somit das Risiko für Verstöße i. w. S. nicht präzise messbar ist, sondern lediglich durch den Abschlussprüfer bspw. als wenig, mittel oder hoch eingeschätzt werden kann.[231]

---

226 Vgl. *Köster/Kuschel/Ribbert* (2010), S. 730.
227 Vgl. *Brösel et al.* (2015), S. 368 f.
228 Vgl. *Hartke/Hohnhorst/Sattler* (2010), S. 43.
229 Vgl. *Rüter et al.* (2010), S 255.
230 Vgl. *Knabe et al.* (2004), S. 1058; *Marten/Quick/Ruhnke* (2015), S. 473.
231 Vgl. *Knabe et al.* (2004), S. 1068; *Henselmann/Hofmann* (2010), S. 274.

Dabei sind die Risiken auf Abschlussebene von denjenigen auf Aussageebene zu unterscheiden. Risiken auf Abschlussebene können nicht direkt einzelnen Prüfgebieten (z. B. Umsatzerlöse, Anlagevermögen, Vorräte) zugeordnet werden.[232] Der Risikofaktor „ungünstige Ergebnisentwicklung“ bspw. kann dazu führen, dass unterschiedliche Prüfgebiete manipuliert werden, sodass eine eindeutige Zuordnung dieses Risikofaktors zu einem Prüfgebiet nicht möglich ist. Demgegenüber stehen Risiken für Verstöße i. w. S. auf Aussageebene, also Risiken, die konkret einem Prüfgebiet zugeordnet werden können.[233] So können bspw. Informationen über ein verdächtiges Verhalten eines Lagermitarbeiters konkret dem Prüfgebiet Vorräte zugeordnet werden. Der Abschlussprüfer müsste folglich in seinem Prüfungsvorgehen berücksichtigen, dass ein Risiko für Verstöße i. w. S. in Bezug auf die Vorräte und den Materialaufwand besteht.

Die Beurteilung des Risikos für Verstöße i. w. S. ist kein einmaliger Vorgang, sondern muss vielmehr während der gesamten Prüfung fortlaufend erfolgen, soweit neue Informationen in Bezug auf Verstöße i. w. S. bekannt werden. Neben den Informationen, die sich aus dem zuvor beschriebenen vorgelagerten Informationsbeschaffungsprozess ergeben, kann auch das Journal Entry Testing selbst zu neuen Informationen über bisher unbekannte Risikofaktoren für Verstöße i. w. S. führen. Erlangt der Abschlussprüfer durch andere Informationsquellen Hinweise auf Risikofaktoren, ist wiederum das Journal Entry Testing entsprechend anzupassen. Hierbei handelt es sich somit um ein reaktives Vorgehen.

Im Ergebnis liegen dem Abschlussprüfer die identifizierten Risiken für Verstöße i. w. S. vor, und darauf aufbauend werden als Reaktion die Prüfungsziele festgelegt und die durchzuführenden Datenanalysen vorläufig geplant, wie in den folgenden Kapiteln dargestellt werden soll.

3.3.1.4 Festlegung der Prüfungsziele

Im nächsten Schritt muss der Abschlussprüfer die Prüfungsziele festlegen und dabei auch bestimmen, welche davon mithilfe des Journal Entry Testings erreicht werden sollen. Unter der Festlegung der Prüfungsziele wird die risikoorientierte Auswahl verstanden, welche der in der Rechnungslegung enthaltenen Aussagen relevant sind.

232 Vgl. *Marten/Quick/Ruhnke* (2015), S. 473.
233 Vgl. ebd., S. 474.

Diese sind in ISA 500 in verschiedenen Textziffern[234] enthalten und können wie folgt zusammengefasst werden:[235]

- Vollständigkeit
- Eigentum
- Bestand
- Bewertung
- Genauigkeit
- Ausweis

Obwohl nicht explizit im vorgenannten Prüfungsstandard aufgeführt, muss der Abschlussprüfer das Erkennen von Verstößen i. w. S. als weiteres Ziel berücksichtigen.[236] Können in der Rechnungslegung enthaltene Aussagen nicht bestätigt werden, ist der Grund dafür entweder ein Fehler oder ein Verstoß i. w. S. Es besteht somit eine Schnittmenge, da Verstöße i. w. S. bzw. das Erkennen dieser sowohl ein eigenes Ziel, aber auch Ursache für das Nichterreichen der obengenannten Prüfungsziele sein können.

Das Journal Entry Testing in seiner bisherigen Form wurde nur mit dem Ziel durchgeführt, Journalbuchungen auf Verstöße i. w. S. zu analysieren. In der Folge wurden die entsprechenden Datenanalysen als von der eigentlichen Abschlussprüfung isolierte Prüfungshandlung angesehen.

Durch die fehlende Verknüpfung zwischen dem Journal Entry Testing und der übrigen Prüfung ist auch die fehlende Integration in den risikoorientierten Prüfungsansatz und die Durchführung des Journal Entry Testings als „notwendiges Übel“ i. d. R. erst zum Ende der Prüfung zu erklären.

Das Journal Entry Testing kann jedoch auch für weitere der obengenannten Prüfungsziele als Prüfungsgrundlage verwendet werden. Im idealtypischen Fall wird der Abschlussprüfer das Journal Entry Testing nicht nur dafür verwenden, Verstöße i. w. S.

---

234 Vgl. beispielhaft *IFAC*, ISA 500.A15.

235 Vgl. *Krommes* (2015), S. 795.

236 Dies ergibt sich aus ISA 240.

erkennen zu können, sondern auch um weitere Prüfungsziele abzudecken. Da die Kosten für die Anforderung und Aufbereitung der Datengrundlage aus dem IT-System nur einmalig anfallen und diejenigen für weitere Datenanalysen vergleichsweise gering sind, ist es für den Abschlussprüfer effizient, weitere Prüfungsziele mit der gleichen Datengrundlage abzudecken. Vereinfacht gesagt: Je mehr Prüfungsziele mit den annähernd gleichbleibenden variablen Kosten für die Anforderung und Aufbereitung der Datengrundlage abgedeckt werden können, desto höher ist der Effizienzgewinn. Gleichwohl ist zu betonen, dass nicht alle obengenannten Prüfungsziele mithilfe der Datengrundlage des Journal Entry Testings erfüllt werden können und der Abschlussprüfer daher eine entsprechende Machbarkeitsbeurteilung durchführen muss.[237] Konkret bedeutet dies, dass der Abschlussprüfer z. B. bei den Prüfungszielen Bestand und Eigentum der Vorräte in den meisten Fällen zu dem Ergebnis kommen wird, dass diese Prüfungsziele nur schwerlich rein auf der Datengrundlage des Journal Entry Testing zu erreichen sind, sondern besser schwerpunktmäßig eine Inventurbeobachtung zum Einsatz kommt.

Diese Beurteilung hat Auswirkungen auf den Umfang der Datengrundlage, da, sofern weitere Prüfungsziele mit einer Analyse der Journalbuchungen abgedeckt werden sollen, auch die hierfür benötigten Daten bzw. Datenfelder in der Datengrundlage enthalten sein müssen.

3.3.2 Abschließende Festlegung der Datengrundlage

Um die Datengrundlage abschließend festzulegen, sind die identifizierten Risiken und die zu erreichenden Prüfungsziele zu würdigen und darauf aufbauend die zeitliche und inhaltliche Komponente zu bestimmen.

In Bezug auf die zeitliche Komponente muss der Abschlussprüfer entsprechend der berufsständischen Verlautbarung mindestens die Journalbuchungen zum Ende der Berichtsperiode und die durchgeführten Anpassungsbuchungen als Umfang festlegen.[238] Bei der Definition der inhaltlichen Komponente müssen, um effizient und risikoorientiert vorzugehen, die Ergebnisse der Risikobeurteilung und die Prüfungsziele berücksichtigt werden. Grundsätzlich kann die Datengrundlage auch nachträglich noch um

---

[237] Vgl. *IDW*, PH 9.330.3, Tz. 17 f.; *Bönner/Riedl/Wenig* (2011), S. 33.
[238] Vgl. *IFAC*, ISA 240.32.

weitere Informationen bzw. Datenfelder erweitert werden. Dies führt jedoch zu zusätzlichen Kosten, sodass aus Effizienzgesichtspunkten bereits bei der erstmaligen Festlegung der inhaltlichen Komponente diese möglichst abschließend bestimmt werden sollte.

In der Praxis empfiehlt sich eine retrograde Ermittlung der notwendigen Datenfelder, ausgehend von den Risiken, den Prüfungszielen und der vorläufigen Auswahl der durchzuführenden Datenanalysen.[239] Dass der Abschlussprüfer bereits zu diesem Zeitpunkt zumindest vorläufig festlegt, welche Datenanalysen er durchführen wird, ist damit zu begründen, dass er die Datenanalysen grundsätzlich kennen muss, um zu wissen, welche Datenfelder er beim zu prüfenden Unternehmen anfordern muss.

Die retrograde Ermittlung der notwendigen Datenfelder kann am besten anhand eines Beispiels erläutert werden: Im Rahmen der Informationsbeschaffung hat der Abschlussprüfer erfahren, dass der Leiter Rechnungswesen aufgrund der Ergebnisentwicklung im aktuellen Geschäftsjahr lange Zeit davon ausging, dass er die Ziele für seine variable Vergütung erfüllt. Dies hat sich jedoch zum Jahresende überraschend geändert. Gleichzeitig berichten andere Mitarbeiter darüber, dass an den vergangenen Wochenenden jemand im System gearbeitet habe, obwohl dies bisher nie vorgekommen sei.

Aus Sicht des Abschlussprüfers kann hieraus ein Risikofaktor abgeleitet werden, denn für den Leiter Rechnungswesen bestand sowohl ein Anreiz als auch eine Gelegenheit für das Begehen eines Verstoßes i. w. S. Um diesem Risiko zu begegnen, wird er eine vorläufige Planung der Datenanalysen vornehmen, bspw. die Analyse des Erfassungsdatums. Ausgehend von dieser Überlegung wird festgelegt, welche Datenfelder für die Analysen benötigt werden. In diesem Fall sind dies mindestens das systemgenerierte Datum der Buchung (Erfassungsdatum) und der Benutzer. Es liegt folglich eine retrograde Bestimmung der Datenfelder vor.

Aufgrund der Vielzahl unterschiedlicher Prüfungsziele und der individuellen Risikobeurteilung des Unternehmens muss eine einzelfallabhängige Auswahl der Datenanalysen durch den Abschlussprüfer erfolgen. Eine vollständige und allgemeingültige

[239] Vgl. *Odenthal* (2006), S. 26.

Auflistung aller für die Datenanalysen benötigten Datenfelder zu sämtlichen Prüfungszielen ist folglich nicht zielführend.

Auf die häufig verwendeten Datenfelder des Journal Entry Testings soll dennoch im Folgenden eingegangen werden. Grundsätzlich liegt die Bestimmung der inhaltlichen Komponente und damit auch der Datenfelder im Ermessen des Abschlussprüfers. Da manche Datenfelder relativ häufig benötigt werden, um Verstöße i. w. S. erkennen zu können (insbesondere „wer?", "wann?", "in welcher Höhe?"), sollen die auf der folgenden Seite angegebenen Datenfelder unabhängig vom Ermessen des Abschlussprüfers als eine Art Mindestumfang[240] angesehen werden.

Sachliche Zuordnung	Zeitliche Zuordnung	Sonstige Datenfelder
Belegnummer	Belegdatum	Betrag
Kontonummer	Erfassungsdatum	
Buchungstext	Buchungsdatum	
Benutzer		

Tabelle 2: Häufig verwendete Datenfelder des Journal Entry Testings

Die Datenfelder können in die folgenden drei Kategorien unterteilt werden. Jede Journalbuchung muss aufgrund des Ordnungsprinzips (§ 239 Abs. 2 HGB) Datenfelder zur sachlichen Zuordnung des Geschäftsvorfalls enthalten.[241]

- Die Belegnummer verweist auf den Buchungsbeleg, unter dem die Journalbuchung aufgezeichnet wurde, über sie kann der entsprechende Beleg aufgerufen werden.[242] Die Belegnummer wird folglich bei einer Auffälligkeit zur einzelfallbezogenen Prüfung des Ursprungsbelegs benötigt.

240 Die aufgeführten Datenfelder ermöglichen eine große Bandbreite an Prüfungshandlungen, um die Ergebnisse unterschiedlicher Risikobeurteilungen abdecken zu können. Die Auswahl erfolgt auf Basis der gängigen Prüfungshandlungen bei der Durchführung des Journal Entry Testings unter Berücksichtigung der in der berufsständischen Verlautbarung beschrieben Hilfestellungen zur Identifizierung von Verstößen i. w. S. Weiterhin sind die aufgeführten Datenfelder unabhängig von der Art der IT-gestützten Rechnungslegung verfügbar, da es sich um die Informationen eines Grundbuchs handelt. Siehe dazu *Nickenig/Wesselmann* (2014), S. 44.

241 Vgl. *IDW*, FAIT 1, Tz. 37.

242 Vgl. *Selchert* (1988), S. 133; *Goldshteyn/Gabriel/Thelen* (2013), S. 224.

- Die Kontonummer zeigt, welchem Konto ein Geschäftsvorfall zugeordnet wurde und damit, wo im Abschluss, d. h. in welchem Posten, der entsprechende Betrag der Journalbuchung enthalten ist. Sie ermöglicht bspw. Analysen, ob Geschäftsvorfälle auf den richtigen Konten erfasst wurden oder wie viele Journalbuchungen auf einem Konto enthalten sind.[243]
- Der Buchungstext dient zur schnelleren Nachvollziehbarkeit der Art bzw. des Inhalts des Geschäftsvorfalls, bspw., wenn im Textfeld das Wort „privat" enthalten wäre.[244]

Der Benutzer ist nicht unmittelbar aus dem Ordnungsprinzip gemäß § 239 Abs. 2 HGB abzuleiten, sondern resultiert aus der Pflicht zur Autorisierung einer Buchung in der IT-gestützten Rechnungslegung.[245] Das Datenfeld weist die Buchung eines Geschäftsvorfalls einem Benutzer zu und ermöglicht Aussagen über dessen Berechtigungen und das Berechtigungskonzept insgesamt.[246] Es handelt sich folglich um ein Datenfeld, das unmittelbarer Bestandteil des internen Kontrollsystems ist. Aufgrund der Tatsache, dass der Benutzer Hinweise auf einen möglichen Täter liefern kann, kommt diesem Datenfeld eine erhebliche Bedeutung zu, wie im Verlauf dieses Kapitels noch im Detail dargestellt werden soll.

Ferner werden Datenfelder mit einer zeitlichen Zuordnung benötigt, um die Journalbuchungen auf zeitbezogene Risikofaktoren zu analysieren. Das Belegdatum bildet das Datum des Geschäftsvorfalls ab, bspw. das Ausstellungsdatum einer Rechnung oder das Datum eines Zahlungseingangs. Es muss sich dabei nicht zwingend um das Datum handeln, an dem sich der Geschäftsvorfall auch tatsächlich ereignet hat.

Im Gegensatz dazu stellt das Erfassungsdatum den Zeitpunkt der Aufnahme des Geschäftsvorfalls in die Rechnungslegung dar. In den meisten Fällen existiert neben diesem automatisch generierten Datum noch ein weiteres Datenfeld, durch das die Buchung manuell einem Zeitpunkt zugeordnet werden kann (= Buchungsdatum). Dadurch kann es in der Praxis dazu kommen, dass eine Rechnung mit Rechnungsdatum (= Belegdatum) vom 28. Dezember am 4. Januar des Folgejahres (= Erfassungsdatum) unter dem Buchungsdatum 28. Dezember, d. h. noch im alten Jahr, gebucht

---

243 Vgl. *Sampson/Olan* (1992), S. 134; *Lanza/Gilbert* (2007a), S. 5.
244 Vgl. *Odenthal* (2005), S. 106 f.; *Hofmann* (2008), S. 527.
245 Vgl. *IDW*, FAIT 1, Tz. 40.
246 Vgl. *Hartke/Hohnhorst/Sattler* (2010), S. 43 f.

wird. Diese Unterscheidung ist von großer Bedeutung, da viele der Datenanalysen eine Betrachtung des automatisch generierten Erfassungsdatums erfordern.

Weiterhin stellt der Betrag der jeweiligen Journalbuchung ein Datenfeld für eine Vielzahl von Datenanalysen dar, wie die Analyse großer oder glatter Beträge vor dem Abschlussstichtag.[247] Hinzu kommt, dass anhand des Betrags auch eine Aussage über die Wesentlichkeit der Journalbuchung in Bezug auf den Abschluss getroffen werden kann.[248]

In Bezug auf die Bestimmung der inhaltlichen Komponente wird der Vollständigkeit halber noch auf die sogenannten GoBD-Daten[249] hingewiesen. Hierbei handelt es sich um eine standardisierte Datengrundlage für die steuerliche Betriebsprüfung. Da eine Pflicht durch steuerrechtliche Vorschriften (§§ 146, 147, 200 AO und § 14 UStG) besteht, die Daten in einem elektronisch auswertbaren Format[250] aufzubewahren, kann auch der Abschlussprüfer hierauf zurückgreifen.[251] In diesem Zusammenhang ist jedoch zu beachten, dass die steuerlichen Pflichtinhalte ggfs. nicht alle benötigten Datenfelder der inhaltlichen Komponente abdecken und/oder auf der anderen Seite Daten enthalten, die für das Journal Entry Testing nicht benötigt werden, wie die Daten der Lohnbuchhaltung.[252] Weiterhin ist zu kritisieren, dass bei der Anforderung aller GoBD-Daten keine eigenverantwortliche Bestimmung der inhaltlichen Komponente durch den Abschlussprüfer erfolgt – es sei denn, der Abschlussprüfer legt die GoBD-Daten bewusst als seine geforderte Datengrundlage fest.

Nach der Festlegung der zeitlichen und der inhaltlichen Komponente erfolgt die Kommunikation mit dem Unternehmen. Im Idealfall erklärt der Abschlussprüfer zunächst, welchen zeitlichen Umfang und welche Informationen (Datenfelder) er konkret für das Prüfungsvorgehen benötigt. Gleichzeitig sollte der Abschlussprüfer erfragen, in welchen Formaten und unter welchem Zeitaufwand die Daten aus dem IT-System extrahiert werden können, um die spätere Datenübernahme sicherzustellen.[253] Hierbei sollte

247 Vgl. *Lanza/Gilbert* (2007b), S. 34; *Debreceny/Gray* (2010), S. 161.

248 Vgl. *Wiese* (2013), S. 109 f.

249 Bei den GoBD-Daten handelt es sich um von der Finanzbehörde festgelegte Grundsätze zur ordnungsmäßigen Führung und Aufbewahrung von Büchern, Aufzeichnungen und Unterlagen in elektronischer Form sowie zum Datenzugriff (GoBD). Vgl. *BMF* (2014), S. 1450. Mit diesem Schreiben werden die GDPDU-Daten durch die GoBD-Daten ersetzt.

250 Vgl. *BMF* (2014), S. 1450.

251 Vgl. *Lieder/Goldshteyn* (2013), S. 593.

252 Siehe zu den steuerlichen Pflichtinhalten *BMF* (2014), S. 1450.

253 Vgl. *Goldshteyn/Gabriel/Thelen* (2013), S. 77.

der Abschlussprüfer dem Unternehmen auch mitteilen, welche Software für die anschließende Datenanalyse verwendet wird, um zu gewährleisten, dass das extrahierte Datenformat überhaupt verarbeitet werden kann. Im Ergebnis wird das Unternehmen – bzw. konkret der IT-Verantwortliche – dem Abschlussprüfer mitteilen, ob die gewünschten Journalbuchungen wie vorgegeben extrahiert werden können. Sofern kein weiterer Abstimmungsbedarf besteht, erfolgt im nächsten Schritt die Extraktion der Journalbuchungen durch das Unternehmen.

Exkurs: Vorteile der Verwendung des gesamten Buchungsjournals

Das Buchungsjournal stellt die chronologische Auflistung aller Geschäftsvorfälle eines Geschäftsjahres dar.[254] Fordert man also das gesamte Buchungsjournal an, werden – im Gegensatz zum Mindestumfang laut der berufsständischen Verlautbarung – nicht nur Teile des Buchungsjournals (die Buchungen zum Ende der Berichtsperiode plus die Anpassungsbuchungen) angefordert, sondern alle Buchungen, die unter dem jeweiligen Geschäftsjahr getätigt wurden. Diese Vorgehensweise hat die folgenden Vorteile:

a. Als Grundvoraussetzung muss der Abschlussprüfer vor der Durchführung der Datenanalysen die Vollständigkeit der Datengrundlage prüfen.[255] In Bezug auf diese Prüfungshandlung hat die Anforderung des gesamten Buchungsjournals den Vorteil, dass der Abschlussprüfer die Vollständigkeit der darin enthaltenen Journalbuchungen durch einen einfachen Abgleich mit dem System verifizieren kann.[256] Im Vergleich dazu bedeutet die Anforderung einer Teilmenge, dass diese Auswahl für den Abgleich mit dem System exakt reproduziert werden muss, was zu entsprechenden Mehrkosten führt. Hinsichtlich der Prüfung der Richtigkeit der angeforderten Daten ergeben sich hieraus keine Unterschiede zwischen einer Anforderung des gesamten Buchungsjournals und einer Teilmenge.

b. Mit der Verwendung des gesamten Buchungsjournals erzeugt der Abschlussprüfer zudem das Überraschungselement, das von den berufsständischen Verlautbarungen für alle Schritte der Abschlussprüfung gefordert wird.[257] Verwendet der Abschlussprüfer das gesamte Buchungsjournal, können die Mitarbeiter des zu prüfenden Unternehmens nicht einschätzen, für welche Zeiträume der Abschlussprüfer seine Datenanalysen durchführt.

---

[254] Vgl. *Littleton* (1928), S. 383; *Nickenig/Wesselmann* (2014), S. 43.
[255] Vgl. *IFAC*, ISA 500.9.
[256] Vgl. *Bönner/Riedl/Wenig* (2011), S. 25.
[257] Vgl. *IFAC*, ISA 240.29.

Im Hinblick darauf, dass das Journal Entry Testing zum Ziel hat, Verstöße i. w. S. aufdecken zu können, ist es hilfreich, wenn für die Mitarbeiter nicht ersichtlich ist, in welchen Zeiträumen sie mit dem Versuch, Verstöße i. w. S. innerhalb der Rechnungslegung zu vertuschen, besser aufpassen müssen und in welchen eben nicht.

c. Ein weiterer Vorteil und Fokus des nachfolgenden Kapitels 4 ist die Möglichkeit, Effizienzgewinne zu realisieren. Durch das gesamte Buchungsjournal kann die Datengrundlage nicht nur für das Erkennen von Verstößen i. w. S., sondern auch zur Erreichung weiterer Prüfungsziele genutzt werden. Die für Aufbereitung und Übernahme des gesamten Buchungsjournals in die Analysesoftware anfallenden Kosten unterscheiden sich dabei nicht von den Kosten für die Aufbereitung und Übernahme einer Teilmenge.[258] Mehrkosten entstehend lediglich durch zusätzliche Analysen, wobei diese vergleichsweise gering sind.

d. Dies soll am Beispiel der Prüfung der Umsatzerlöse erläutert werden: Häufig handelt es sich bei den Umsatzerlösen um eine Vielzahl einzelner Buchungen (Massentransaktionen), sodass die Prüfung entsprechend ISA 315 auf Basis einer mithilfe eines statistischen Programms ermittelten Stichprobe erfolgt. Für die Festlegung des Stichprobenumfangs und die Ziehung der Stichprobe werden als Datengrundlage alle Umsatzerlösbuchungen eines Geschäftsjahres in das Programm eingelesen. Hat der Abschlussprüfer bereits das gesamte Buchungsjournal als Datengrundlage im Rahmen des Journal Entry Testings angefordert, liegen ihm die benötigten Umsatzerlösbuchungen des gesamten Geschäftsjahres bereits vor.[259] Im Gegensatz dazu muss der Abschlussprüfer, der nur die von der berufsständischen Verlautbarung geforderte Teilmenge angefordert hat, erneut auf das zu prüfende Unternehmen zugehen und einen zweiten Datenabruf anfordern, der ebenfalls wieder auf Vollständigkeit und Richtigkeit geprüft werden muss.

e. Der Abschlussprüfer hat durch die Übernahme der Journalbuchungen die Möglichkeit, selbstständig eine Aggregation zur Summen-Saldenliste vorzunehmen. Die Journalbuchungen enthalten mehr Informationen über den einzelnen Geschäftsvorfall als die Summen-Saldenliste, die alternativ als Prüfungsgrundlage herangezogen werden könnte.[260] Dadurch lassen sich die Kenntnisse über die buchhalterische Abbildung der Geschäftsvorfälle vertiefen, da die einzelnen Konten nicht isoliert betrachtet werden.[261] Hierdurch wird eine Verknüpfung zwischen Informationen zur Buchung des

---

[258] Vgl. *Odenthal* (2005), S. 92; *Bönner/Riedl/Wenig* (2011), S. 25; *Goldshteyn/Gabriel/Thelen* (2013), S. 35.

[259] Vgl. *Müller* (2009), S. 67.

[260] Vgl. *Mochty/Wiese* (2011), S. 12.

[261] Vgl. *IDW*, PH 9.330.3, Tz. 36.

Geschäftsvorfalls an sich und zu den Geschäftsprozessen, die die jeweiligen Journalbuchungen durchlaufen haben, erreicht.

Trotz der genannten Vorteile, die durch die Anforderung des gesamten Buchungsjournals bestehen, ist jedoch stets die Zielsetzung der Abschlussprüfung im Auge zu behalten. Sofern eine Anforderung des gesamten Buchungsjournals nicht zu einer Steigerung der Effizienz führt, sind die Anforderung des gesamten Buchungsjournals und die darauf aufbauende Durchführung von Datenanalysen für andere Prüfgebiete kritisch zu hinterfragen, und stattdessen ist ein anderes Prüfungsvorgehen anzuwenden.

Im Folgenden soll jedoch zunächst unterstellt werden, dass die Anforderung des gesamten Buchungsjournals und die darauf aufbauende Durchführung von Datenanalysen für andere Prüfgebiete zu Effizienzgewinnen führen und der Ansatz daher in Kapitel 4 im Rahmen der Weiterentwicklung des Journal Entry Testings vertieft wird.
– Exkurs Ende –

3.4 Datenübernahme und -aufbereitung

Im nächsten Schritt erfolgen die Datenübernahme und -aufbereitung, d. h., die extrahierten Journalbuchungen werden durch den Abschlussprüfer in die Datenanalysesoftware übernommen. Das weitere Vorgehen wird insbesondere durch die Auswahl der Datenanalysesoftware[262] und das erforderliche Format der Daten[263] beeinflusst. Der Vorteil des Einsatzes spezieller Datenanalysesoftware liegt darin, dass der technische Datenimport durch geeignete Schnittstellen unterstützt wird und eine Vielzahl unterschiedlicher Dateiformate eingelesen werden kann.[264] Nachdem die Daten eingelesen wurden, hat der Abschlussprüfer eine Prüfung auf Vollständigkeit[265] und Richtigkeit

---

262 In Bezug auf die Analysesoftware kann zwischen Standardsoftware wie Microsoft Excel© und spezieller Analysesoftware wie Win IDEA© unterschieden werden.

263 Siehe zu den unterschiedlichen Datenformaten und deren Besonderheiten *Goldshteyn/Gabriel/Thelen* (2013), S. 78–98.

264 Zu den unterschiedlichen Möglichkeiten des Datenimports siehe ebd., S. 114–167.

265 Die Vollständigkeit der Journalbuchungen ist gegeben, wenn die Summe der enthaltenen Daten den in der IT-gestützten Rechnungslegung enthaltenen, originären Journalbuchungen entspricht. Vgl. *Schendera* (2007), S. 27.

der übernommenen Datenfelder[266] durchzuführen.[267] Die Vollständigkeit der Datengrundlage ist Voraussetzung für die Bildung von Prüfungsaussagen mit hinreichender Sicherheit, da fehlende Daten ggfs. zu anderen Prüfungsaussagen führen könnten. Gleiches gilt, wenn der Inhalt der Datenfelder nicht richtig dargestellt wird.[268]

Ursache für unvollständig oder unrichtig übernommene Daten kann sein, dass die Datengrundlage vom zu prüfenden Unternehmen, bewusst oder unbewusst, nicht vollständig abgerufen wurde. Eine andere Ursache kann darin liegen, dass die Datengrundlage bspw. aufgrund eines zu kleinen oder defekten Datenträgers oder später beim Einlesen der Daten beschädigt und deswegen unvollständig bzw. unrichtig übernommen wird.[269] Weiterhin kann das Datenformat dazu führen, dass ggfs. nicht alle Daten bzw. Datenfelder vollständig und richtig durch die Datenanalysesoftware übernommen werden. Die Prüfung des Inhalts der Datenfelder auf Vollständigkeit und Richtigkeit erfolgt in der Praxis durch unterschiedliche Prüfungshandlungen.

- Im Rahmen der **Inaugenscheinnahme** wird die Datengrundlage in Bezug auf die zeitliche und inhaltliche Komponente mit einem eigenen Aufruf im IT-System verglichen. Für beide Komponenten wird dabei i. d. R. zunächst die Anzahl der enthaltenen Journalbuchungen abgestimmt. Die Abstimmung der zeitlichen Komponente kann durch eine auf-/absteigende Sortierung des Buchungsdatums und die Abstimmung der inhaltlichen Komponente z. B. durch Abgleich der Datenfeldüberschriften jeweils mit der eigenen Datenanforderung erfolgen. Weiterhin kann auf Basis der doppelten Buchführung (Soll-Haben-Gleichheit) eine Sichtprüfung durchgeführt werden, ob die Summe der einzelnen Buchungen zu null aufgeht.

- Aktuelle Datenanalysesoftware beinhaltet zumeist auch **Konsistenzprüfungen**, d. h. die Prüfung auf fehlerhafte Datensätze (z. B. Summe der Sollbuchungen ungleich Summe der Habenbuchungen) und zeigt einen entsprechenden Fehler bei der Datenübernahme im Ablaufprotokoll (Log) an.[270]

- Im Gegensatz zur Inaugenscheinnahme kann eine tiefer gehende Prüfung des Abrufs mit den originären Daten des IT-Systems mithilfe von Abstimmrouti-

266 Richtigkeit des Inhalts der Datenfelder meint in diesem Zusammenhang, dass die erhaltene Datengrundlage bzw. die Inhalte der Datenfelder mit der originären Datenbasis übereinstimmen, so z. B., dass das Komma bei Beträgen an der richtigen Stelle gesetzt wurde oder dass das Textfeld des Benutzers vollständig dargestellt wird.

267 Vgl. *IFAC*, ISA 500.9; *Fuhrer/Newton* (2013), S. 281.

268 Vgl. *IDW*, PH 9.330.3, Tz. 32.

269 Vgl. *Schendera* (2007), S. 27.

270 Vgl. ebd., S. 28.

nen, die diesen mit dem originären Datenbestand verproben, erfolgen (**analytische Prüfungshandlungen**).[271] Hierunter fällt bspw. die Erstellung einer Summen-Saldenliste durch Aufsummieren der Buchungen auf den einzelnen Hauptbuchkonten. Die Liste kann mit der Summen-Saldenliste, die das IT-System generiert hat, oder mit dem Entwurf des Abschlusses abgestimmt werden.[272] Daneben kann mithilfe eines automatisierten Abgleichs die Liste der angeforderten Datenfelder mit den tatsächlich erhaltenen Datenfeldern abgeglichen und die inhaltliche Komponente der Journalbuchungen so auf Vollständigkeit überprüft werden.

Der Umfang der Prüfungshandlungen, also die Frage, ob alle drei der dargestellten Prüfungshandlungen erforderlich sind, liegt im Ermessen des Abschlussprüfers.[273] Aufgrund der Tatsache, dass unvollständige und unrichtige Journalbuchungen keine hinreichend sichere Prüfungsaussage ermöglichen und folglich nicht effektiv sein können, muss der Abschlussprüfer die Kosten für diese Prüfungshandlungen zwingend bei der Planung des Prüfungsvorgehens einkalkulieren. Dabei sind die Kosten für die ersten beiden Prüfungshandlungen als gering einzuschätzen. Die Durchführung von analytischen Prüfungshandlungen ist insbesondere bei einer großen Anzahl an Daten zu empfehlen, da die Inaugenscheinnahme in diesen Fällen sowohl sehr zeitaufwendig als auch fehleranfällig ist. Hinzu kommt, dass die Prüfung auf Vollständigkeit und Richtigkeit bei der Inaugenscheinnahme - selbst unter Verwendung von Screenshots – deutlich schwieriger für Dritte nachvollziehbar dokumentiert werden kann, als wenn der Abschlussprüfer entsprechende analytische Prüfungshandlungen durchführt und diese Ergebnisse zur Dokumentation verwendet.

Im Anschluss an die Datenübernahme erfolgt die Datenaufbereitung, also der Prozess der Anpassung[274] der Daten für das weitere Prüfungsvorgehen. Hierbei kann zwischen Anpassungen aufgrund formal fehlerhafter oder nicht benötigter Daten und prüfbezogenen Anpassungen differenziert werden. Werden Daten durch die Übernahme nicht

---

271 Vgl. *IDW*, PH 9.330.3, Tz. 32.

272 Hierbei ist zu beachten, dass in den Journalbuchungen eines Geschäftsjahres die Eröffnungsbilanzwerte der Bestandskonten nicht enthalten sind. Um eine Abstimmung der Journalbuchungen zur vorläufigen Bilanz vorzunehmen, muss die Summe der Journalbuchungen auf den entsprechenden Bestandskonten um die Schlusswerte des Vorjahres ergänzt werden. Vgl. *Wiese* (2013), S. 105.

273 Vgl. *IDW*, PH 9.330.3, Tz. 32.

274 Aufgrund der Tatsache, dass Veränderungen des originären Datensatzes eine Manipulation durch den Abschlussprüfer darstellen, wird unter „Anpassungen“ die Erstellung eines zusätzlichen Datenfelds verstanden, das die korrigierten Daten enthält. Dadurch sind die Anpassungen für Dritte nachvollziehbar, und das zu prüfende Unternehmen muss die Daten nicht erneut extrahieren.

richtig angezeigt, z. B. als Datum anstatt als Betrag oder ohne Kommastellen, erfolgt eine entsprechende Anpassung. Weiterhin können in diesem Schritt ggfs. nicht benötigte Datenfelder zum Zwecke der Übersichtlichkeit aus der Datengrundlage ausgeblendet werden. Die prüfbezogenen Anpassungen der Datengrundlage beinhalten im Wesentlichen zusätzlich in den Datensatz eingefügte Datenfelder, die für spätere Prüfungshandlungen benötigt werden, wie Nachrechnungen, Vergleiche, sowie zusätzliche Daten aus den Nebenbüchern. Der Umfang hängt insbesondere von den Prüfungszielen der Datenanalysen ab. Im Ergebnis stehen dem Abschlussprüfer die Journalbuchungen in Form einer Prüfungsgrundlage in der Datenanalysesoftware zur Verfügung.

3.5 Analyse der Journalbuchungen

Der nächste Schritt beinhaltet die eigentliche Analyse der Journalbuchungen. Im Rahmen des Journal Entry Testings in seiner bisherigen Form lag der Fokus in diesem Schritt ausschließlich auf dem Erkennen von Verstößen i. w. S. Aufgrund der fehlenden berufsständischen Vorgaben im Sinne einer konkreten Anleitung zur Auswahl der entsprechenden Datenanalysen bzw. zur Durchführung des Journal Entry Testings haben sich in der Praxis hierbei unterschiedliche Vorgehensweisen etabliert. Im Folgenden soll daher zunächst auf die möglichen Vorgehensweisen beim Journal Entry Testing in der Praxis eingegangen werden. Der Schritt der eigentlichen Analyse der Journalbuchungen kann dabei in folgende Teilschritte unterteilt werden:

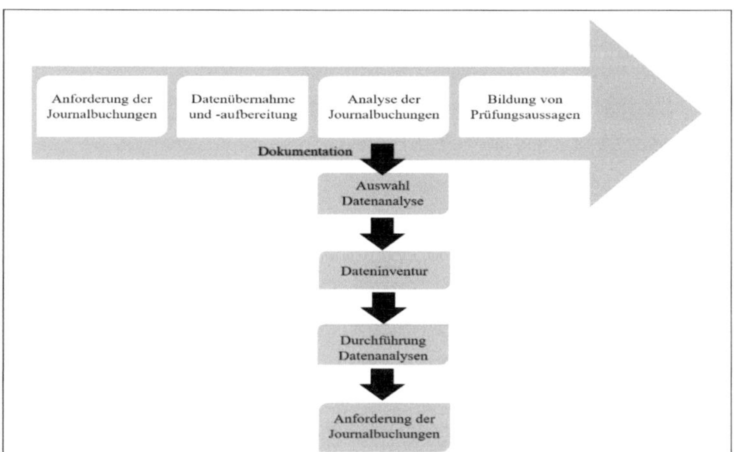

Abbildung 8: Idealtypischer Ablauf des Journal Entry Testings / Analyse der Journalbuchungen

Die entscheidende Frage beim Journal Entry Testing lautet, welche Journalbuchungen auszuwählen und weitergehend einzelfallbezogen zu prüfen sind, um eine Prüfungsaussage mit hinreichender Sicherheit treffen zu können. Hierauf soll im Folgenden eingegangen werden.

3.5.1 Ausgangssituation

Beim Journal Entry Testing können zwei grundsätzliche Vorgehensweisen unterschieden werden:

- Vorgehensweise nach strenger Umsetzung des ISA 240
- Angepasste Vorgehensweise

Grundsätzlich sieht ISA 240 zwar einen risikoorientierten Ansatz vor. Aufgrund der vergleichsweise pauschalen bzw. wenig konkreten Vorgaben zur Vorgehensweise ist diese Risikoorientierung jedoch in der Praxis durch den Abschlussprüfer auszulegen. Dies führt dazu, dass das Journal Entry Testing i. d. R. wenig unternehmensindividuell erfolgt. Insbesondere die Vielzahl der im Prüfungsstandard vorgeschlagenen Kriterien risikobehafteter Journalbuchungen („The characteristics of fraudulent journal entries or other adjustments“[275]) und die Tatsache, dass es keinen Hinweis gibt, welche hiervon anzuwenden sind[276], führen dazu, dass in der Praxis häufig pauschal alle Kriterien abgearbeitet werden. Die Analyse der Journalbuchungen bezüglich aller dieser Kriterien begründet jedoch auf der einen Seite keinen Anspruch auf Vollständigkeit für das individuelle Unternehmen, und auf der anderen Seite geht der Grundsatz der Wirtschaftlichkeit durch dieses „Trial and Error“-Verfahren verloren.[277]

Unter der angepassten Vorgehensweise wird dagegen ein im Vergleich zu ISA 240 unternehmensindividuelles und risikoorientierteres Konzept verstanden. Hierbei berücksichtigt der Abschlussprüfer die individuellen Umstände des jeweiligen Unternehmens, da ein Verständnis dieser Umstände Voraussetzung dafür ist, um ihren Einfluss

---

275 *IFAC*, ISA 240.A43.

276 In der Praxis wird häufig auf die in der Literatur enthaltenen, sogenannten „W-Fragen“ zurückgegriffen, die als eine Art Pflichtkatalog für die durchzuführenden Datenanalysen interpretiert werden. Vgl. *Lanza/Gilbert* (2007b), S. 34; *Loraas/Searcy* (2010), S. 170; *Fuhrer/Newton* (2013), S. 280. Die aufgeführten Kriterien haben zwar durchaus ihre Berechtigung, da sie Kriterien risikobehafteter Journalbuchungen aufzeigen; gleichwohl sollten sie keineswegs als eine Art Pflichtumfang angesehen werden, sondern dem Abschlussprüfer nur als Hilfestellung dienen.

277 Vgl. *Odenthal* (2006), S. 97; *Singleton et al.* (2006), S. 166; *Swart* (2014), S. 16.

zuverlässig nachvollziehen und auch beim Journal Entry Testing ausreichend berücksichtigen zu können.[278] Konkret liegt der Unterschied also in der Reduktion des Kriterienkatalogs des ISA 240 auf die für das jeweilige Unternehmen relevanten Kriterien. Diese werden dann im nächsten Schritt um weitere, im Rahmen der Informationsbeschaffung herausgearbeitete Risikofaktoren ergänzt.

Innerhalb der zuvor genannten Vorgehensweise kann jeweils weiterhin zwischen

- der IT-<u>basierten</u> Analyse der Journalbuchungen und
- der IT-<u>gestützten</u> Analyse der Journalbuchungen

unterschieden werden. Bei der IT-<u>basierten</u> Analyse der Journalbuchungen erfolgt die Datenanalyse vollständig durch die Analysesoftware. Hierzu setzt der Abschlussprüfer Hilfsmittel wie Makros oder Add-ons ein.[279] Diese Hilfsmittel verwenden Routinen zur Durchführung des eigentlichen Journal Entry Testings, die nicht vom Abschlussprüfer vordefiniert wurden.[280] Nachteil hierbei ist, dass diese vordefinierten Routinen durch den Abschlussprüfer nicht verändert, d. h. auch nicht unternehmensindividuell angepasst werden können. Ist bspw. die Routine „Buchungen zu ungewöhnlichen Zeitpunkten“ so voreingestellt, dass Buchungen an Samstagen und Sonntagen ausgewertet werden, kann das Merkmal „Samstag“ i. d. R. nicht in der Auswertung eliminiert werden, auch wenn es für das zu prüfende Unternehmen nicht relevant ist.

Von Vorteil hingegen ist, dass der Abschlussprüfer die Datenanalysen nicht selbst durchführen, sondern lediglich die Eingabe einiger Parameter wie die Wesentlichkeit sowie die Vorgabe der zu verwendenden Datenfelder übernehmen muss. In diesem Fall besteht die Planung der Datenanalyse lediglich in der Auswahl von Datenanalysen aus einem Standardset, die den Datensatz auf Auffälligkeiten analysieren.[281] Dies wird jedoch i. d. R. die Anforderung an eine risikoorientierte Vorgehensweise nicht erfüllen, da so insbesondere die unternehmensindividuell identifizierten Risikofaktoren unberücksichtigt bleiben.

---

278 Vgl. *Krommes* (2015), S. 48.

279 Vgl. *Gee* (2015), S. 304 f.

280 Siehe dazu exemplarisch *Krüger/Schult/Vedder* (2010), S. 82–89.

281 Als Auffälligkeiten werden Hinweise auf mögliche Verstöße i. w. S. bzw. risikobehaftete Journalbuchungen definiert. Die Verifizierung einer Auffälligkeit als Verstoß i. w. S. kann dabei nur durch eine einzelfallbezogene Betrachtung des Abschlussprüfers (bspw. durch Belegeinsichten) erfolgen. Vgl. *Hofmann* (2008), S. 518 f.; *Gee* (2015), S. 12 f.

Aus Effizienzgesichtspunkten sind die Kosten des Einsatzes IT-basierter Analysen als eher gering einzuschätzen, da der Abschlussprüfer die Datenanalyse weniger intensiv planen und nicht selbstständig Schritt für Schritt ausführen muss. Die eigentliche Datenanalyse übernimmt die Software. Durch die fehlende Risikoorientierung können die Ergebnisse jedoch sehr umfangreich sein, und es kann somit zu hohen nachgelagerten Kosten durch weitergehende einzelfallbezogene Prüfungshandlungen kommen. So wird durch die zuvor beschriebene Auswertungsroutine eine Vielzahl von Buchungen am Wochenende als risikobehaftet ausgeben. Gleichwohl kann es Unternehmen geben, bei denen es aufgrund der Geschäftstätigkeit durchaus üblich ist, dass am Samstag gebucht wird oder es kurz vor dem Jahresende zwecks der Abschlusserstellung zu Wochenendarbeiten kommt. Die weitergehende Prüfung dieser Fälle durch den Abschlussprüfer führt zu erheblichen Mehrkosten, denen keine Erhöhung der Prüfungssicherheit gegenübersteht.

Der Abschlussprüfer muss sich daher beim Einsatz der IT-basierten Analyse bewusst sein, dass er jede als risikobehaftet angezeigte Buchung – selbst bei einer hohen Anzahl – bei einem gewissenhaften Prüfungsvorgehen zwingend weitergehend würdigen muss. Grund dafür ist, dass beim Journal Entry Testing keine Stichprobe aus der Stichprobe gezogen werden darf. Ein Außerachtlassen dieser Buchungen ist äußerst kritisch zu beurteilen, da der Abschlussprüfer Journalbuchungen nicht weitergehend prüft, die er als risikobehaftet einschätzt.

Diese Vorgehensweise wäre vergleichbar mit einer Inventurbeobachtung, im Rahmen derer der Abschlussprüfer ein Lager öffnen lässt, weil er vermutet, dass dort nicht mehr werthaltige „Ladenhüter" liegen, dieses Lager dann jedoch aufgrund einer augenscheinlich hohen Artikelanzahl, die gezählt bzw. geprüft werden müsste, nicht betritt und das Vorratsvermögen trotzdem als ordnungsmäßig einstuft. Falls in dem nicht weitergehend geprüften Datenbestand tatsächlich Verstöße i. w. S. enthalten wären, stellt dieses Verhalten einen vorsätzlichen Pflichtverstoß des Abschlussprüfers dar und kann neben einem Haftungsrisiko auch berufsrechtliche Ahndung zur Folge haben.[282] Zwar reduziert ein solches Vorgehen die Kosten erheblich, jedoch wird eine Prüfungsaussage mit hinreichender Sicherheit nicht möglich sein.

---

[282] Vgl. *Marten/Quick/Ruhnke* (2015), S. 200–218.

Anstatt einer IT-basierten Analyse der Journalbuchungen kann eine manuell vom Abschlussprüfer gesteuerte und überwachte Analyse der Journalbuchungen erfolgen. Im Gegensatz zum vorherigen Fall unterstützt die Datenanalysesoftware den Abschlussprüfer in diesem Fall lediglich, um die hohe Anzahl an Journalbuchungen auswerten zu können. Es handelt sich um eine IT-gestützte Analyse der Journalbuchungen, da der Abschlussprüfer die Datenanalysesoftware lediglich als Werkzeug einsetzt. Die einzelnen Analyseschritte sind dabei dynamisch an die individuelle Geschäftstätigkeit, die Art und Komplexität der Geschäftsvorfälle und die identifizierten Risiken anzupassen. Dadurch, dass der Abschlussprüfer die Risikobeurteilung vornehmen und Parameter selbst bestimmen muss, ist er gezwungen, sich mit dem Journal Entry Testing beim zu prüfenden Unternehmen tiefer gehend auseinanderzusetzen. Dies führt zu einer höheren Risikoorientierung und einer Berücksichtigung der unternehmensindividuellen Umstände.

Die Kosten des IT-gestützten Vorgehens sind deutlich höher als die des IT-basierten Vorgehens, da der Abschlussprüfer sämtliche Schritte, insbesondere die Datenanalysen an sich, manuell durchführen muss. Effizienzgewinne sind folglich bei der Durchführung selbst nicht zu erzielen, sondern sie entstehen erst, wenn durch ein risikoorientiertes und unternehmensindividuelles IT-gestütztes Vorgehen die Anzahl der laut Auswertung risikobehafteten Buchungen erheblich sinkt. Dadurch sinken auch der Umfang der im Nachgang einzelfallbezogen zu prüfenden Buchungen und die damit verbundenen Kosten deutlich. Hinzu kommt, dass i. d. R. nur bei einer sorgfältigen IT-gestützten Analyse der Journalbuchungen eine ausreichende und angemessene Risikoorientierung vorliegt, die Grundlage für Prüfungsaussagen mit hinreichender Sicherheit ist.

3.5.2 Umfang des Journal Entry Testings

Unabhängig davon, ob der Abschlussprüfer ein Set vordefinierter Auswertungsroutinen im Rahmen der IT-basierten Analyse der Journalbuchungen auswählt oder die durchzuführenden Analysen bei der IT-gestützten Analyse der Journalbuchungen einzeln und unternehmensindividuell festlegt, hat die Auswahl unter Berücksichtigung der zuvor identifizierten Risiken zu erfolgen. Dabei ist zu beachten, dass das Risiko von Verstößen i. w. S. nur qualitativ (z. B. in der Form hoch, mittel, gering), also nicht präzise bestimmt werden kann. Von Vorteil ist, dass die exakte Quantifizierung des Risikos für Verstöße i. w. S. gar nicht erforderlich ist, sondern lediglich eine ungefähre

Einschätzung des notwendigen Prüfungsumfangs durch die Beurteilung der Risiken benötigt wird.[283] Obwohl die Risikobeurteilung das Ergebnis des individuellen Ermessens des Abschlussprüfers ist und es demnach eine Vielzahl von Beurteilungen gibt, können zunächst drei **Grundfälle** unterschieden werden, um einen Anhaltspunkt für die Festlegung des notwendigen Prüfungsumfangs zu liefern:

1) Es liegen **keine** konkreten Hinweise auf oder Risikofaktoren für Verstöße i. w. S. in der Rechnungslegung vor.
2) Es liegen keine konkreten Hinweise auf Verstöße i. w. S. vor, aber es ergeben sich aus den erlangten Informationen **Risikofaktoren für Verstöße i. w. S.**
3) Es liegen **konkrete Hinweise** auf Verstöße i. w. S. innerhalb des Geschäftsjahres vor.

Im ersten Fall liegt der Fokus des Journal Entry Testings auf der Prüfung des internen Kontrollsystems, um der Gefahr von Management Override zu begegnen und natürlich den Umfang der einzelfallbezogenen Prüfungshandlungen zu reduzieren. Dieses Vorgehen ist damit zu begründen, dass bei Vorliegen eines angemessenen und wirksamen internen Kontrollsystems davon ausgegangen werden kann, dass alle Geschäftsvorfälle ordnungsmäßig erfasst und mögliche Verstöße i. w. S. auf der Prozessebene verhindert oder aufgedeckt werden.[284]

Voraussetzung dafür ist, dass das interne Kontrollsystem angemessen ausgestaltet ist und die Kontrollen im Rahmen der Funktionsprüfung während des gesamten Geschäftsjahres als wirksam eingeschätzt wurden.[285] Die Funktionsprüfung wird zwar grundsätzlich unabhängig vom Journal Entry Testing durchgeführt, allerdings nicht mit der Zielsetzung, der Gefahr zu begegnen, dass ein Mitarbeiter die bestehenden Kontrollen umgeht, d. h. diese außer Kraft setzt.[286] Da das Risiko von Management Override als eine Komponente von Verstößen i. w. S. in jedem Unternehmen vorhanden ist, kann der Abschlussprüfer niemals ganz auf das Journal Entry Testing verzichten, selbst wenn keine konkreten Hinweise auf oder Risikofaktoren für Verstöße i. w. S. vorliegen.[287] Durch die Verankerung in der berufsständischen Verlautbarung

---

[283] Vgl. *Nimwegen* (2009), S. 209.
[284] Vgl. *Knabe et al.* (2004), S. 1058.
[285] Vgl. *Wich* (2008), S.308 f.
[286] Vgl. *Knabe et al.* (2004), S. 1058.
[287] Vgl. *IFAC*, ISA 240.32.

stellt die Reaktion auf dieses Risiko auch gleichzeitig den Mindestumfang des durchzuführenden Journal Entry Testings dar.

Für das Außerkraftsetzen von Kontrollen kommen insbesondere Mitarbeiter infrage, die aufgrund ihrer Berechtigungen die entsprechende Möglichkeit besitzen. Zwar wird der Gefahr eines personenbezogenen Außerkraftsetzens des internen Kontrollsystems bereits im Rahmen der IT-Systemprüfung begegnet, jedoch liegt hier eine andere Zielsetzung vor. Bei der IT-Systemprüfung i. S. d. IDW PS 330[288] hat der Prüfer zur Beurteilung der Ordnungsmäßigkeit der IT-gestützten Rechnungslegung auch das IT-bezogene Kontrollsystem zu prüfen. Für diesen Zweck erfolgt eine IT-bezogene Aufbau- und Funktionsprüfung.[289]

Gegenstand sind dabei u. a. die Ausgestaltung und die Wirksamkeit des Berechtigungskonzepts.[290] Hierbei stehen i. d. R. kritische Einzelberechtigungen[291] bestimmter Mitarbeiter sowie generelle Schwachstellen im Benutzerkonzept, die Verstöße i. w. S. begünstigen, im Fokus. Im Idealfall ist das IT-System so ausgestaltet, dass kritische Einzelberechtigungen nur einem kleinen, ausgewählten Mitarbeiterkreis zur Verfügung stehen. Dies führt dazu, dass alle übrigen Mitarbeiter bereits aufgrund ihrer Berechtigungen i. d. R. keine technischen Möglichkeiten haben, das interne Kontrollsystem unentdeckt oder ohne Zusammenarbeit mit einem entsprechend berechtigten Mitarbeiter zu umgehen.

Problematisch dabei ist, dass einige Mitarbeiter, wie IT-Administratoren, umfangreiche Berechtigungen zur Gewährleistung des ordnungsmäßigen Betriebs des IT-Systems besitzen müssen. Selbiges gilt gerade im Mittelstand für bestimmte Führungskräfte, wie der Leiter Rechnungswesen, um den reibungslosen Ablauf sicherzustellen und die Aktivitäten der übrigen Mitarbeiter überwachen zu können.[292] Die Analyse,

---

288 An dieser Stelle wird der deutlich ausführlichere deutsche Prüfungsstandard IDW PS 330 aufgeführt, da die deutsche berufsrechtliche Verlautbarung über das internationale Gegenstück (ISA 401) hinausgeht. Vgl. *IDW*, PS 330 Tz. 116.

289 Vgl. *Sydon* (2012), S. 89.

290 Vgl. *Brösel et al.* (2015), S. 368 f.

291 Kritische Berechtigungen liegen immer dann vor, wenn entweder ein Benutzer mehr Funktionen im IT-System nutzen kann, als zu seinem Aufgabenbereich gehören, oder wenn umfangreiche Berechtigungskombinationen zu einer fehlenden Funktionstrennung führen, so z. B., wenn ein Mitarbeiter Kreditoren anlegen und gleichzeitig Auszahlungen an diese tätigen kann. Vgl. *IIR-Arbeitskreis „IT-Revision“* (2007), S. 12 f. Bei der Verwendung von SAP© ist hierbei insbesondere „SAP_All“, d. h. die umfassende Berechtigung für alle Transaktionen, als kritische Berechtigung zu nennen. Vgl. *Wenzel* (1995), S. 95.

292 Vgl. *Seibold* (2006), S. 176 f.; *Gee* (2015), S. 14.

ob und in welchem Umfang diese Mitarbeiter Journalbuchungen durchgeführt, geändert und ggfs. ihre weitreichenden Berechtigungen genutzt haben, ist dann wiederum Bestandteil des Journal Entry Testings, das somit die Ergebnisse der IT-Systemprüfung nutzt.

Neben der Prüfung des IT-bezogenen Kontrollsystems werden im Rahmen der Abschlussprüfung Aufbau- und Funktionsprüfungen durchgeführt. Die im Rahmen der Funktionsprüfungen getesteten Kontrollen sind dabei i. d. R. in den Prozessen angesiedelt, die eine wesentliche Bedeutung für die Rechnungslegung, jedoch (bisher) keinen direkten Bezug zum Journal Entry Testing haben. Dies ist verwunderlich, da schließlich auch im Rahmen der Prozesse Journalbuchungen ausgelöst werden.

Es ist daher sinnvoll, auch die buchhalterische Abbildung, d. h. die Journalbuchungen, bereits im Zusammenhang mit der Aufbau- und Funktionsprüfung zu betrachten und diese Prüfungshandlungen eben nicht, wie in der Praxis häufig üblich, isoliert voneinander zu betrachten.

Diese Verzahnung kann an einem Beispiel verdeutlicht werden: Eine klassische Funktionsprüfung im Prüfgebiet Umsatzerlöse ist die Prüfung, ob zu einer Faktura ein Auftrag, ein Warenausgangs- / Lieferschein und eine Rechnung vorliegen. Der Abschlussprüfer zieht hierzu aus dem Hauptbuch eine Stichprobe und prüft, ob die passenden drei Dokumente zu jeder Faktura vorliegen. Das Vorhandensein der Unterlagen erlaubt zwar eine Aussage darüber, ob die Umsätze in Bezug auf die Stichprobenelemente existent sind, d. h. die Prüfungsziele Bestand und Genauigkeit erreicht wurden, jedoch können auf dieser Basis keine Aussagen über den Prozessablauf und das Außerkraftsetzen von Kontrollen im Prozess „Verkauf" getroffen werden, da u. a. die zugehörigen Materialaufwandsbuchungen nicht betrachtet werden.

Diese Ausführungen zeigen, dass der Mindestumfang des Journal Entry Testings aus einer Verzahnung der Prüfung der Journalbuchungen mit der IT-Systemprüfung sowie der Aufbau- und Funktionsprüfung bestehen sollte. Hierdurch wird der Gefahr von Verstößen i. w. S. angemessen begegnet, und es werden Prüfungsaussagen mit hinreichender Sicherheit zu möglichst geringen Kosten ermöglicht. Da es in der Praxis sehr unwahrscheinlich ist, dass nicht einmal Risikofaktoren vorliegen, soll Fall 1 hier jedoch nicht weiter betrachtet werden.

Im zweiten Fall, sobald also Risikofaktoren für Verstöße i. w. S. vorliegen, was der Regelfall sein wird, muss das Journal Entry Testing um weitere Prüfungshandlungen ergänzt werden. Im Unterschied zu Fall 1 handelt es sich hierbei um zusätzliche Datenanalysen. Der Umfang dieser Analysen hängt dabei von den individuellen Risikofaktoren und deren Beurteilung durch den Abschlussprüfer ab.

Ihr Umfang kann folglich variieren, insbesondere, wenn sich im Laufe des Journal Entry Testings neue Risikofaktoren ergeben oder sich die bestehenden Risikofaktoren zu konkreten Hinweisen auf Verstöße i. w. S. verdichten. Dies kann dazu führen, dass das gesamte Buchungsjournal unter Umständen auf ein vorab definiertes Kriterium analysiert werden muss (Fall 3).[293]

Fall 3, in dem bereits vor der Durchführung des Journal Entry Testings konkrete Hinweise auf Verstöße i. w. S. vorliegen, macht in der Praxis den geringsten Anteil aus.[294] In den letzten Jahren ist die Anzahl der Fälle von wesentlichen Verstößen i. w. S. in Unternehmen nahezu auf konstantem Niveau geblieben.[295] Gleichzeitig ist jedoch auch die Aufklärungsrate für Verstöße i. w. S. insbesondere durch den Einsatz von Datenanalysen gestiegen.[296] Die betroffenen Unternehmen reagieren auf unterjährig bekannt gewordene Fälle entweder mit eigenen Maßnahmen zur Aufklärung des Sachverhalts oder aber beauftragen Spezialisten, die im Bereich der „Forensischen Sonderuntersuchung“ tätig werden. Im Normalfall wurde ein bekannt gewordener Verstoß i. w. S. somit bereits durch die Geschäftsführung im Rahmen ihrer Sorgfaltspflicht umfassend aufgeklärt, und es sind entsprechende Gegenmaßnahmen eingeleitet worden, wenn der Abschlussprüfer im Rahmen der Abschlussprüfung seine Datenanalysen durchführt.

---

293 Vgl. *Knabe et al.* (2004), S. 1058.

294 Vgl. *Gee* (2015), S. 2.

295 Die KPMG AG Wirtschaftsprüfungsgesellschaft hat im Jahr 2016 eine Studie zum Thema Wirtschaftskriminalität veröffentlicht, wonach jedes dritte deutsche Unternehmen von Wirtschaftskriminalität betroffen ist. Dabei entfallen ca. 7 % der Fälle auf die Manipulation rechnungslegungsrelevanter Informationen. Vgl. *KPMG AG Wirtschaftsprüfungsgesellschaft* (2016), S. 6–11. Die entsprechende Entwicklung kann aus dem Vergleich mit einer Studie der Ernst & Young GmbH Wirtschaftsprüfungsgesellschaft aus dem Jahr 2014 abgeleitet werden, wonach 26 % der deutschen Unternehmen in den Jahren 2012 und 2013 einen Fall von Wirtschaftskriminalität erfahren haben. Vgl. *Ernst & Young GmbH Wirtschaftsprüfungsgesellschaft* (2014), S. 6.

296 Vgl. *KPMG AG Wirtschaftsprüfungsgesellschaft* (2016), S. 36.

Da der Abschlussprüfer bei Vorliegen eines Verstoßes i. w. S. jedoch davon ausgehen muss, dass es sich nicht nur um einen Einzelfall handelt, ist er trotz vorheriger Aufklärung dazu verpflichtet, den Sachverhalt nachzuvollziehen und zu prüfen, ob der verantwortliche Mitarbeiter weitere Verstöße i. w. S. begangen hat.[297] Basiert der Verstoß auf einer Schwachstelle im internen Kontrollsystem, ist zudem zu prüfen, ob dieselbe Schwachstelle auch von anderen Mitarbeitern genutzt wurde. In einem solchen Fall sind somit umfangreichere Analysen der Journalbuchungen erforderlich, um mit hinreichender Sicherheit eine Aussage darüber treffen zu können, ob weitere Verstöße i. w. S. im Geschäftsjahr begangen wurden, die wesentliche Auswirkungen auf den Abschluss haben. Bei Fall 3 handelt es sich folglich um die Obergrenze des Umfangs des Journal Entry Testings in Bezug auf Verstöße i. w. S.

3.5.3 Risikoorientierte Auswahl der Datenanalysen

Nachdem die unterschiedlichen Umfänge des Journal Entry Testings (Fall 1 bis Fall 3) dargestellt wurden, muss nun noch die Frage beantwortet werden, welche Journalbuchungen aufgrund ihrer Risikobehaftung für weitergehende, einzelfallbezogene Prüfungshandlungen auszuwählen sind. Dass bisher sowohl in der berufsständischen Verlautbarung wie auch in der Literatur keine konkreten Vorgaben existieren, zeigt, wie schwierig diese Frage zu beantworten ist. Gemäß berufsständischer Verlautbarung entscheidet das Ermessen des Abschlussprüfers[298] über die Auswahl. In der Literatur wird zumeist lediglich eine Anpassung der jeweiligen Datenanalysen an die individuellen Besonderheiten des Unternehmens gefordert, diese aber nicht weiter erläutert.[299]

Im Folgenden soll daher versucht werden, den Mindestumfang an Auswahlkriterien für risikobehaftete Journalbuchungen zu erarbeiten, der dem Abschlussprüfer als Orientierungshilfe und Unterstützung bei den meisten Unternehmen dienen soll.

Als Ausgangspunkt für die Erarbeitung dienen sowohl der internationale Prüfungsstandard ISA 240 sowie weiterführende Literaturquellen[300]. Die dort aufgeführten Kriterien werden zunächst kritisch beurteilt, um darauf aufbauend Prüfungshandlungen zu definieren, die für die Bildung von Prüfungsaussagen mit hinreichender Sicherheit

---

297 Vgl. *IFAC*, ISA 240.35.

298 Vgl. *IFAC*, ISA 240.A44.

299 Vgl. *Hofmann* (2008), S. 526; *Bönner/Riedl/Wenig* (2011), S. 33 f.; *Swart* (2014), S. 16.

300 Vgl. *Odenthal* (2005), S. 97–115; *Singleton et al.* (2006), S. 127–147; *Lanza/Gilbert* (2007a), S. 3 f.; *Loraas/Searcy* (2010), S. 170; *Henselmann/Hofmann* (2010), S. 273; *Schiel* (2012), S. 172.

zweckdienlich sind. Zusammenfassend lassen sich insbesondere die folgenden Kriterien im internationalen Prüfungsstandard sowie in der Literatur finden:

Kriterien risikobehafteter Buchungen[301]

(1) Vorliegen mehrerer Verstöße i. w. S.

(2) Buchungen ohne Belegnummer

(3) Lücken vor oder nach einer Belegnummer

(4) Buchungen mit ungewöhnlichem Buchungstext

(5) Große Beträge

(6) Beschaffenheit der Beträge

(7) Komplexe Geschäftsvorfälle und Schätzwerte

(8) Transaktionen mit nahestehenden Personen

(9) Buchungen durch ungewöhnliche Personen

(10) Buchungen zu ungewöhnlichen Zeitpunkten

(11) Buchungen mit ungewöhnlichen Gegenkonten

Es folgen die wichtigsten Fakten zu den oben genannten Punkten in einer Übersicht.

(1) Erfährt der Abschlussprüfer während seiner Prüfung, dass Verstöße i. w. S. vorliegen, entweder, weil er diese selbst erkannt hat oder hierüber informiert wurde, stellt dies einen konkreten Hinweis auf risikobehaftete Buchungen im Buchungsjournal dar. Hierbei handelt es sich um einen Ausnahmetatbestand in der Praxis, dessen konkrete Folgen für das Journal Entry Testing von der Ausgestaltung des Verstoßes i. w. S. abhängen. So wirkt sich „in die Kasse greifen“ des Mitarbeiters nicht zwingend auf das Journal Entry Testing aus, während ein systematisches Anlegen fiktiver Kreditoren und Durchführen von Auszahlungen an diese einen direkten Effekt auf das Journal Entry Testing hat und weitere Prüfungshandlungen erfordert.

---

[301] Vgl. *IFAC*, ISA 240.A43; *Odenthal* (2005), S. 97–115; *Singleton et al.* (2006), S. 127–147; *Lanza/Gilbert* (2007a), S. 3 f.; *Henselmann/Hofmann* (2010), S. 273; *Loraas/Searcy* (2010), S. 170; *Schiel* (2012), S. 172.

(2)/(3) Die Fälle von Buchungen ohne Belegnummer sind in der Praxis ebenfalls vernachlässigbar. Im Rahmen der IT-Systemprüfung erfolgt i. d. R. bereits eine Beurteilung des IT-Systems, ob dieses den Grundsätzen ordnungsmäßiger Buchführung entspricht. Zu den Ordnungsmäßigkeitskriterien zählt auch, ob jede Buchung eine Belegnummer enthält.[302]

Weiterhin enthalten alle gängigen Softwarelösungen zur IT-gestützten Rechnungslegung ein Datenfeld mit der Belegnummer („Journalfunktion").[303] Die Belegnummer ist ein Pflichtfeld in der IT-gestützten Rechnungslegung, da es sich hierbei um das gemäß § 238 Abs. 2 HGB geforderte Ordnungskriterium zur Identifizierung des Geschäftsvorfalls handelt.[304] Zwar wird ein Mitarbeiter, der einen Verstoß i. w. S. begangen hat, i. d. R. versuchen, die entsprechenden Belege zu vernichten, die zur Aufklärung des Sachverhalts dienen.[305] Jedoch ist es ohne weitreichende Berechtigungen nicht möglich, eine Buchung einfach zu löschen. Stattdessen muss eine entsprechende Stornobuchung erfolgen, wodurch die ursprünglich vergebene Belegnummer erhalten bleibt und keine Lücken in den Belegnummern entstehen.

Zudem können Lücken in den Belegnummern auch technische Ursachen haben; sie müssen also nicht zwingend durch einen Verstoß i. w. S. verursacht worden sein.[306] Vor diesem Hintergrund ist eine Analyse auf Lücken in den Belegnummern in Fällen ohne konkrete Hinweise auf einen Verstoß i. w. S. nicht zweckdienlich.

(4) Durch die IT-gestützte Rechnungslegung und die Verwendung automatischer Buchungen ist die Bedeutung des Buchungstextes deutlich gesunken. Automatisch vom System generierte Buchungen wie die Wareneingangsbuchungen stellen keine geeignete Grundlage für die Betrachtung des Buchungstextes dar, da der Buchungstext ebenfalls automatisch vom System generiert wird und dadurch i. d. R. wenig aussagekräftig ist. Bei manuellen Buchungen ist aufgrund der vielfältigen Textmöglichkeiten und der Annahme, dass ein Mitarbeiter, der einen Verstoßes i. w. S. begeht, einen entsprechend unauffälligen Buchungstext wählen wird, eine Auswahl von Buchungen mit

---

302 Vgl. *IDW*, FAIT 1, Tz. 37.
303 Vgl. *Selchert* (1988), S. 133; *Goldshteyn/Gabriel/Thelen* (2013), S. 224.
304 Vgl. *Goldshteyn/Gabriel/Thelen* (2013), S. 212.
305 Vgl. *Odenthal* (2009), S. 104.
306 Vgl. *Hartke/Hohnhorst/Sattler* (2010), S. 183 f.

diesem Kriterium ebenfalls nicht sinnvoll, sofern keine konkreten Hinweise auf Verstöße i. w. S. vorliegen.[307] Als einzige sinnvolle Variante wäre denkbar, alle Buchungen ohne Buchungstext auszuwerten. Hintergrund ist, dass ein Mitarbeiter, der einen Verstoß i. w. S. begeht, eher ohne Buchungstext anstatt mit einem fiktiven Buchungstext buchen wird. Voraussetzung hierfür ist natürlich, dass die Pflege des Buchungstextes sonst verpflichtend im Rahmen der internen Buchungsanweisungen festgelegt wurde.

(5) Bei der Berücksichtigung großer Beträge als Kriterium für risikobehaftete Buchungen stellt sich die zentrale Frage, ab welcher Höhe Beträge als groß zu deklarieren sind. Ein rein willkürlich als groß festgelegter Betrag wird sich nur schwer begründen lassen. Die Verwendung der Toleranzwesentlichkeit[308] wird zwar eine für Dritte nachvollziehbare Auswahl aller entsprechend großen Beträge liefern; jedoch spricht gegen Analysen, die auf dieses Kriterium abzielen, dass solche Beträge aufgrund ihrer Bedeutung für den Abschluss bereits ohnehin im Rahmen der Prüfung betrachtet werden müssen.

Weiterhin wird ein Mitarbeiter, der einen Verstoß i. w. S. buchhalterisch abbilden will, versuchen, den großen Betrag in mehrere kleinere Beträge aufzuteilen, da diese unauffälliger sind und oft aufgrund der geringen Höhe nicht gesondert freigegeben werden müssen.[309]

(6) Unter der Analyse auf Beschaffenheit der Beträge werden die Analyse auf glatte Beträge sowie die Analyse dieser Beträge mithilfe mathematisch-statistischer Methoden verstanden.

Die Analyse auf glatte Beträge besitzt in der Praxis keine allzu große Bedeutung, da ein Mitarbeiter, der einen fiktiven Betrag buchen möchte, i. d. R. einen nicht glatten Betrag unterhalb der zumeist glatten Freigabegrenzen buchen wird, um weder aufgrund des offensichtlich hohen Betrags (s. o.) noch wegen der überschrittenen Freigabegrenze durch das interne Kontrollsystem entlarvt zu werden. Hinzu kommt, dass gerade im Bereich der Rückstellungen aufgrund von Schätzunsicherheiten häufig ein

---

307 Vgl. *Wiese* (2013), S. 113.
308 Vgl. *IFAC*, ISA 320.9.
309 Vgl. *Odenthal* (2005), S. 103.

runder Betrag gebucht wird, sodass runde Beträge nicht per se als auffällig zu klassifizieren sind, sondern stets einer genaueren Betrachtung bedürfen.

Die grundsätzliche Verwendung mathematisch-statistischer Methoden zur Analyse der Beschaffenheit von Beträgen steht nicht zur Disposition, zumal diese vielfach in der Literatur positiv diskutiert wurden und auch von der steuerlichen Betriebsprüfung eingesetzt werden. Jedoch sind die Einsatzgebiete restriktiv auszuwählen, um ein effizientes Prüfungsvorgehen sicherzustellen.[310]

In der Vergangenheit wurden die gebuchten Beträge auf ihre Ziffernstruktur mithilfe des sogenannten Benford'schen Gesetzes[311] untersucht. Hierdurch sollen risikobehaftete Buchungen bzw. vermeintlich manipulierte Beträge durch eine Analyse der Verteilung der Ziffernstruktur identifiziert werden.[312] Nach dem Benford'schen Gesetz ist z. B. die Wahrscheinlichkeit, dass die erste Ziffer einer Zahl (eines Betrags) eine Eins ist, deutlich höher als die, dass die erste Ziffer eine Neun ist. Gleiches gilt in Bezug auf die unterschiedlichen Wahrscheinlichkeiten für die nachfolgenden Ziffern. Betrachtet man den gesamten Datenbestand vor diesem Hintergrund, können Beträge identifiziert werden, deren Ziffernfolge nicht der zuvor genannten Verteilung entspricht.[313]

Dazu ist jedoch anzumerken, dass mit dieser Methode in der Vergangenheit nur ein geringer Anteil an Manipulationen aufgedeckt werden konnte.[314] Ein weiterer Kritikpunkt ist, dass bisher nicht nachgewiesen werden konnte, dass die Ziffernstruktur der untersuchten Beträge auch tatsächlich dem Benford'schen Gesetz unterliegt.[315] Aus diesen Gründen hat sich das Benford'sche Gesetz auch nie als relevantes Instrumentarium des Abschlussprüfers etabliert.

Insgesamt führt eine solche Analyse i. d. R. zu einer schwer interpretierbaren, großen Anzahl an risikobehafteten Journalbuchungen, sodass der Einsatz insgesamt eher als kritisch zu betrachten ist. Dies kann jedoch dann sinnvoll sein, wenn dem Abschluss-

310 Vgl. *Sampson/Olan* (1992), S. 133–141; *Wähnert* (2008), S. 315; *Debreceny/Gray* (2010), S. 157–181; *Härtl* (2011), S. 40; *Rau* (2012), S. 17–32.
311 Siehe zum Benford'schen Gesetz exemplarisch *Nigrini* (2012).
312 Vgl. *Debreceny/Gray* (2010), S. 169–179.
313 Vgl. *Mochty* (2002), S. 725–736.
314 Vgl. *Wähnert* (2008), S. 315.
315 Vgl. *Quick/Wolz* (2003), S. 219 f.

prüfer bekannt ist, dass aufgrund der unternehmensindividuellen Preisgestaltung bestimmte Beträge unmittelbar auffällig sind. So werden bei einem produzierenden Unternehmen Beträge, die auf Euro 0,99 enden, auffälliger sein als im Einzelhandel. Liegt ein solcher Fall vor, wird der Abschlussprüfer das Buchungsjournal gezielt auf solche Beträge analysieren, deren Nachkommastellen von seinen Erwartungen abweichen.

Die Einsatzmöglichkeiten mathematisch-statistischer Methoden gehen jedoch deutlich über das Benford'sche Gesetz hinaus. Hierzu zählen bspw. der Chi-Quadrat-Test, die Regressions- und die Korrespondenzanalyse.[316] Diese Methoden sind nicht nur auf die Analyse der Beschaffenheit von Beträgen beschränkt, sondern für eine Vielzahl weiterer Datenfeldern einsetzbar, wie in Kapitel 4 noch dargestellt werden soll. Gerade in Bezug auf große Datenmengen sind diese Methoden von Vorteil, da sie es dem Abschlussprüfer ermöglichen, einen Erwartungswert zu bilden und mit dessen Hilfe risikobehaftete Journalbuchungen zu erkennen, die von diesem abweichen. Aufgrund der vermeintlichen Komplexität erfolgt der Einsatz dieser Methoden in Bezug auf das Journal Entry Testing in der Praxis eher zögerlich. Daher soll in Kapitel 4 aufgezeigt werden, wie diese Methoden im Rahmen der Weiterentwicklung des Journal Entry Testings doch praxisnah eingesetzt werden können.

(7) Komplexe Geschäftsvorfälle und Schätzwerte, wie die Höhe der Rückstellungen, sind ohnehin Prüfungsgegenstand im Rahmen der Abschlussprüfung, sofern sie einen wesentlichen Einfluss auf den Abschluss haben.[317] Eine erneute zwingende Betrachtung im Rahmen des Journal Entry Testings erscheint daher weder zielführend noch wirtschaftlich begründbar, sodass diese hier unterbleibt.

(8) Gemäß ISA 550 sind Transaktionen mit nahestehenden Personen im Rahmen der Abschlussprüfung kritisch zu hinterfragen.[318] Auch unabhängig vom Journal Entry Testing wird der Abschlussprüfer eine Übersicht der dem zu prüfenden Unternehmen bekannten nahestehenden Personen anfordern und das Risiko von Verstößen i. w. S., die im Zusammenhang mit Transaktionen mit nahestehenden Personen stehen, gesondert im Rahmen der Prüfungsplanung und -durchführung berücksichtigen. Eine wei-

---

316 Siehe zu den Einsatzmöglichkeiten exemplarisch *Brähler/Bensmann/Emke* (2010), S. 18–24; *Bose et al.* (2011), S. 495 f.

317 Vgl. *IFAC*, ISA 315.28; *Gerber* (2015), S. 58.

318 Vgl. *IFAC*, ISA 550.1-7.

tere Berücksichtigung im Rahmen des Journal Entry Testings muss daher nicht zwingend erfolgen. Grundsätzlich können Datenanalysen jedoch auch dazu genutzt werden, den Abschlussprüfer zu unterstützen bisher noch nicht identifizierte Transaktionen und Beträge in Bezug auf nahestehende Personen aufzudecken.[319] Dies kann z. B. dadurch erfolgen, dass der Abschlussprüfer die einschlägigen Konten wie die sonstigen betrieblichen Aufwendungen oder die Personalaufwandskonten auf auffällige Buchungstexte scannt, um so die Vollständigkeit der im Anhang anzugebenden Beträge (§ 285 Nr. 21 HGB) sicherzustellen. Diese Datenanalysen haben jedoch nicht die Zielsetzung, Verstöße i. w. S. aufdecken zu können.[320]

(9) Wie im vorherigen Kapitel erläutert, stellt das IT-Benutzerkonzept eine zentrale Komponente des internen Kontrollsystems dar. Aus diesem Grund ist es nicht nur im Rahmen der IT-Systemprüfung kritisch zu würdigen, sondern die Auswertung, wer gebucht hat (Datenfeld „Benutzer"), ist auch zur Prüfung heranzuziehen, ob Hinweise auf Verstöße i. w. S. vorliegen. Laut berufsständischer Verlautbarung und der Literatur können Buchungen durch ungewöhnliche Personen Hinweise auf mögliche Verstöße i. w. S. liefern. Unter ungewöhnlichen Personen sind solche Mitarbeiter zu verstehen, die vor dem Hintergrund ihres Tätigkeitsfelds bzw. ihrer Aufgabe im Unternehmen bestimmte Journalbuchungen eigentlich nicht tätigen sollten. So handelt es sich bei den Journalbuchungen von Lagermitarbeitern um eine Buchung durch ungewöhnliche Personen, wenn diese Umsatzerlöse buchen, da der Abschlussprüfer grundsätzlich nicht erwarten würde, dass ein Lagermitarbeiter Umsatzerlöse erfasst.

Vor dem Hintergrund des in Kapitel 2 dargestellten Fraud-Triangles können die Journalbuchungen unter Berücksichtigung der drei Faktoren für Verstöße i. w. S. zielgerichtet mithilfe des Datenfelds „Benutzer" auf solche ungewöhnlichen Personen analysiert werden. Aufgrund der später noch dargestellten, weitreichenden Bedeutung sollte die Analyse der Buchungen durch ungewöhnliche Personen zum Mindestumfang des Journal Entry Testings gehören.

---

319 Vgl. *Goldshteyn/Gabriel/Thelen* (2013), S. 229–233.

320 Davon ist ausgenommen, dass ein bewusst nicht im Anhang angegebener Betrag in Bezug auf Geschäftsvorfälle mit nahestehenden Personen ebenfalls einen Verstoß darstellt, da dieser Verstoß keinen Bezug zu den Journalbuchungen bzw. zum Journal Entry Testing hat.

(10) Darüber hinaus können die Journalbuchungen auf Buchungen analysiert werden, die zu ungewöhnlichen Zeitpunkten stattgefunden haben. Im Rahmen der IT-gestützten Rechnungslegung wird regelmäßig auch der Zeitpunkt der Buchung abgespeichert.[321] Hierbei handelt es sich um die zeitliche Zuordnung der buchhalterischen Erfassung des Geschäftsvorfalls, die in den Journalbuchungen im Datenfeld „Erfassungsdatum" enthalten ist.

Auf Basis dieser Information können Datenanalysen in Bezug auf den Wochentag, an dem die Buchung erfasst wurde, vorgenommen werden. Buchungen an Wochenenden haben häufig eine erhöhte Gefahr von Verstößen i. w. S. Grund dafür ist, dass die buchhalterische Erfassung von Geschäftsvorfällen i. d. R. bestimmten Geschäfts- bzw. Arbeitszeiten unterliegt.[322] Die höhere Wahrscheinlichkeit von Verstößen i. w. S. an Wochenenden beruht darauf, dass die Mitarbeiter ausreichend Ruhe haben wollen, um ohne Unterbrechung einen Verstoß i. w. S. zu buchen.[323]

Neben dem Erfassungsdatum spielt auch die Uhrzeit[324], wann eine Journalbuchung erfasst wurde, eine Rolle, obwohl es sich hierbei nicht um eine Pflichtinformation im Rahmen der Grundsätze ordnungsmäßiger Buchführung handelt. Bei der Analyse der Uhrzeit greift die gleiche Begründung wie beim ungewöhnlichen Erfassungsdatum; i. d. R. wird ein Mitarbeiter einen Verstoß i. w. S. außerhalb der regulären Arbeitszeit erfassen.[325] Aus diesem Grund sollte die Analyse der Buchungen zu ungewöhnlichen Zeitpunkten ebenfalls zum Mindestumfang des Journal Entry Testings gehören. Auf Details hierzu soll in Kapitel 4 eingegangen werden.

(11) Ebenfalls als Kriterium, anhand dessen der Abschlussprüfer mögliche Verstöße i. w. S. erkennen kann, sind Buchungen mit ungewöhnlichen Gegenkonten zu nennen. Da es sich bei den Journalbuchungen um das Grundbuch und folglich um eine Übersicht sämtlicher Buchungen eines Geschäftsjahres handelt, bietet es sich an, Verstöße i. w. S. durch Auffälligkeiten in den Buchungssätzen aufzudecken. Denkbar wäre, dass Mitarbeiter Abschlussposten manipulieren, deren Höhe sich auf ihre variable Ver-

---

321 Vgl. *Goldshteyn/Gabriel/Thelen* (2013), S. 262.
322 Vgl. *Goldshteyn/Gabriel/Thelen* (2013), S. 257.
323 Vgl. *Odenthal* (2005), S. 102.
324 Die Uhrzeit stellt dabei gemäß den Grundsätzen ordnungsmäßiger Buchführung keine Pflichtinformation dar. Gleichwohl dient sie dazu, die chronologische Reihenfolge der Journalbuchungen sicherzustellen.
325 Vgl. *Schindler/Haußer* (2014), S. 982.

gütung auswirken – wie bspw. die Umsatzerlöse. Damit ihr Verstoß i. w. S. nicht auffällt, wird als Gegenkonto z. B. ein Aufwandskonto verwendet, um somit zwar ihr Ziel zu erfüllen, jedoch ohne dadurch einen Ergebniseffekt auszulösen.

Dieser Ergebniseffekt könnte bereits mithilfe eines einfachen Vorjahresvergleichs als Auffälligkeit identifiziert werden.[326] Eine Aufwandsbuchung anstatt einer Forderungsbuchung führt außerdem dazu, dass der Verstoß i. w. S. mithilfe der Saldenbestätigungsaktion zur Prüfung der Forderungen nicht aufgedeckt werden kann.

Der Versuch, Verstöße i. w. S. insbesondere vor Aufdeckung durch einfache analytische Prüfungshandlungen zu tarnen, führt dazu, dass Buchungen auf ungewöhnlichen Konten oder entgegen den üblichen Buchungssätzen in der Rechnungslegung abgebildet werden.[327] Ein Mitarbeiter, der Kenntnisse über das grundsätzliche Vorgehen bei der Abschlussprüfung hat, wird versuchen, Verstöße i. w. S. in der Buchführung so zu verschleiern, dass der Abschlussprüfer oder andere Kontrollinstanzen (z. B. die interne Revision) diese mit dem üblichen Prüfungsvorgehen nicht erkennen können.[328]

Aufgrund der IT-gestützten Rechnungslegung werden die Buchungssätze für den Nutzer häufig nicht mehr transparent abgebildet; d. h., die Journalbuchungen zeigen i. d. R. nicht mehr das Gegenkonto. Vor diesem Hintergrund ist es nicht verwunderlich, dass in der Praxis zwar eine Vielzahl unterschiedlicher Analysen innerhalb des Journal Entry Testings durchgeführt wird, jedoch eine Analyse auf Auffälligkeiten in den Buchungssätzen eher vernachlässigt wird.

Gerade aufgrund der Komplexität und der Schwierigkeit, die Buchungssätze nachzuvollziehen, sollten diese Datenanalysen auf jeden Fall zum Mindestumfang des Journal Entry Testings gehören. Hierauf soll daher ausführlich im Verlauf des Kapitels 4 eingegangen werden.

Zusammenfassend lässt sich aus der Analyse der zuvor beschriebenen Kriterien risikobehafteter Journalbuchungen die Erkenntnis gewinnen, dass eine Vielzahl der Kriterien, konkret die Kriterien (1)–(8), eher eine untergeordnete Rolle im Rahmen des risikoorientierten Journal Entry Testings spielt. Die darauf aufbauenden Datenanaly-

---

326 Vgl. *Odenthal* (2005), S. 106 f.
327 Vgl. *Sampson/Olan* (1992), S. 133–140.
328 Vgl. *IFAC*, ISA 240.A5; *O'Gara* (2004), S. 123.

sen können zwar in Einzelfällen sinnvoll sein; in Bezug auf die Mehrheit der zu prüfenden Unternehmen und aus Effizienzgesichtspunkten sind aber schwerpunktmäßig Analysen hinsichtlich der letzten drei Kriterien ((9) –(11)) zu empfehlen.

Daneben wäre es vielmehr sinnvoll, das Set um ein weiteres Kriterium (12) zu ergänzen: Neben den Buchungssätzen können auch die Buchungszusammenhänge auf Auffälligkeiten für Verstöße i. w. S. hinweisen. Dieses Kriterium wurde beim Journal Entry Testing bisher noch nicht angewendet. Es handelt sich dabei um eine Analyse der Journalbuchungen in Bezug auf die Buchungs-, d. h. die Kontenzusammenhänge.

Konkret erfolgt die Auswahl risikobehafteter Buchungen auf Basis eines Vergleichs zwischen dem erwarteten Buchungszusammenhang und der tatsächlichen buchhalterischen Abbildung eines Geschäftsvorfalls innerhalb eines Geschäftsprozesses. Dazu bedarf es neben der reinen Analyse der Buchungssätze auch einer Betrachtung der Prozessabläufe. Hierdurch soll z. B. über die Verzahnung der Warenausgangsbuchung mit der Buchung der Umsatzerlöse geprüft werden, ob Auffälligkeiten vorliegen, die auf Verstöße i. w. S. im Prüfgebiet der Umsatzerlöse hindeuten.

Wird im Rahmen der beschriebenen Vorgehensweise bspw. festgestellt, dass es Umsatzerlösbuchungen gibt, denen keine Warenausgangsbuchung vorausgegangen ist, wie es i. d. R. bei einer Vertriebsgesellschaft jedoch der Fall sein müsste, sind diese Umsatzerlösbuchungen als auffällig einzuschätzen und einzelfallbezogen zu prüfen.

Problematisch und damit ein möglicher Grund, dass dieses Kriterium bisher nicht verwendet wurde, ist u. a. die Tatsache, dass eine zusammenhängende buchhalterische Abbildung der Konten mit ihren Gegenkonten und Prozessabläufen in den gängigen IT-gestützten Rechnungslegungssystemen fehlt.[329]

Das konkrete Vorgehen zur Analyse der relevanten Kriterien und eine Beschreibung, wie risikobehaftete Journalbuchungen aufgrund der Buchungszusammenhänge gefunden und ausgewertet werden können, sollen daher in Kapitel 4 noch einmal detailliert beschrieben werden.

---

[329] Vgl. *Wiese* (2013), S. 115.

3.5.4 Dateninventur I: Grundlagen der Dateninventur

Als Ergebnis des vorherigen Kapitels kann festgehalten werden, dass insbesondere solche Datenanalysen zielführend sind, bei denen der Fokus auf dem Benutzer, dem Buchungszeitpunkt und den Buchungssätzen bzw. dem Buchungszusammenhang liegt (vorläufige Auswahl der Datenanalysen). Die vorläufige Auswahl der Datenanalysen ist jedoch immer noch vergleichsweise unspezifisch und würde ggfs. eine Vielzahl risikobehafteter Buchungen auswerfen. Wird bspw. eine Datenanalyse durchgeführt, die die Buchungen pro Benutzer ausgibt, so ist das Ergebnis für den Abschlussprüfer nur eingeschränkt verwertbar, da der Datensatz keine Informationen über die Funktion des einzelnen Benutzers im Unternehmen enthält. Folglich kann der Abschlussprüfer auf Grundlage der Auswertungen allein auch nicht beurteilen, bei welchen Benutzern Faktoren i. S. d. Fraud-Triangle vorliegen. Aus diesem Grund sind die Datenanalysen noch weiter zu spezifizieren. Dies erfolgt auf Grundlage der sogenannten Dateninventur.

Der Begriff der Dateninventur stammt aus der Wirtschaftsinformatik, wo sie zur Herleitung eines unternehmensweiten Datenmodells eingesetzt wird. Ziel der Dateninventur ist es, alle für das Datenmodell benötigten Informationen aufzulisten.[330] Vor diesem Hintergrund ist der Begriff der Dateninventur auch auf das Journal Entry Testing übertragbar und beschreibt in diesem Zusammenhang die Tätigkeiten des Abschlussprüfers zur Erlangung einer Übersicht, welche unterschiedlichen Ausprägungen der Inhalt eines konkreten Datenfelds umfassen kann, das im Rahmen der Datenanalysen verwendet werden soll.

Die Dateninventur kann als Ergebnis neue Informationen liefern, die die ursprüngliche Beurteilung des Abschlussprüfers bezüglich des Risikos für Verstöße i. w. S. verändern. Der Abschlussprüfer kann hierdurch bspw. erfahren, dass eine neue Unternehmensrichtlinie das Arbeiten von zu Hause aus erlaubt und damit Buchungen am Wochenende nicht mehr unbedingt als auffällig einzuschätzen sind. Hierbei betrifft die erlangte Information das konkrete Datenfeld „Erfassungsdatum". In einem solchen Fall muss der Abschlussprüfer seine bisherige Risikobeurteilung sowie die vorläufige Auswahl der Datenanalysen anpassen.

---

330 Vgl. *Schumann-Giesler* (1997), S. 15.

Im Anschluss an die Dateninventur und basierend auf deren Ergebnissen erfolgt die endgültige Auswahl der Datenanalysen. Erst ab diesem Zeitpunkt erfüllt das Journal Entry Testing die Anforderungen an ein risikoorientiertes und unternehmensindividuelles Prüfungsvorgehen.

Die nachfolgende Durchführung der Datenanalysen liefert eine Übersicht sämtlicher Journalbuchungen, die auf Grundlage der vorgelagerten Teilschritte als risikobehaftet eingeschätzt werden und somit vermeintliche Risiken in Bezug auf Verstöße i. w. S. enthalten. Diese risikobehafteten Journalbuchungen sind einer einzelfallbezogenen Prüfung durch den Abschlussprüfer zu unterziehen, da es sich zunächst nur um Auffälligkeiten, nicht jedoch um einen handfesten Beweis für oder gegen einen Verstoß i. w. S. handelt.[331] Konkret bedeutet dies, dass die entsprechenden Belege angefordert und auf ihre sachgerechte Bilanzierung im Abschluss hin beurteilt werden müssen. Erst durch diesen Schritt ist eine Aussage darüber möglich, ob es sich tatsächlich um einen Verstoß i. w. S. oder lediglich um eine Datenanomalie[332] handelt.[333]

3.6 Bildung von Prüfungsaussagen

Im letzten Schritt erfolgt die Bildung von Prüfungsaussagen („conclusions“[334]) auf Basis der Ergebnisse der durchgeführten Prüfungshandlungen, wie an der folgenden Abbildung des idealtypischen Ablaufs des Journal Entry Testings noch einmal deutlich wird.

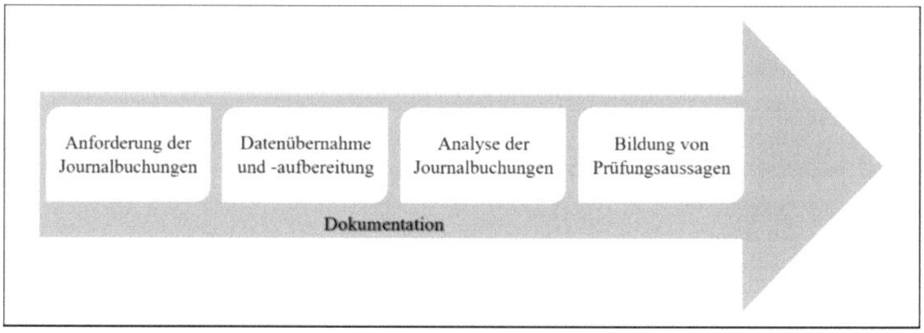

Abbildung 9: Idealtypischer Ablauf des Journal Entry Testings

---

331 Vgl. *Henselmann/Hofmann* (2010), S. 274.

332 Unter Datenanomalie wird eine Abweichung bestimmter Daten von der üblichen Struktur verstanden, die zufällig entstanden ist und somit nicht bewusst von einem Mitarbeiter beeinflusst wurde.

333 Vgl. *Hofmann* (2008), S. 518 f.; *Gee* (2015), S. 12 f.

334 *IFAC*, ISA 500.5.

Zur Bildung von Prüfungsaussagen formuliert der Abschlussprüfer nach der Ermittlung der Risikofaktoren eine Urteilshypothese für das Journal Entry Testing, z. B., dass in diesem Prüfgebiet keine Verstöße i. w. S. vorliegen. Ziel des gesamten Prüfungsvorgehens ist es, diese Hypothese durch angemessene Prüfungsnachweise[335] zu bestätigen oder zu verwerfen.[336] Prüfungsnachweise werden dabei in Form der Ergebnisse der Datenanalysen in Kombination mit den Ergebnissen der darauf folgenden einzelfallbezogenen Prüfungshandlungen gewonnen.

Auf Basis der Prüfungsnachweise leitet der Abschlussprüfer Prüfungsfeststellungen ab und bildet eine entsprechende Prüfungsaussage.[337] Im Zuge dessen muss er die Auswirkungen auf den Abschluss bestimmen und die Form der Berichterstattung über eventuell festgestellte Verstöße i. w. S. festlegen.[338]

Führt ein festgestellter Verstoß i. w. S. zu wesentlichen, nicht korrigierten, falschen Angaben in der Rechnungslegung oder kann der entsprechende Sachverhalt nicht umfassend aufgeklärt werden, kommt der Abschlussprüfer zu einem entsprechenden Prüfungsurteil („opinion“[339]), d. h., der Bestätigungsvermerk ist einzuschränken oder sogar zu versagen.[340] Zusätzlich sind gemäß § 321 Abs. 1 Satz 3 HGB festgestellte wesentliche Verstöße i. w. S., die den Fortbestand des geprüften Unternehmens gefährden oder seine Entwicklung wesentlich beeinträchtigen können oder die schwerwiegende Verstöße der Geschäftsführung oder der Mitarbeiter gegen Gesetze, Gesellschaftsvertrag oder die Satzung erkennen lassen, im Prüfungsbericht zu nennen.[341]

Obwohl die Dokumentation des Prüfungsvorgehens und der Prüfungsergebnisse hier als letzter Teilschritt dargestellt wird, handelt es sich de facto nicht um den letzten Schritt, sondern vielmehr um eine kontinuierliche Handlung während des gesamten Prüfungsvorgehens. Die einzelnen Schritte, beginnend mit der Einholung von Informationen i. S. d. ISA 315 über die Anforderung der Journalbuchungen bis hin zur Bildung von Prüfungsaussagen, müssen so dokumentiert werden, dass sie für einen sachverständigen Dritten in angemessener Zeit nachvollziehbar sind.[342] Dabei muss das

---

335 Vgl. *Töller/Gerber* (2009), S. 109 f.
336 Vgl. *Marten/Quick/Ruhnke* (2015), S. 552.
337 Vgl. *Marten/Quick/Ruhnke* (2015), S. 136.
338 Vgl. *Brösel et al.* (2015), S. 397.
339 *IFAC*, ISA 500.5.
340 Vgl. *Marten/Quick/Ruhnke* (2015), S. 478 f.
341 Vgl. § 321 Abs. 1 Satz 3 HGB.
342 Vgl. *Leffson* (1988), S. 289 ff.

extrahierte Buchungsjournal als originäre Datenquelle nicht aufbewahrt werden, sondern lediglich Aufzeichnungen, die die Nachvollziehbarkeit der Prüfungsergebnisse ermöglichen.[343] Hierunter fallen insbesondere:[344]

- die Definition der Prüfungsziele,
- der zeitliche und inhaltliche Datenumfang,
- die Darstellung der durchgeführten Prüfungshandlungen zur Beurteilung der Vollständigkeit und Richtigkeit der Journalbuchungen,
- die Ermittlung der Risikofaktoren und der Risiken für Verstöße i. w. S.,
- eine Begründung, warum welche Datenanalysen gewählt wurden,
- die Beschreibung der durchgeführten Datenanalysen,
- die Analyseergebnisse und welche einzelfallbezogenen Prüfungshandlungen durchgeführt wurden,
- die Ergebnisse der einzelfallbezogenen Prüfungshandlungen und
- die Prüfungsfeststellungen und Prüfungsaussagen, die auf Basis der Datenanalysen getroffen wurden.

Die meisten aktuell verfügbaren Softwarelösungen zur Datenanalyse beinhalten eine Dokumentationsfunktion ähnlich einer Historie, die chronologisch die einzelnen durchgeführten Schritte automatisch abspeichert. Diese Dokumentation kann zum Ende des Prüfungsvorgehens als Arbeitspapier i. S. d. ISA 230[345] verwendet werden und führt zu einer erheblichen Reduktion des Dokumentationsaufwands und damit der Kosten.[346] Die Kosten der Dokumentation des Journal Entry Testings steigen jedoch, je mehr Prüfungsziele gleichzeitig mit der Prüfung der Journalbuchungen abgedeckt werden sollen, da die Dokumentation der Datenanforderung, -übernahme und -aufbereitung zwar übernommen werden kann, die restlichen Schritte jedoch jeweils erneut zu dokumentieren sind. Dafür entfallen auf der anderen Seite die Kosten für die Dokumentation des bisherigen Prüfungsvorgehens für das jeweilige Prüfgebiet, sodass hierdurch gegenläufig die Kosten für diese Dokumentation reduziert werden.

---

343 Vgl. *IDW*, PH 9.330.3, Tz. 78.
344 Vgl. ebd., Tz. 79.
345 Vgl. *IFAC*, ISA 230.6.
346 Vgl. *Goldshteyn/Gabriel/Thelen* (2013), S. 36.

3.7 Ablauforganisation

In der folgenden Grafik wird das Prüfungsvorgehen noch einmal zusammengefasst:

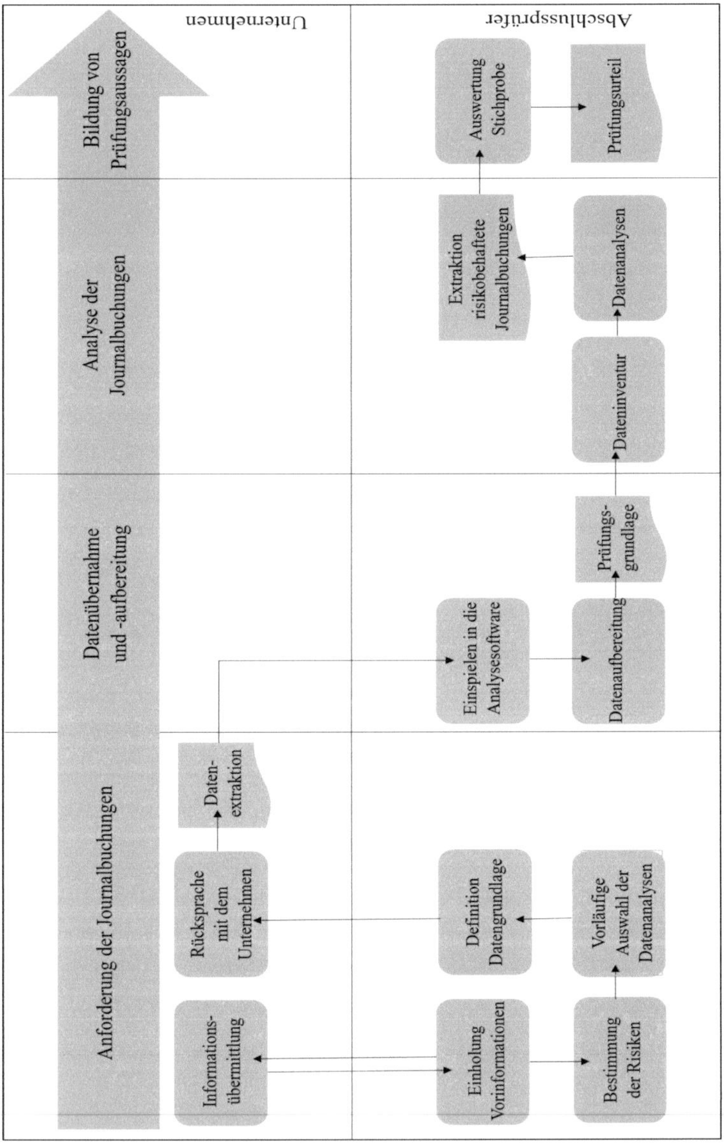

Abbildung 10: Ablauforganisation des Journal Entry Testings

Für die Höhe der variablen Kosten und damit für die Effizienz der Abschlussprüfung ist entscheidend, **wer** prüft und **wie** geprüft wird (siehe Kapitel 3.2). Nachdem in den vorherigen Kapiteln vor allem auf das „wie" eingegangen wurde, soll in diesem Kapitel der Frage nach dem „wer" nachgegangen werden. Ziel ist es aufzuzeigen, dass das beschriebene Vorgehen grundsätzlich von jedem Wirtschaftsprüfer/in bzw. jeder Wirtschaftsprüfungsgesellschaft durchgeführt werden kann. Konkret sollen unterschiedliche Varianten dargestellt werden, um das Journal Entry Testing unter Berücksichtigung der verfügbaren Ressourcen sowie der individuellen Kompetenz der Mitglieder des Prüfungsteams effektiv und effizient auszugestalten.

Im Rahmen des gezeigten Ansatzes ist zwischen zwei Arten von Prüfungsschritten zu unterscheiden. Zum einen gibt es Prüfungsschritte, bei denen ein Verständnis des IT-Systems des zu prüfenden Unternehmens erforderlich ist, insbesondere des zugrunde liegenden Aufbaus und der Möglichkeiten, die Daten aus dem IT-System abzurufen, z. B. bei der Auswahl der inhaltlichen Komponente. Zum anderen gibt es Prüfungsschritte, die daran anschließen, dass die aus dem IT-System abgerufene Datengrundlage in die Analysesoftware vollständig und richtig eingespielt wurde, die also lediglich Kenntnisse über die Verwendung einer Datenanalysesoftware, jedoch nicht über das IT-System selbst voraussetzen (Durchführung der eigentlichen Datenanalyse).

Eine der möglichen Varianten (Variante A) besteht darin, dass das Prüfungsteam das Journal Entry Testing und ggfs. weitere IT-gestützte Prüfungshandlungen selbst durchführt. In diesem Fall besteht das Prüfungsvorgehen aus einer Interaktion zwischen dem Unternehmen und den Mitgliedern des Prüfungsteams. Voraussetzung ist, dass die Teammitglieder entsprechende Kenntnisse sowohl im Bereich des IT-Systems als auch in der Anwendung einer Datenanalysesoftware haben, um sämtliche zuvor gezeigten Schritte des Journal Entry Testings selbst durchführen zu können.

Die zweite mögliche Variante ist, Teilschritte von einem Mitarbeiter der Wirtschaftsprüfungsgesellschaft durchführen zu lassen, der nicht Bestandteil des Kernprüfungsteams ist (Variante B). Dies sind in der Praxis insbesondere speziell ausgebildete IT-Prüfer. Für die Einbeziehung von IT-Prüfern spricht, dass entsprechende IT-Kenntnisse, die für die Extraktion der Daten benötigt werden, im Kernprüfungsteam meist nicht vorhanden sind.[347] Hinzu kommt, dass die IT-Systeme immer komplexer werden

---

[347] Vgl. *Schmelter* (2010), S. 5; *Sydon* (2012), S. 164.

und der Umfang der Daten insbesondere vor dem Hintergrund der Digitalisierung weiter ansteigt.[348] In manchen Fällen ist der Abschlussprüfer somit quasi gezwungen, bestimmte Teilschritte unter seiner Kontrolle auszulagern.[349] Entscheidend ist dabei, dass nicht das ganze Journal Entry Testing ausgelagert werden darf, sondern nur bestimmte Teilschritte, die insbesondere nicht die Bildung von Prüfungsaussagen umfassen. Dabei muss der Abschlussprüfer jederzeit die Kontrolle über das Prüfungsvorgehen behalten und die Ergebnisse des IT-Prüfers bezüglich der ausgelagerten Teilschritte kritisch hinterfragen. Dies erfordert eine stetige Kommunikation zwischen dem Abschlussprüfer und dem IT-Prüfer, was zu einem leicht steigenden Koordinationsaufwand führt.

Trotz dieses leicht steigenden Koordinationsaufwands bieten sich aus Effizienzgesichtspunkten jedoch auch folgende Chancen, die diesen überkompensieren:[350]

- Kostenreduktion durch Skaleneffekte,
- Konzentration des Prüfungsteams auf die eigentlichen Datenanalysen und
- Risikoreduktion durch den Einsatz von IT-Prüfern.

Vor dem Hintergrund, dass die Integration des Journal Entry Testings zu Effizienzgewinnen führen soll, ist insbesondere die Kostenreduktion durch Skaleneffekte herauszustellen. Obwohl Unternehmen unterschiedliche IT-Systeme zur Abbildung der IT-gestützten Rechnungslegung verwenden, ist der eigentliche Prozess der Datenübernahme und -aufbereitung skalierbar, da für die gängigen IT-Systeme die Abläufe standardisiert werden können. Insbesondere die Standardisierbarkeit und die umfangreichen Kenntnisse der IT-Prüfer im Gebiet der Datenübernahme und -aufbereitung führen dabei zu erheblichen Effizienzgewinnen, da mit sinkenden Abstimmungs- und Übernahmezeiten auch die Kosten sinken.[351]

Ein weiterer Vorteil liegt darin, dass sich das Kernprüfungsteam auf die eigentliche Analyse der Journalbuchungen und auf die Interpretation der Ergebnisse konzentrieren kann, d. h. die frei gewordenen Zeitressourcen können in die Planung und Durchfüh-

---

348 Vgl. *Adelmeyer/Teuteberg* (2016), S. 698; *Huber* (2016), S. 54.

349 Seine Gesamtverantwortung bleibt gemäß VO 1/2006 unberührt. Vgl. *IDW/WPK*, VO 1/2006 Tz. 90; *Brösel et al.* (2015), S. 149 ff.

350 Vgl. *Hermes/Schwarz* (2005), S. 19; *Becker* (2009), S. 249.

351 Vgl. *Truijens/Neumann-Giesen/Weber* (2012), S. 16.

rung einer risikoorientierten Analyse der Journalbuchungen und damit in den ermessensbehafteten Teil des Journal Entry Testings investiert werden. Durch den Einsatz von IT-Prüfern sinkt zudem das Risiko, dass aufgrund von Fehlern in der Anforderung der Journalbuchungen, der Datenübernahme und -aufbereitung die Ergebnisse des Journal Entry Testings nicht für die Bildung von Prüfungsaussagen herangezogen werden können, da die Datengrundlage unvollständig oder fehlerhaft ist. Dies ist damit zu begründen, dass die Extraktion durch einen IT-Prüfer, der entsprechende Fachkompetenz und Fähigkeiten besitzt, weniger fehleranfällig ist, da z. B. die Abstimmung auf Vollständigkeit der Daten durch ihn besser beurteilt werden kann. Weiterhin kann der IT-Prüfer während der Durchführung der ausgelagerten Teilschritte neue Erkenntnisse über bestehende Risiken erlangen, die dem Abschlussprüfer aufgrund seiner geringeren IT-Kenntnisse ggfs. nicht aufgefallen wären und die dadurch bisher nicht als Risikofaktoren berücksichtigt wurden.

Ein Nachteil der Auslagerung von Prüfungsschritten besteht hingegen darin, dass das Kernprüfungsteam von der Bereitstellung der Ergebnisse durch den IT-Prüfer abhängig ist und dadurch auch zukünftig die erforderlichen IT-Kenntnisse nicht aufbauen wird.[352] Um im Rahmen der Auslagerung Effizienzgewinne zu erzielen, ist dieses Abhängigkeitsverhältnis jedoch nicht vermeidbar. Gleichwohl verbleiben die wesentlichen Schritte – die eigentliche IT-gestützte Datenanalyse und ihre Beurteilung – beim Abschlussprüfer selbst, sodass über diesen Nachteil hinwegzusehen ist. Zusammenfassend ist festzuhalten, dass die Entscheidung darüber, wer die einzelnen Teilschritte durchführt, im Wesentlichen von dem Digitalisierungsgrad des Abschlussprüfers, d. h. seinen IT-Kenntnissen abhängt. Ob ein Spezialistenwissen oder lediglich erweiterte IT-Kenntnisse erforderlich sind, hängt dabei insbesondere vom eingesetzten IT-System ab. Unverzichtbar sind jedoch bei allen Beteiligten Kenntnisse zur allgemeinen Durchführung von IT-gestützten Datenanalysen und zum Einsatz einer Datenanalysesoftware.[353]

352 Vgl. *Hermes/Schwarz* (2005), S. 22 f.
353 Vgl. *Schmelter* (2010), S. 6 f.

4 Integration des Journal Entry Testings in den risikoorientierten Prüfungsansatz

4.1 Grundlagen für die Weiterentwicklung

In Kapitel 3 wurde aufgezeigt, dass das Journal Entry Testing in seiner bisherigen Form erhebliche Möglichkeiten zur Erzielung von Effizienzgewinnen ungenutzt lässt. Weiterhin offen sind die Fragen, wie genau das Journal Entry Testing in den risikoorientierten Prüfungsansatz integriert werden kann, um Effizienzgewinne zu erzielen, und welche Datenanalysen hierzu am besten geeignet sind. Die Beantwortung dieser beiden Fragen erfolgt im Rahmen des Kapitels 4.

Das Journal Entry Testing in seiner bisherigen Form kann an folgendem Bild verdeutlicht werden: Man stelle sich das Buchungsjournal als Sandgrube vor, in der regelmäßig Sand abgeladen wird. Jedes Sandkorn entspricht einer im System erzeugten Journalbuchung. Die Sandkörner weisen unterschiedliche Eigenschaften auf; d. h., sie sind unterschiedlich groß und haben unterschiedliche Farben. Die Größe und die Farbe sind für die weitere Verwendung unerheblich, solange es sich tatsächlich um Sand handelt. Leider kommen immer wieder auch kleine Metallsplitter in die Sandgrube. Diese können jedoch aufgrund ihrer Größe und der optisch ähnlichen Beschaffenheit zum Sand nur durch detaillierte Untersuchungen (Proben) erkannt werden. Damit der Sand verwendet werden kann, ist es entscheidend, dass nicht mehr als fünf Prozent des Inhalts der Sandgrube aus Metallsplittern besteht. Um sicherzustellen, dass diese Qualitätsanforderung eingehalten wird, fährt ein Bagger zufällig ausgewählte Stellen ab und hebt eine volle Schaufel Sand aus der Grube heraus. Dieser Sand wird später im Labor daraufhin untersucht, ob bzw. in welcher Menge Metallsplitter vorhanden sind.

Die Untersuchung des Sands mithilfe eines Baggers kann mit der bisherigen Vorgehensweise beim Journal Entry Testing verglichen werden. Der Baggerfahrer (= Abschlussprüfer) zieht unkoordinierte Stichproben und hofft, anhand dieser Stichproben Metallsplitter (= Verstoße) zu entdecken. Das zentrale Problem dabei ist, dass der Baggerfahrer nicht weiß, aus welchem Teil der Sandgrube er Sand aufnehmen muss, d. h. analog aus welchem Bereich des Buchungsjournals eine Stichprobe gezogen werden soll.

Für eine zielgerichtete Stichprobe, d. h. eine Stichprobe, mit deren Hilfe vorhandene Metallsplitter mit hinreichender Sicherheit entdeckt werden können, muss sich der

Baggerfahrer vorher überlegen, wo genau er hinfahren muss. Bezogen auf das Journal Entry Testing bedeutet dies, dass sich der Abschlussprüfer vorher überlegen muss, welche Bereiche des Buchungsjournals er überhaupt weiter untersuchen will und woran risikobehaftete Buchungen zu erkennen sind (1. Schritt: Festlegung der zeitlichen und inhaltlichen Datengrundlage).

Neben der zeitlichen und inhaltlichen Datengrundlage spielt auch die Planung der durchzuführenden Analysen eine Rolle: Der Baggerfahrer verwendet zur Ziehung der Stichprobe eine Baggerschaufel, um eine gewisse Sandmenge aufzunehmen. Der Stichprobeninhalt wird somit maßgeblich durch das verwendete Instrument determiniert. Für ein effizientes Vorgehen ist daher ein Werkzeug notwendig, dass vielleicht nicht sofort alle Metallsplitter sichtbar macht, aber zumindest einen Hinweis auf eine erhöhte Konzentration liefert.

In Bezug auf die Analogie wäre somit z. B. eine Schaufel mit Metalldetektor der gewöhnlichen Baggerschaufel vorzuziehen. Dadurch kann auch der 2. Schritt (Festlegung der Datenanalysen) risikoorientiert erfolgen. Im Rahmen des Journal Entry Testings muss der Abschlussprüfer folglich solche Datenanalysen verwenden, die gezielt Hinweise auf Verstöße liefern. Dazu ist es notwendig, das bisherige Prüfungsvorgehen weiterzuentwickeln, was im Folgenden dargestellt werden soll.

4.1.1 Ansatzpunkte für die Integration in den risikoorientierten Prüfungsansatz

Um das Journal Entry Testing risikoorientiert weiterzuentwickeln, d. h., um in der Analogie zu bleiben, den richtigen Baggerstandort und die richtige Schaufel auszuwählen, ist es zunächst erforderlich, das Journal Entry Testing in den risikoorientierten Prüfungsansatz zu integrieren.

Allgemein ist es Ziel des Journal Entry Testings, Verstöße i. w. S. zu erkennen. Gleichwohl ist bisher nicht eindeutig geklärt, an welcher Stelle des risikoorientierten Prüfungsansatzes das Journal Entry Testing überhaupt durchzuführen ist.

Wie dargestellt, wird das Journal Entry Testing in der Praxis häufig am Ende der Prüfung isoliert durchgeführt, es ist also eher den einzelfallbezogenen Prüfungshandlungen zuzuordnen, wie es auch der PH 9330.3 darstellt.[354] Diese Zuordnung ist allerdings

[354] Vgl. *IDW*, PH 9.330.3, Tz. 72.

als kritisch zu betrachten. In der bisherigen Vorgehensweise wählt der Abschlussprüfer einzelne Geschäftsvorfälle aus dem Buchungsjournal aus. Dieses Vorgehen erfüllt i. d. R. nicht die Voraussetzungen an eine repräsentative Stichprobenauswahl i. S. d. ISA 530, wonach jedes Element eine bekannte, von null verschiedene Auswahlwahrscheinlichkeit haben und einer zufallsgesteuerten Auswahl unterliegen muss.[355] Die Durchführung des Journal Entry Testings in seiner bisherigen Form erfüllt diese Voraussetzungen nicht, da durch die Verwendung lediglich der Journalbuchungen zum Ende der Berichtsperiode sowie der Anpassungsbuchungen nicht alle Elemente des gesamten Buchungsjournals des jeweiligen Geschäftsjahres (= Grundgesamtheit) eine von null verschiedene Auswahlwahrscheinlichkeit haben in die Stichprobe zu kommen und die Auswahl der einzelnen Journalbuchungen nicht zufällig, sondern meist bewusst erfolgt.[356]

Infolgedessen können die Ergebnisse des Journal Entry Testings nicht hochgerechnet werden, und somit können keine Schlussfolgerungen über das gesamte Buchungsjournal getroffen werden. Die Effizienz dieses Prüfungsvorgehens ist daher infrage zu stellen. Der PH 9.330.3 ist in der Darstellung zudem dahingehend unklar, als dass das Journal Entry Testing auch im Abschnitt zur Beurteilung des internen Kontrollsystems – genauer gesagt des Kontrollumfelds – als Prüfungshandlung aufgeführt wird,[357] obwohl sich seine Vorgehensweise erheblich von derjenigen der aussagebezogenen Prüfungshandlungen unterscheidet.[358] Auf Basis des Prüfungshinweises kann somit nicht abschließend erklärt werden, an welcher Stelle das Journal Entry Testing nun in den risikoorientierten Prüfungsansatz integriert werden sollte. Als Zwischenergebnis kann jedoch festgehalten werden, dass das Erkennen von Verstößen i. w. S. sowohl die Prüfung des internen Kontrollsystems als auch die aussagebezogenen Prüfungshandlungen berührt.

Für das weitere Vorgehen wird daher zwischen dem Teilziel „Management Override erkennen" (erstes Ziel) und dem Teilziel „Verstöße i. e. S. erkennen" (zweites Ziel) differenziert.[359] Diese Trennung ist erforderlich, um eine präzise Einordnung in den risikoorientierten Prüfungsansatz vornehmen zu können.

---

[355] Vgl. *IFAC*, ISA 530.8 und A12.
[356] Vgl. *Mochty/Wiese* (2011), S. 18.
[357] Vgl. *IDW*, PH 9.330.3, Tz. 48.
[358] Vgl. *Marten/Quick/Ruhnke* (2015), S. 137.
[359] Vgl. *Knabe et al.* (2004), S. 1058; *Debreceny/Gray* (2010), S. 158.

Zu diesem Zweck erfolgt zunächst eine Betrachtung des ersten Ziels „Management Override erkennen", das beim Journal Entry Testing in seiner bisherigen Form vernachlässigt wurde – insbesondere, da das Journal Entry Testing bisher nicht explizit zur Beurteilung des internen Kontrollsystems, genauer gesagt des Kontrollumfelds, eingesetzt wurde. Wie bereits in Kapitel 2 erläutert, baut die Abschlussprüfung auf einer vorab festzulegenden Prüfungsstrategie auf. Da das Thema „Management Override erkennen" die Prüfung der Kontrollen beinhaltet, die außer Kraft gesetzt werden können, erscheint es auf den ersten Blick zweckdienlich, eine Einordnung unterhalb der Aufbau- und Funktionsprüfung vorzunehmen und diese Komponenten somit um das Journal Entry Testing zu erweitern. Diese Einordnung könnte dann wie folgt aussehen:

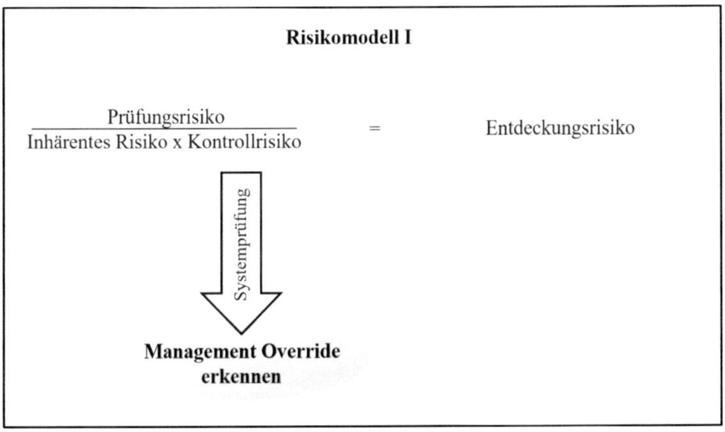

Abbildung 11: Integration „Management Override erkennen" in das Risikomodell

Aufbauend auf den Ergebnissen der Aufbau- und Funktionsprüfung erfolgt die Planung der aussagebezogenen Prüfungshandlungen unter Berücksichtigung des zweiten Ziels „Verstöße i. e. S. erkennen", wodurch die Integration des Journal Entry Testings in den risikoorientierten Prüfungsansatz vervollständigt wird.[360]

Ansatzpunkt hierfür ist, dass das Erkennen von Verstößen i. e. S. üblicherweise eine Schnittmenge zu den weiteren Prüfungszielen besitzt und somit nicht als isoliertes Ziel zu verstehen ist. Die Prüfung der Umsatzerlöse erfolgt bspw. mit dem vorrangigen Prüfungsziel, eine Aussage über die Existenz der Umsatzerlöse zu treffen. Stellt der

[360] Vgl. *Wysocki* (2003), S. 134.

Abschlussprüfer fest, dass eine Umsatzerlösbuchung nicht existent ist und damit nicht hätte gebucht werden dürfen, liegt der Grund dafür entweder in einem Fehler oder einem Verstoß i. e. S. Der Abschlussprüfer hat folglich im Rahmen der aussagebezogenen Prüfungshandlungen sowohl das Prüfungsziel „Existenz der Umsatzerlöse" als auch das Ziel „Verstößen i. e. S. erkennen" berücksichtigt.

Gemäß ISA 240 besteht zudem die widerlegbare Vermutung, dass die Gefahr von nicht existenten Umsatzerlösen grundsätzlich[361] ein bedeutsames Risiko darstellt.[362] Hierdurch wird die zuvor beschriebene Schnittmenge zwischen den Zielsetzungen besonders deutlich, da der Grund für eine nicht existente Umsatzerlösbuchung häufig einen Verstoß i. e. S. darstellt.[363]

Unter den aussagebezogenen Prüfungshandlungen sind die analytischen und die einzelfallbezogenen Prüfungshandlungen subsumiert. Die eigentlichen Datenanalysen des Journal Entry Testings sind den analytischen Prüfungshandlungen zuzuordnen, da – im Gegensatz zu den einzelfallbezogenen Prüfungshandlungen – keine konkreten Geschäftsvorfälle geprüft werden, sondern durch die Analysen lediglich Auffälligkeiten identifiziert werden sollen, die Rückschlüsse auf den Abschluss ermöglichen. Analytische Prüfungshandlungen ermöglichen insbesondere eine Beurteilung auf Plausibilität,[364] allerdings können sie ebenfalls dazu eingesetzt werden, Auffälligkeiten zwischen dem Inhalt der betrachteten Daten und der Erwartung an diesen Inhalt aufzuzeigen.

Eine Einordnung unter den analytischen Prüfungshandlungen bedeutet jedoch nicht, dass es sich dabei nur um einfache Vergleiche handelt, sondern es können auch komplexe, statistisch fundierte Modelle herangezogen werden, wie in den folgenden Kapiteln dargestellt werden soll. Um ausreichende und angemessene Prüfungsnachweise zu erlangen, sind neben den Journalbuchungen auch die zugrunde liegenden Belege zu prüfen.[365] Dadurch bedingen die im Rahmen der analytischen Prüfungshandlungen

---

[361] Der Abschlussprüfer kann dieses Risiko im Rahmen seines Ermessens einzelfallabhängig als nicht bedeutsam einstufen, jedoch ist in diesem Fall seine Begründung für dieses Vorgehen zu dokumentieren. Vgl. *IFAC*, ISA 240.47.

[362] Vgl. *IFAC*, ISA 240.26.

[363] Vgl. *Boecker* (2010), S. 24.

[364] Vgl. *IFAC*, ISA 520.4; *Marten/Quick/Ruhnke* (2015), S. 287.

[365] Vgl. *Zimmermann* (1954), S. 41.

identifizierten Auffälligkeiten den anschließenden Einsatz einzelfallbezogener Prüfungshandlungen.[366]

Obwohl die analytischen Prüfungshandlungen einzelfallbezogene Prüfungshandlungen nicht ersetzen können, sind sie in Bezug auf Verstöße i. e. S. häufig die einzige Möglichkeit, Hinweise auf entsprechende Sachverhalte zu erlangen, um diese dann mithilfe einzelfallbezogener Prüfungshandlungen final aufzudecken. Dies liegt daran, dass aufgrund der Masse an Daten auf der einen Seite und der i. d. R. geringen Zahl an Verstößen i. e. S. auf der anderen Seite die Durchführung ausschließlich einzelfallbezogener Prüfungshandlungen ineffizient wäre.[367]

Würde der Abschlussprüfer lediglich mithilfe von einzelfallbezogenen Prüfungshandlungen hinreichende Sicherheit erlangen wollen, wäre aufgrund des hohen erforderlichen Stichprobenumfangs eine Prüfung nicht wirtschaftlich durchführbar. Aus Effizienzgründen wird der Abschlussprüfer daher versuchen, durch die kostengünstigeren analytischen Prüfungshandlungen den Umfang der daran anschließenden einzelfallbezogenen Prüfungshandlungen soweit wie möglich einzugrenzen, um auf dieser Basis hinreichende Sicherheit zu erlangen.[368]

Bei der Durchführung des Journal Entry Testings ist zur Effizienzsteigerung folglich entscheidend, dass die Datenanalysen möglichst zielgerichtet und risikoorientiert erfolgen, um die Anzahl der als auffällig einzuschätzenden Journalbuchungen, die weitergehende einzelfallbezogene Prüfungshandlungen erforderlich machen, zu minimieren. Die Abbildung des risikoorientierten Prüfungsansatzes kann dahingehend erweitert werden, dass das Prüfungsziel „Verstöße i. e. S. erkennen" unterhalb der analytischen Prüfungshandlungen eingeordnet wird, wie die nachfolgende Abbildung zeigt. Dabei ist zu beachten, dass die analytischen Prüfungshandlungen zwingend um einzelfallbezogene Prüfungshandlungen ergänzt werden müssen, um feststellen zu können, ob tatsächlich ein Verstoß i. e. S. oder nur eine Datenanomalie vorliegt. Das Journal Entry Testing, in Bezug auf dieses Teilziel, besteht folglich aus einer Kombination von analytischen und einzelfallbezogenen Prüfungshandlungen.

---

[366] Vgl. *Marten/Quick/Ruhnke* (2015), S. 387.
[367] Vgl. *Singleton et al.* (2006), S. 166; *Gee* (2015), S. 2.
[368] Vgl. *Quick* (1996), S. 59.

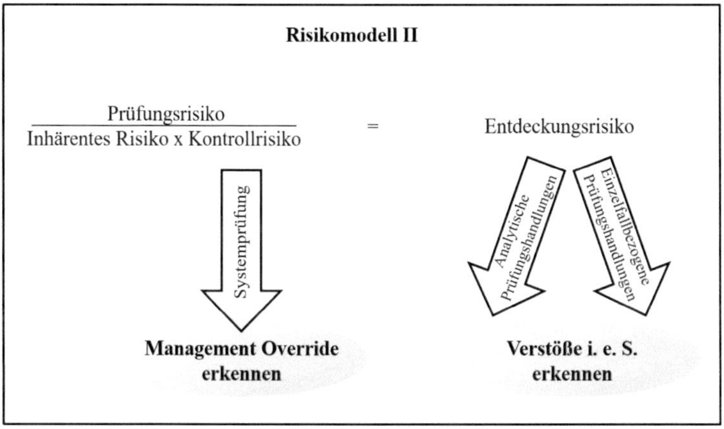

Abbildung 12: Erweiterung des Risikomodells um „Verstöße i. e. S. erkennen"

Im weiteren Verlauf des Kapitels 4 sollen Ausschnitte aus der Prüfung des Untersuchungsgegenstands unter Berücksichtigung des erweiterten risikoorientierten Prüfungsansatzes dargestellt werden.

4.1.2 Aufteilung des Buchungsjournals

Vor der Integration des Journal Entry Testings in den risikoorientierten Prüfungsansatz, muss zunächst die Datengrundlage definiert werden. Aufgrund des starken Anstiegs des Datenvolumens lässt sich das gesamte Buchungsjournal „am Stück" nur noch schwierig als Datengrundlage verwenden. Trotz moderner Datenanalysesoftware und hoher Rechnerleistungen kommt es zu Effizienzverlusten, wenn der Abschlussprüfer jede Datenanalyse – auch wenn es nicht erforderlich ist – über das gesamte Buchungsjournal ausführen würde.

Aus Effizienzgründen ist es deshalb notwendig, dass der Abschlussprüfer nach der Übernahme des gesamten Buchungsjournals[369] für die eigentliche Durchführung der Datenanalysen eine Aufteilung vornimmt. Konkret führt dies dazu, dass die Datenanalysen in Bezug auf Verstöße i. w. S. nur für solche Buchungen durchgeführt werden, die entsprechend der Erwartungshaltung des Abschlussprüfers zu wesentlichen falschen Angaben in der Rechnungslegung führen können. Im Folgenden muss daher

369 Die vorherige Übernahme des gesamten Buchungsjournals ist Voraussetzung, um die Journalbuchungen auf Vollständigkeit hin zu prüfen. Siehe dazu Kapitel 3.3.

zwischen der Datengrundlage (siehe Kapitel 3.3) und dem jeweiligen Analyseumfang unterschieden werden. Mit der Datengrundlage ist der Umfang der insgesamt benötigten und vom zu prüfenden Unternehmen anzufordernden Daten gemeint, mit der Journalbuchungen auf unterschiedliche Prüfungsziele analysiert werden können. Der Analyseumfang bezieht sich auf die konkreten Datenanalysen und die Erreichung eines oder mehrerer konkreter Prüfungsziele. Er variiert in Abhängigkeit von den jeweiligen Prüfungszielen und kann Teilmengen der Datengrundlage bis hin zur gesamten Datengrundlage enthalten.

Fraglich ist jedoch, ob auch das „Verstöße i. w. S. erkennen", wie die übrigen Prüfungshandlungen, dem Wesentlichkeitsgrundsatz unterliegt, wodurch es überhaupt erst möglich wäre, die Datenanalysen auf relevante Bereiche, d. h. den jeweiligen Analyseumfang, zu konzentrieren. Sofern dies nicht möglich wäre, müsste jedes Mal zwingend das gesamte Buchungsjournal als Datengrundlage herangezogen werden, um Verstöße i. w. S. erkennen zu können.

Grundsätzlich beinhaltet § 317 Abs. 1 Satz 3 HGB die Verpflichtung, die Prüfung so anzulegen, dass Verstöße i. w. S. erkannt werden können, sofern sie sich wesentlich auf die Darstellung der Vermögens-, Finanz- und Ertragslage des Unternehmens auswirken. Bereits aus dem Gesetzeswortlaut lässt sich ableiten, dass eine Aufteilung der Datengrundlage, die dazu führt, dass von vornherein nur wesentliche Verstöße i. w. S. erkannt werden, grundsätzlich als zulässig zu erachten ist. Anders formuliert, muss der Abschlussprüfer unwesentliche Verstöße i. w. S. erst gar nicht erkennen können.[370]

ISA 240 hingegen spricht davon, dass wesentliche Verstöße i. w. S. zu erkennen sind, unterscheidet demnach also zwischen wesentlichen und unwesentlichen Verstößen. Zur Konkretisierung wird an dieser Stelle auf ISA 320 zurückgegriffen, der regelt, dass Verstöße i. w. S. als wesentlich gelten, die einen Einfluss auf den Aussagewert der Rechnungslegung haben und die Entscheidung eines Abschlussadressaten beeinflussen können.[371] Dies bestätigt ebenfalls, dass nur entscheidungserhebliche Sachverhalte zu berücksichtigen sind, sodass eine Aufteilung der Datengrundlage auch aus Sicht des Berufsstands als zulässig angesehen wird. Anders gelagerte Diskussionen in der

---

370 Vgl. *Hamann* (2003), S. 41 f.; *Singleton et al.* (2006), S. 166.
371 Vgl. *IFAC*, ISA 320.2.

Literatur[372] sollen vor dem Hintergrund des eindeutigen Wortlauts des Gesetzes und der berufsständischen Verlautbarung nicht weiter berücksichtigt werden.

Zusammenfassend kann festgehalten werden, dass die Aufteilung des Buchungsjournals für die Durchführung des Journal Entry Testings zulässig ist. Der Abschlussprüfer benötigt nun für die effiziente Nutzung des Buchungsjournals ein Hilfsmittel, das ihn dabei unterstützt, das gesamte Buchungsjournal zweckdienlich aufzuteilen.[373] Fraglich ist jedoch, wie eine solche Aufteilung erfolgen und die Risikoorientierung hierbei berücksichtigt werden kann. Zunächst ist eine Aufteilung unter Berücksichtigung der unterschiedlichen Arten von Journalbuchungen denkbar. Die Journalbuchungen können in vier Arten unterschieden werden:

a) Systemgenerierte Journalbuchungen

b) Standardjournalbuchungen

c) Managementjournalbuchungen

d) Abschlussbuchungen

Zu a) Systemgenerierte Journalbuchungen resultieren aus dem vordefinierten IT-seitigen Ablauf eines Geschäftsvorfalls durch einen Geschäftsprozess und führen zu einer automatischen buchhalterischen Abbildung.[374] Ein Beispiel ist die automatische Buchung der planmäßigen Abschreibungen des Anlagevermögens.[375] Unter den Prämissen, dass die Ordnungsmäßigkeit des IT-Systems allgemein und des vordefinierten Ablaufs gegeben ist sowie dass kein manueller Eingriff, ausgenommen von Stornierungen, erfolgen kann, ist das Risiko für Verstöße i. w. S. grundsätzlich als gering einzuschätzen.

Zu b) Standardjournalbuchungen umfassen alle manuell gebuchten Sachverhalte. Im Normalfall wird das Tagesgeschäft durch Standardjournalbuchungen zusammen mit den systemgenerierten Journalbuchungen abgewickelt.[376] Aufgrund der Tatsache, dass es sich hierbei um einen Großteil der unterjährigen Buchungen handelt und diverse

---

372 Vgl. *Leffson* (1988), S. 251 f.; *Hauser* (2000), S. 79 f.
373 Vgl. *Richter/Fischer* (2016), S. 103.
374 Vgl. *Debreceny/Gray* (2010), S. 165; *Schindler/Haußer* (2014), S. 981.
375 Vgl. *Terlinde* (2005), S. 174.
376 Vgl. *Center for Audit Quality* (2008), S. 12.

unterschiedliche Geschäftsvorfälle zugrunde liegen, kann zwar keine konkrete Aussage über das Risikoniveau gegeben, jedoch festgestellt werden, dass das Risikoniveau dieser Art von Buchungen aufgrund des Einsatzes von Mitarbeitern und auch deren Eingriffsmöglichkeiten oberhalb des Risikoniveaus für systemgenerierte Buchungen liegt.[377]

Zu c) Unter Managementjournalbuchungen werden im Folgenden Buchungen durch Führungskräfte verstanden, die sich also durch den Benutzer von den Standardjournalbuchungen (b)) unterscheiden. Solche Buchungen können sowohl am Jahresende (siehe d)) als auch unterjährig durchgeführt werden. Grundlage sind meist nicht regelmäßig wiederkehrende Geschäftsvorfälle, wie die außerplanmäßige Abschreibung einer Beteiligung, oder aber Buchungen mit Ermessensspielräumen, die eine entsprechende Qualifikation und eine betragsmäßige Autorisierung erfordern, wie die unterjährige Bildung einer Prozesskostenrückstellung.[378] Da es sich hierbei i. d. R. nicht um Standardjournalbuchungen handelt, beinhalten Managementbuchungen grundsätzlich ein höheres Risikoniveau für Verstöße i. w. S. Gleichwohl sind Managementjournalbuchungen gerade bei mittelständischen Unternehmen aufgrund der Personalstruktur nicht per se eine Auffälligkeit innerhalb des Buchungsjournals.[379]

Zu d) Bei den Abschlussbuchungen handelt es sich um alle Buchungen, die zum Ende der Berichtsperiode oder kurz nach dem Abschlussstichtag erstellt werden, wie die Wertberichtigung der Vorräte oder der Forderungen.[380] Abschlussbuchungen sind zumeist eine Kombination aus Standard- und Managementjournalbuchungen, die jedoch i. d. R. ein erhöhtes Risikoniveau haben. Exemplarisch für die Vielzahl möglicher Gründe sind hier die erhöhte Motivation zur Manipulation von Buchungen, um bestimmte Ziele doch noch zu erreichen, die eingeschränkte Funktionstrennung bei stark ermessensbehafteten Buchungen und die hohe Arbeitsbelastung der Mitarbeiter während der Abschlusserstellung anzuführen. Aufgrund des immanenten Risikos der Buchungen zum Ende der Berichtsperiode wurden diese sowohl in der berufsständischen

---

377 Vgl. *Vona* (2011), S. 259.

378 Vgl. *Debreceny/Gray* (2010), S. 165.

379 Vgl. *IDW*, PH 9.100.1, Tz. 21. Obwohl es sich beim Untersuchungsgegenstand nicht um ein KMU i. S. d. genannten Prüfungshinweises handelt, erfolgen auch bei diesem Unternehmen häufig Buchungen durch Führungskräfte, wie durch den Leiter Rechnungswesen.

380 Vgl. *Debreceny/Gray* (2010), S. 165.

Verlautbarung als auch in der Literatur als Mindestumfang für das Journal Entry Testing gefordert.[381]

Die Aufteilung zeigt, dass sich die Buchungen innerhalb der Arten von Journalbuchungen hinsichtlich ihres Risikoniveaus voneinander unterscheiden. Bspw. ist die Einschätzung eines einheitlichen Risikoniveaus für Standardjournalbuchungen nur eingeschränkt möglich, da diesen Journalbuchungen eine Vielzahl unterschiedlicher Geschäftsvorfälle zugrunde liegt. Aufgrund der Heterogenität der Buchungen kann die Aufteilung des Buchungsjournals anhand der vier Arten von Journalbuchungen allein die Anforderung an eine risikoorientierte Vorgehensweise nicht erfüllen. Weiterhin bestehen Überschneidungen zwischen den Arten, z. B. zwischen den Standardjournalbuchungen und den Abschlussbuchungen, wodurch keine eindeutige Zuordnung möglich ist. Zudem lassen sich – je nach IT-System – systemgenerierte Journalbuchungen anhand ihrer Merkmale nicht zweifelsfrei von manuellen (Standard-)Journalbuchungen unterscheiden.[382] Eine Aufteilung allein nach den Arten der Journalbuchungen scheidet somit aus. Gleichwohl muss der Abschlussprüfer im Rahmen seines Prüfungsvorgehens die Arten der Journalbuchungen entsprechend berücksichtigen, wie noch im weiteren Verlauf von Kapitel 4 dargestellt werden soll.

Als weitere Möglichkeit bietet sich die Aufteilung des Buchungsjournals anhand der identifizierten Risiken für Verstöße i. w. S. an. In diesem Fall wäre das Buchungsjournal in Risikoklassen aufzuteilen, also danach, ob und in welchem Umfang die Journalbuchungen <u>konkret</u> entsprechende Risiken beinhalten. Problematisch dabei ist, dass es aufgrund der Vielzahl an Journalbuchungen und der Informationslage des Abschlussprüfers wirtschaftlich nicht möglich sein wird, jeder einzelnen Journalbuchung ein Risiko zuzuordnen.

Die Berücksichtigung der identifizierten Risiken für Verstöße i. w. S. kann jedoch noch einen anderen Ansatz für die Aufteilung des Buchungsjournals in Risikoklassen liefern: Obwohl einzelnen Journalbuchungen keine konkreten Risiken für Verstöße i. w. S. zugeordnet werden können, kann der Abschlussprüfer diese Risiken jedoch auf Ebene der Prüfgebiete (z. B. dem Prüfgebiet Umsatzerlöse) zuordnen. Vor dem Hintergrund, dass eine Integration in den risikoorientierten Prüfungsansatz erfolgen soll,

---

381 Vgl. *IFAC*, ISA 240.32.
382 Vgl. *Gilpin* (2014), S. 3.

stellt diese Form der Klassenbildung eine nachvollziehbare Alternative dar und soll im Folgenden dargestellt werden.

Für die vorgeschlagene Bildung von Risikoklassen ist zunächst die bereits für die Prüfgebiete bestehende Einschätzung des inhärenten Risikos und des vorläufigen Kontrollrisikos heranzuziehen. Diese hat der Abschlussprüfer während der Prüfungsplanung auf Basis der bereits eingeholten Informationen über die Geschäftstätigkeit, die Branche, die Art und Komplexität der Geschäftsvorfälle getroffen.

Diese Risikoeinschätzung muss der Abschlussprüfer um die Risiken, die sich in Bezug auf Verstöße i. w. S. ergeben können, ergänzen. Er berücksichtigt damit, dass nicht alle Prüfgebiete und somit auch nicht alle Journalbuchungen das gleiche Risiko für Verstöße i. w. S. aufweisen.[383] Bei dieser erweiterten Risikoeinschätzung ist entscheidend, dass sämtliche Komponenten berücksichtigt werden, die sich auf die Abbildung der Geschäftsvorfälle in der IT-gestützten Rechnungslegung auswirken können.[384] Hierunter fallen daher auch die Ergebnisse aus der IT-Systemprüfung sowie die vorläufige Beurteilung der Ausgestaltung der Geschäftsprozesse und des internen Kontrollsystems. Häufig kann das aggregierte Risiko erst durch eine Betrachtung der Interdependenzen dieser Komponenten ermittelt werden.[385] Im Ergebnis liegt dem Abschlussprüfer somit für sämtliche Prüfgebiete die vorläufige Einschätzung des Risikos für Verstöße i. w. S. vor.

Abgeleitet daraus erfolgen die Festlegung der vorläufigen Fehlerrisiken (einschließlich der Risiken für Verstöße i. w. S.) und die Zuordnung dieser Fehlerrisiken zu den einzelnen Prüfgebieten.[386] Die Fehlerrisiken sind vom Abschlussprüfer einzuschätzen und folgende Risiken gesondert festzustellen:[387]

- Bedeutsame Risiken
- Risiken, bei denen aussagebezogene Prüfungshandlungen allein zur Gewinnung hinreichender Sicherheit nicht ausreichen (u. a. bei Massentransaktionen).

---

[383] Vgl. *Center for Audit Quality* (2008), S. 22.
[384] Vgl. *Gee* (2015), S. 9.
[385] Vgl. *Köster/Kuschel/Ribbert* (2010), S. 730 f.
[386] Vgl. *Marten/Quick/Ruhnke* (2015), S. 136.
[387] Vgl. *IFAC*, ISA 315.28 und 30.

Bedeutsame Risiken gemäß ISA 315 sind Fehlerrisiken, die aufgrund ihrer Art oder des mit ihnen verbundenen Umfangs möglicher falscher Angaben in der Rechnungslegung bei der Abschlussprüfung besondere Aufmerksamkeit erfordern.[388] Hinweise auf bedeutsame Risiken liegen z. B. bei komplexen oder außerhalb des gewöhnlichen Geschäftsbetriebs vorkommenden Geschäftsvorfällen vor.[389] Auch in Bezug auf Risiken von Verstößen i. w. S. muss der Abschlussprüfer beurteilen, ob er die Vermutung eines bedeutsamen Risikos widerlegen kann. Dies ist nicht der Fall, wenn daraus resultierend das Risiko wesentlicher Falschdarstellungen im Abschluss besteht.[390] Die Festlegung bedeutsamer Risiken dient dazu, bestimmte Gebiete innerhalb der Abschlussprüfung zu betonen und eine angemessene Reaktion auf die bestehenden Risiken sicherzustellen.[391] Daneben existieren insbesondere durch Massentransaktionen Risiken, die ebenfalls einer besonderen Würdigung und einer entsprechenden Reaktion bedürfen. Konkret gibt der Prüfungsstandard für diese beiden Risiken vor, dass der Abschlussprüfer ein Verständnis des internen Kontrollsystems in den entsprechenden Prüfgebieten erlangen, d. h. mindestens eine Aufbauprüfung durchführen muss.[392] Die Ermittlung und Beurteilung der Fehlerrisiken ist kein neuer Ansatz, wurde jedoch bisher nicht mit dem Journal Entry Testing verknüpft. Für das Journal Entry Testing ist es jedoch aus Effizienzgesichtspunkten zweckdienlich, diese Risikoeinschätzung zu verwenden, da auch innerhalb der einzelnen Risikoklassen aufgrund der Risikoorientierung nur solche Journalbuchungen schwerpunktmäßig betrachtet werden müssen, die ein Risiko für <u>wesentliche</u> Verstöße i. w. S. beinhalten.[393]

Da Wirtschaftsprüfungsgesellschaften[394] den risikoorientierten Prüfungsansatz in der Vergangenheit zumeist geschäftsrisikoorientiert,[395] d. h. anhand der Geschäftsprozesse ausgerichtet haben,[396] ist es sinnvoll, auch diesen Ansatz beim Journal Entry Testing zu verwenden. Dies beinhaltet, dass das Buchungsjournal zunächst in Prüfgebiete (also Risikoklassen) aufgeteilt wird; diese Risikoklassen müssen jedoch nach der

388 Vgl. ebd., ISA 315.4.

389 Vgl. *Schmidt/Eibelshäuser* (2013), S. 703.

390 Vgl. *Marten/Quick/Ruhnke* (2015), S. 474.

391 Vgl. *Wich* (2008), S. 302.

392 Vgl. *IFAC*, ISA 315.29 f.; *Hamberger* (2001), S. 493.

393 Vgl. *Köster/Kuschel/Ribbert* (2010), S. 732.

394 Hierunter werden auch die Wirtschaftsprüfer/innen als Einzelpersonen gefasst, die nicht in Form einer Wirtschaftsprüfungsgesellschaft tätig sind.

395 Siehe dazu *Ruhnke* (2002), S. 439 ff.

396 Vgl. *Mielke* (2007), S. 29.

Festlegung und Beurteilung der Risiken entsprechend ihrer Zugehörigkeit zu den Geschäftsprozessen (z. B. Verkauf) in übergeordnete Risikoklassen zusammengefasst werden.

In der praktischen Umsetzung nutzt der Abschlussprüfer hierzu die Kontierung[397] als Hilfsmittel, da aus dem Buchungsjournal die Zugehörigkeit zu den einzelnen Geschäftsprozessen nicht direkt ersichtlich ist. Auf Basis der Kontierung werden sämtliche Konten, die in mittel- und unmittelbarem Zusammenhang mit einem Geschäftsprozess stehen, zu einer übergeordneten Risikoklasse zusammengefasst.

Neben den Konten, die mittel- und unmittelbar Geschäftsprozessen zuzuordnen sind, gibt es jedoch auch solche, die keinem Geschäftsprozess direkt zugeordnet werden können (z. B. Buchungen innerhalb des Eigenkapitals). In diesen Fällen muss der Abschlussprüfer abwägen, ob er die Zuordnung zu einer bestimmten übergeordneten Risikoklasse fingiert oder ob er eine eigene übergeordnete Risikoklasse (z. B. „Abschlusserstellung“) für diese Konten einrichtet, um eine nachvollziehbare und willkürfreie Zuordnung zu schaffen.

Dabei besteht das Problem von Überschneidungen, weil Buchungen z. B. auf den Vorratskonten sowohl Abgangsbuchungen (Habenbuchungen) enthalten, die in die Klasse „Verkauf“ gehören, als auch Zugangsbuchungen (Sollbuchungen), die in die Klasse „Einkauf“ eingeordnet werden müssen. Um solche Überschneidungen zu vermeiden, sollte der Abschlussprüfer eine Trennung der Journalbuchungen in Soll- und Habenbuchungen vornehmen. Im Ergebnis werden somit nicht alle Vorratsbuchungen, sondern nur die Abgangsbuchungen zur übergeordneten Risikoklasse „Verkauf“ zugeordnet. Überschneidungen aufgrund von doppelter Zuordnung zu Geschäftsprozessen stellen aus Effizienzgesichtspunkten ein Problem dar, da die doppelte Analyse dieser Journalbuchungen zusätzliche, nicht notwendige Kosten verursacht. Die vorgenommene Zuordnung ist vom Abschlussprüfer entsprechend zu dokumentieren.

---

397 Die Zuordnung zu Geschäftsprozessen erfolgt dabei auf Basis der vom Unternehmen genutzten Kontierung. Konkret wird der Kontenrahmen zugrunde gelegt, um die Journalbuchungen anhand ihrer Hauptbuchkonten zu klassifizieren und den Geschäftsprozessen zuzuordnen.

Für die beschriebene Klassifizierung auf Basis der Kontierung muss der Abschlussprüfer zunächst unterstellen, dass sämtliche Journalbuchungen vom Unternehmen jeweils auf dem richtigen Konto erfasst worden sind.[398] Da Buchungen zwar unbeabsichtigt falsch kontiert sein können, es sich dabei aber auch um einen Verstoß i. w. S. handeln kann, besteht das Risiko, dass der Abschlussprüfer eine falsche Klassifizierung vornimmt. Hintergrund ist insbesondere die Gefahr, dass Mitarbeiter Verstöße i. w. S. durch eine falsche Kontierung verdecken, da bekannt ist, dass bestimmte Risikoklassen nicht oder nur selten geprüft werden, wie in Kapitel 3 dargestellt wurde.[399] Diese Gefahr der unbewussten oder bewussten falschen Kontierung wird durch das interne Kontrollsystem reduziert.

Das interne Kontrollsystem stellt sicher, dass die Geschäftsvorfälle den richtigen Konten zugeordnet werden. Konkret wird i. d. R. das IT-System nach den Vorgaben der Geschäftsführung so eingerichtet und angemessen überwacht, dass für den Großteil der Geschäftsvorfälle anhand ihres Inhalts die entsprechenden Buchungen auf den relevanten Konten vorgegeben sind, z. B. dass bei einem Wareneingang das entsprechende Vorratskonto angesprochen wird.[400]

Da der Abschlussprüfer vor der Durchführung des Journal Entry Testings i. d. R. nicht mit hinreichender Sicherheit die Wirksamkeit des internen Kontrollsystems abschließend beurteilen kann, muss er zunächst annehmen, dass die Journalbuchungen zutreffend erfasst wurden. Grund hierfür ist, dass ein wirksames internes Kontrollsystem bei Standardtransaktionen ausschließlich die Buchung nach vorab definierten internen Anweisungen zulässt.[401] Sofern der Abschlussprüfer im Verlauf der Prüfung andere Informationen hinsichtlich der richtigen Kontierung erlangt, ist auch die Klassifizierung und somit die Aufteilung des Buchungsjournals zu überprüfen und ggfs. anzupassen.

Die folgende Tabelle stellt eine mögliche Klassifizierung des gesamten Buchungsjournals unter Berücksichtigung der Geschäftsprozesse dar. Im linken Bereich ist das Buchungsjournal mit den angeforderten Datenfeldern abgebildet. Das Datenfeld mit der

398 Vgl. *Pommeränke* (1971), S. 302.
399 Vgl. *Terlinde* (2005), S. 175.
400 Vgl. *Vodrazka* (1981), S. 112; *Bungartz* (2012), S. 166.
401 Vgl. *Mochty/Wiese* (2011), S. 16.

übergeordneten Risikoklasse wurde manuell bzw. mithilfe einer entsprechenden Formel ergänzt.[402]

Prüfungsumfang				Übergeordnete Risikoklasse
Nr.	**Belegnummer**	**Kontonummer**	**Datenfeld n**	
JB 1	0001	xxx11	[...]	Verkauf
JB 2	0002	xxx03	[...]	Verkauf
JB 3	0003	xxx05	[...]	Verkauf
JB 4	0004	xxx04	[...]	Einkauf
JB 5	0005	xxx04	[...]	Einkauf
JB 6	0006	xxx02	[...]	Anlagevermögen
[...]	[...]	[...]	[...]	[...]
JB N	000N	xxxxN	[...]	Personal

Tabelle 3: Zuordnung der Journalbuchungen zu übergeordneten Risikoklassen

Auf Basis der Kontierung wurde jede Journalbuchung einem Geschäftsprozess zugeordnet. Die Klassifizierung wurde im konkreten Fall ausgehend von den Geschäftsprozessen des Untersuchungsgegenstands gebildet. Demnach spiegelt die Risikoklasse „Verkauf“ sämtliche dem Geschäftsprozess Verkauf zuzuordnenden Konten wider (z. B. Umsatzerlöse, Forderungen aus Lieferungen und Leistungen, Wertberichtigungen und Erlösschmälerungen). Die Zuordnung wurde dabei nicht einzeln und manuell durchgeführt, sondern anhand einer entsprechenden Formel, bspw.

„wenn Kontonummer = xxx11; dann Verkauf".

Die entsprechende Kontenzuordnung wurde auf Grundlage der Summen-Saldenliste vorgenommen.

Durch die zuvor beschriebene Bildung von Risikoklassen auf Basis der Prüfgebiete und die anschließende Aggregation zu übergeordneten Risikoklassen auf Basis der Geschäftsprozesse wird das gesamte Buchungsjournal in Teilmengen aufgeteilt und erhält so eine Struktur, auf Basis derer das weitere Prüfungsvorgehen geplant und durchgeführt werden kann. Auf Basis der Risikoeinschätzung je Klasse erfolgt die Festlegung der (endgültigen) Prüfungsziele und der konkreten Prüfungshandlungen.

---

[402] Siehe zum Ergänzen von Datenfeldern exemplarisch *Goldshteyn/Gabriel/Thelen* (2013), S. 62 und S. 193 f.

4.2 Ergänzung des Journal Entry Testings um das Kammermodell

4.2.1 Erweiterung des Journal Entry Testings um das Teilziel „Management Override erkennen"

In Kapitel 4.1.1 wurde erläutert, dass das Ziel, Verstöße i. w. S. zu erkennen, zwei Teilziele beinhaltet: „Verstöße i. e. S. erkennen" und „Management Override erkennen". Während das Ziel „Verstöße i. e. S. erkennen" bereits im bisherigen Prüfungsansatz verankert war (siehe Kapitel 3), ist das Ziel „Management Override erkennen" bisher nicht ausreichend berücksichtigt worden, sodass die Grundlagen hierfür im Detail dargestellt werden sollen. Dazu ist zunächst zu prüfen, ob die berufsständischen Verlautbarungen entsprechende Vorgaben enthalten, die hierbei zu berücksichtigen sind.

Entsprechend ISA 240 hat der Abschlussprüfer Prüfungshandlungen durchzuführen, um der Gefahr von Management Override zu begegnen. Zu diesen Prüfungshandlungen gehört die Befragung der in den Rechnungslegungsprozess eingebundenen Personen.[403] Befragungen, um Management Override zu erkennen, werden in der Praxis allerdings eine eher geringe Beweiskraft zugesprochen.[404] Zusätzlich gibt die berufsständische Verlautbarung das Journal Entry Testing als verpflichtende Prüfungshandlung vor.[405] Eine konkrete Beschreibung der Vorgehensweise fehlt allerdings. Somit liegt die Ausgestaltung des Prüfungsvorgehens im Ermessen des Abschlussprüfers.

Um erkennen zu können, welche internen Kontrollen außer Kraft gesetzt wurden, muss der Abschlussprüfer zunächst wissen, welche Kontrollen es im zu prüfenden Unternehmen überhaupt gibt und wie diese funktionieren. Management Override zu erkennen setzt also voraus, dass der Abschlussprüfer sich mit dem internen Kontrollsystem auseinandersetzt. Aufgrund dessen könnte man vermuten, dass es sich bei den durchzuführenden Prüfungshandlungen ebenfalls um eine Art Systemprüfung handeln muss und dass auf Basis der Journalbuchungen festgestellt werden soll, ob Auffälligkeiten im internen Kontrollsystem bestehen, die auf das Außerkraftsetzen von Kontrollen hindeuten.[406] Aus Effizienzgesichtspunkten wäre es sinnvoll, wenn der Abschlussprüfer bereits während der Prüfung des internen Kontrollsystems das Ziel „Management

[403] Vgl. *IFAC*, ISA 240.32; *Schindler/Haußer* (2014), S. 980.
[404] Siehe zu den Gründen *Hofmann* (2008), S. 536 sowie die Ausführungen in Kapitel 3.3.
[405] Vgl. *IFAC*, ISA 240.32
[406] Vgl. *Knabe et al.* (2004), S. 1058.

Override erkennen" abdecken könnte und somit keine gesonderten Prüfungshandlungen mehr durchführen müsste. Fraglich ist jedoch, ob Management Override tatsächlich im Zuge einer Systemprüfung erkannt werden kann. Weiterhin ist fraglich, ob beide Prüfungshandlungen, d. h. die Funktionsprüfung des internen Kontrollsystems und die Prüfungshandlungen zum Erkennen von Management Override, das gleiche Ziel haben.

Die Zielsetzung der Prüfung des internen Kontrollsystems liegt in der Angemessenheit der identifizierten Kontrollen und ihrer Wirksamkeit während des gesamten Geschäftsjahres.[407] Der Fokus liegt dabei auf den relevanten Kontrollen. Es erfolgt eine Auswahl der zu prüfenden Kontrollen, die dazu führen kann, dass, obwohl der Abschlussprüfer das interne Kontrollsystem als wirksam beurteilt hat, die Gefahr von Management Override besteht, da nicht alle Kontrollen als für die Funktionsprüfung relevant eingeschätzt wurden. Zudem besteht auch für die im Rahmen der Funktionsprüfung getesteten Kontrollen ein Restrisiko, dass die nicht in der Stichprobe enthaltenen Elemente absichtlich umgangen, d. h. die Kontrollen kurzzeitig außer Kraft gesetzt wurden, oder aufgrund eines Systemfehlers nicht funktioniert haben.[408]

Hier könnten die Prüfungshandlungen zum Erkennen von Management Override ansetzen und eine zusätzliche Prüfung sowohl weiterer Elemente der im Rahmen der Funktionsprüfung bereits getesteten als auch der als nicht relevant eingeschätzten Kontrollen vorgenommen werden. Dafür spricht, dass in ISA 240 keine weitere Eingrenzung der Kontrollen vorgegeben ist. Eine solche vollumfängliche Betrachtung wäre jedoch allein aus Wirtschaftlichkeitsaspekten nicht vertretbar.

Daher muss der Abschlussprüfer die im Hinblick auf Management Override zu prüfenden Kontrollen eingrenzen. Es ist bspw. eine Einschränkung auf alle relevanten, d. h. auch auf die im Rahmen der Aufbauprüfung aufgenommenen Kontrollen – unabhängig davon, ob sie im Rahmen der Funktionsprüfung getestet wurden – denkbar. Aber auch diese Eingrenzung würde aus Wirtschaftlichkeitsaspekten und dadurch, dass Management Override einen Ausnahmetatbestand darstellt, nicht funktionieren. Eine direkte Prüfung ausgewählter Kontrollen auf Management Override ist somit nicht praxistauglich.

---

407 Vgl. *Quick* (1996), S. 370.
408 Vgl. *Jans/Alles/Vasarhelyi* (2010), S. 20.

Die Lösung des Problems liefert ISA 240, der eine indirekte Prüfung des internen Kontrollsystems im Hinblick auf Management Override unter Berücksichtigung der Journalbuchungen zulässt. Die Prüfung ist als indirekt zu bezeichnen, da der Abschlussprüfer seine Prüfungshandlungen auf das Buchungsjournal ausrichtet, statt auf die internen Kontrollen selbst. Nach Auffassung des ISA 240 müsste das Prüfungsvorgehen folglich so ausgestaltet werden, dass die Prozessschritte einschließlich der internen Kontrollen, die in den Prozessschritten enthalten sind, anhand der Journalbuchungen beurteilt werden können.

Um den Anforderungen des ISA 240 zu entsprechen und gleichzeitig ein effizientes Prüfungsvorgehen zu entwickeln, müsste der bisherige Ansatz wie folgt weiterentwickelt werden:

- Integration des Journal Entry Testings in die bisherige Prozess- und Kontrollaufnahme
- indirekte Prüfung sämtlicher relevanter interner Kontrollen im Hinblick auf Management Override
- Erfüllung der Anforderungen an ein zielgerichtetes und risikoorientiertes Prüfungsvorgehen, wie es in Kapitel 3 dargestellt wurde

Um die erste Voraussetzung zu erfüllen, bedarf es der zuvor beschriebenen Integration in den risikoorientierten Prüfungsansatz, d. h. konkret einer Integration in das traditionelle Prüfungsvorgehen. Daneben muss es das Vorgehen ermöglichen, Management Override anhand der Journalbuchungen zu erkennen, ohne dabei jede Kontrolle einzeln zu testen. Das entwickelte Modell muss dabei sicherstellen, dass „Management Override erkennen" keinen Zufallstreffer darstellt, sondern das Ergebnis eines zielgerichteten und risikoorientierten Prüfungsvorgehens ist.

4.2.2 Analyse der bisherigen Prozess- und Kontrollaufnahme

Aufgrund des identifizierten bedeutsamen Risikos im Prüfgebiet Umsatzerlöse und der Tatsache, dass es sich bei den Umsatzerlösen um Massentransaktionen handelt, ist es erforderlich, dass der Abschlussprüfer mindestens den Prozessablauf „Verkauf" aufnimmt und eine Aufbauprüfung für die relevanten Kontrollen durchführt. Da der Abschlussprüfer sich i. d. R. aus Effizienzgesichtspunkten auf das interne Kontrollsystem verlassen will, um hinreichende Sicherheit zu erlangen, wird er zusätzlich Funktionsprüfungen durchführen, d. h. eine kontrollbasierte Prüfungsstrategie wählen. Folglich müsste er auch das Journal Entry Testing für diejenige Teilmenge des Buchungsjournals, die auf die übergeordnete Risikoklasse „Verkauf" entfällt, kontrollbasiert durchführen.

Der entscheidende Unterschied zum Journal Entry Testing in der bisherigen Form ist damit (neben der Aufteilung des Buchungsjournals und der Abdeckung zusätzlicher Prüfungsziele), dass das Journal Entry Testing nicht isoliert, sondern auf Grundlage von Geschäftsprozessen und den diesen Prozessen zugrunde liegenden Kontrollen durchgeführt wird. Diese Vorgehensweise soll im Folgenden am Beispiel der übergeordneten Risikoklasse „Verkauf" dargestellt werden.

Ausgangspunkt für diese Weiterentwicklung des Journal Entry Testings ist, dass der Abschlussprüfer ein Verständnis der Geschäftsprozesse und der darin enthaltenen internen Kontrollen entwickelt, um darauf aufbauend das Kontrollrisiko einschätzen zu können.[409] Der erste Schritt ist daher, Informationen über den grundsätzlichen Ablauf und die eingerichteten Kontrollen des betrachteten Geschäftsprozesses einzuholen (Aufbauprüfung). Dies erfolgte bisher durch Gespräche mit den jeweiligen Fachabteilungen (z. B. Rechnungswesen, Vertrieb, Einkauf), durch die Auswertung von Organisationshandbüchern und durch Befragungen der Geschäftsführung.[410] Die konkrete Aufnahme des Prozesses „Verkauf" beim Untersuchungsgegenstand weist einen allgemeingültigen und aussagekräftigen Aufbau auf, der wie folgt beschrieben werden kann:[411]

Im ersten Prozessschritt geht der Auftrag des Kunden entweder telefonisch oder elektronisch (per Fax, E-Mail) ein, und die Gesellschaft entscheidet über die Auftragsannahme. Hierbei erfolgen eine Überprüfung der Verfügbarkeit der bestellten Artikel sowie eine Prüfung der Bonität des Kunden. Im internen Kontrollsystem sind Genehmigungsgrenzen für die zuständigen Mitarbeiter implementiert, sodass eingehende Aufträge ab einer bestimmten Auftragshöhe vom Abteilungsleiter genehmigt werden müssen. Nimmt das Unternehmen den Auftrag an, wird dieser im nächsten Prozess-

409 Vgl. *Wiedmann* (1998), S. 343; *Hofmann* (2008), S. 516 f.

410 Vgl. *Selchert* (1988), S. 150; *Werner* (2012), S. 6 ff.; *Marten/Quick/Ruhnke* (2015), S. 310 f.

411 Die Allgemeingültigkeit des Prozesses „Verkauf" beim Untersuchungsgegenstand wird dadurch bestätigt, dass der Prozessablauf dem in IDW PH 9.330.2 dargestellten Ablauf des IT-gestützten Geschäftsprozesses „Absatz von Waren" weitgehend entspricht. Vgl. *IDW*, PH 9.330.2, Tz. 18. Weiterhin deckt sich der Ablauf mit den Darstellungen in *Klinger/Klinger* (2011), S. 50; *Brösel et al.* (2015), S. 377.

schritt im System mit einer automatisch generierten Auftragsnummer und den entsprechenden Daten (Artikelnummer, Menge, Preis und Stammdaten des Kunden) angelegt. Die Auftragsnummer dient dazu, diesen Auftrag im weiteren Prozessablauf eindeutig zu identifizieren.

Im Anschluss daran erfolgt der Warenausgang, der die Verpackung und den Versand der Ware umfasst. Mithilfe einer automatischen Kontrolle wird die verpackte mit der bestellten Menge laut Auftrag abgeglichen, und eventuelle Abweichungen werden angezeigt, durch die Mitarbeiter nachvollzogen und entsprechend manuell korrigiert. Zeitgleich mit dem Versand wird ein Lieferschein generiert. Sobald der Warenausgang im System erfasst wurde, wird der Vorgang automatisch in eine Liste der noch nicht fakturierten Lieferungen übernommen.

Im nächsten Prozessschritt erfolgt die Fakturierung, d. h. die eigentliche Rechnungsstellung. Hierbei ist zwischen automatisierten und manuellen Fakturierungen zu unterscheiden. Sofern es sich um eine Standardlieferung an einen Bestandskunden handelt, wird diese nach dem Warenausgang automatisch fakturiert und eine Rechnung an den Kunden gesendet. In den übrigen Fällen wird die Fakturierung manuell im IT-System angestoßen, die Rechnung generiert und an den Kunden versendet.[412]

Die Geschäftsführung hat als interne Kontrolle im Rahmen des Benutzerkonzepts implementiert, dass nur ausgewählte Mitarbeiter Fakturierungen anstoßen dürfen. Weiterhin wird automatisch kontrolliert, dass zu jeder Fakturierung ein Auftrag und ein Warenausgang vorliegen müssen.[413] Dies soll verhindern, dass Umsatzerlöse ohne entsprechenden Warenausgang gebucht werden können, und ist deshalb in Bezug auf das Prüfungsziel „Existenz der Umsatzerlöse“ von besonderer Bedeutung. Gleichzeitig soll dadurch auch sichergestellt werden, dass keine manuellen Änderungen in Bezug auf die Höhe der Umsatzerlösbuchungen erfolgt bzw. dass Umsatzerlösbuchungen nicht doppelt erfasst sind.[414]

Nach der Fakturierung erfolgen im Normalfall die Zahlung des Kunden und die Auszifferung der korrespondierenden Forderung. Um sicherzustellen, dass die gebuchte Forderung werthaltig ist, d. h. auch vom Kunden bezahlt wird, hat das Unternehmen

---

412 Siehe hierzu *Hartke/Hohnhorst/Sattler* (2010), S. 316.
413 Vgl. *IDW*, PH 9.330.2, Tz. 64.
414 Vgl. *Hartke/Hohnhorst/Sattler* (2010), S. 320.

einen Prozessschritt „Mahnwesen" eingerichtet. Die Mitarbeiter erinnern den Kunden regelmäßig schriftlich an die ausstehenden Forderungen und leiten ggf. später die erforderlichen rechtlichen Schritte ein. Im Rahmen des Mahnwesens wurde als manuelle Kontrolle eine monatliche Auswertung der Altersstrukturliste eingerichtet, die auf überfällige Forderungen und eventuellen Wertberichtigungsbedarf untersucht wird. Der Prozess „Verkauf" einschließlich der implementierten relevanten internen Kontrollen ist in der folgenden Abbildung dargestellt. An dieser Stelle enden die traditionelle Prozessaufnahme und die Aufbauprüfung.

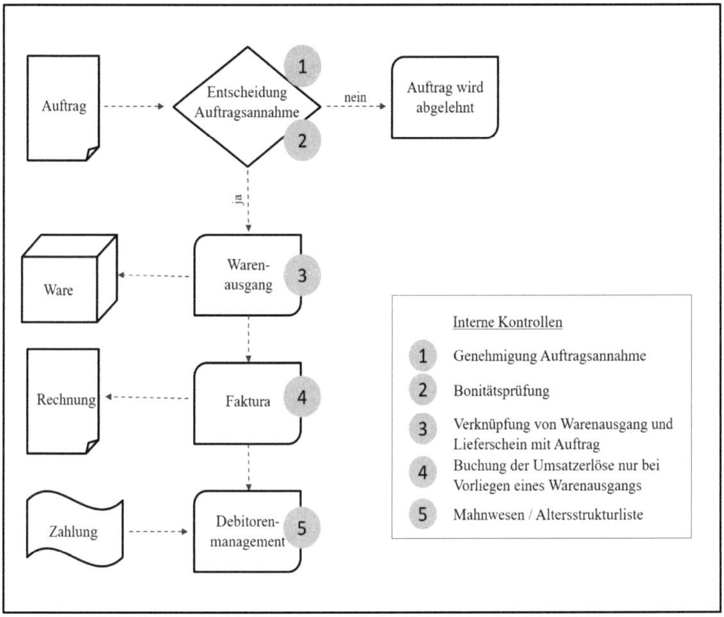

Abbildung 13: Prozessablauf „Verkauf"

Aufgrund der Komplexität der Systeme zur IT-gestützten Rechnungslegung können durch diese traditionelle Prozessaufnahme jedoch häufig nicht alle automatischen Kontrollen identifiziert werden, da bei diesem Vorgehen lediglich ein idealtypischer Prozessablauf aufgenommen und abgebildet wird. Zudem werden die während des Prozessablaufs entstandenen Journalbuchungen bzw. die Buchungszusammenhänge im Rahmen der Prozessaufnahme häufig nicht berücksichtigt. Beide Faktoren erschweren die Integration des Journal Entry Testings in den risikoorientierten Prüfungsansatz und die Verknüpfung mit einem kontrollbasierten Prüfungsvorgehen. Die Kenntnisse über alle relevanten internen Kontrollen und auch über die Entstehung der

Journalbuchungen sind jedoch Voraussetzung, um den Verlauf der Geschäftsvorfälle durch den Geschäftsprozess angemessen prüfen zu können.[415]

Ursache hierfür ist insbesondere, dass der Abschlussprüfer die Prozesse i. d. R. anhand von Prozessbeschreibungen, Organigrammen und Befragungen der Mitarbeiter aufnimmt, was einen Überblick über den grundsätzlichen organisatorischen Aufbau des Geschäftsprozesses sowie über die offensichtlichen implementierten Kontrollen liefert, jedoch häufig die im Hintergrund laufenden Prozesse und Kontrollen sowie der Entstehung der Journalbuchungen außer Acht lässt.[416]

Zwar wird ein Teil der benötigten Informationen im Rahmen der IT-Systemprüfung erhoben, jedoch im Rahmen der Aufbau- und Funktionsprüfung i. d. R. nicht weiter berücksichtigt. Dies soll am Beispiel des Benutzerkonzepts verdeutlicht werden: Der Abschlussprüfer oder der IT-Prüfer werten das Benutzerkonzept auf Funktionstrennungskonflikte hin aus, also danach, ob Berechtigungen mit kritischen Kombinationen – wie die gleichzeitige Berechtigung zur Buchung des Warenausgangs und der Umsatzerlöse – existieren. Solche kritischen Kombinationen liegen gerade bei mittelständischen Unternehmen häufig vor; gleichwohl werden diese Ergebnisse der Prüfung des Benutzerkonzepts nur unzureichend im Rahmen des weiteren Prüfungsvorgehens berücksichtigt. So könnte im Hinblick auf Verstöße i. e. S. geprüft werden, ob diese kritischen Berechtigungskombinationen auch tatsächlich genutzt wurden.[417]

Weiterhin wurde angeführt, dass aufgrund der Komplexität der Systeme zur IT-gestützten Rechnungslegung der aufgenommene Geschäftsprozess i. d. R. nicht vollumfänglich erfasst werden kann.[418] Nimmt der Abschlussprüfer dies einfach hin, ohne weiter nachzufragen, entsteht dadurch ein Informationsverlust, der dazu führt, dass Schwachstellen im internen Kontrollsystem nicht identifiziert werden und infolge dessen Management Override nicht erkannt wird.

Auch diese Kritik lässt sich an einem Praxisbeispiel verdeutlichen: Die Geschäftsführung des Untersuchungsgegenstands hat im Rahmen der Fakturierung eine Kontrolle implementiert, ob zu jeder Fakturierung ein Auftrag und ein Warenausgang vorliegen. Der Abschlussprüfer möchte diese Kontrolle nutzen, um hinreichende Sicherheit zu

415 Vgl. *Terlinde* (2005), S. 173.
416 Vgl. *Werner* (2012), S. 2.
417 Vgl. *Werner/Gehrke* (2011), S. 15.
418 Vgl. *Werner/Gehrke* (2011), S. 9; *Stocker/Accorsi/Rother* (2013), S. 92.

erlangen. Um die Wirksamkeit der Kontrollen zu testen, zieht der Abschlussprüfer bei der Funktionsprüfung eine Stichprobe aus einem extra für ihn erstellten Report (z. B. aus dem Umsatzjournal oder aus einer Auftragsliste) und prüft, ob für jedes Stichprobenelement die entsprechenden Dokumente vorhanden sind.[419]

Grundsätzlich ist diese Vorgehensweise nicht zu beanstanden, sofern es sich bei der Grundgesamtheit, aus der die Stichprobe gezogen wird, um die vollständigen Umsatzerlösbuchungen handelt. Häufig wird die Grundgesamtheit jedoch nicht aus den Journalbuchungen gewonnen, sondern es werden, wie auch im vorgenannten Beispiel, andere Datenquellen verwendet. Im Idealfall sind die extrahierten Daten zwar deckungsgleich, jedoch ist die Vollständigkeit der Daten für den Abschlussprüfer ungleich schwerer zu prüfen und zu dokumentieren. Das Buchungsjournal hingegen sollte ohnehin auf Vollständigkeit geprüft worden sein, und die darin enthaltenen Umsatzerlösbuchungen können folglich auch effizient für die Stichprobenauswahl verwendet werden.

Viel entscheidender ist jedoch, dass die bisherige Funktionsprüfung im Wesentlichen eine „Prüfung auf Papier" darstellt, da ausgehend von einer Umsatzerlösbuchung als Stichprobenelement die passenden Dokumente (Auftrag und Lieferschein) angefordert und geprüft werden. Ob der entsprechende Warenausgang, die korrespondierende Forderung sowie später deren Begleichung durch den Kunden, also der Buchungszusammenhang, auch im System erfasst wurden, wird dabei nicht weitergehend betrachtet. Statt der Journalbuchungen und der Buchungszusammenhänge betrachtet der Abschlussprüfer nur den idealtypischen Ablauf eines Geschäftsvorfalls. Urteilsrelevant wären jedoch die nicht-idealtypischen Abläufe.

Im Ergebnis kann der Abschlussprüfer zwar eine Aussage darüber treffen, ob zu jedem Stichprobenelement die beiden Dokumente vorliegen; ob der Geschäftsvorfall jedoch zutreffend den gesamten Prozess durchlaufen hat und alle mit dem Geschäftsvorfall zusammenhängenden Buchungen auch erfolgt sind, kann auf diesem Wege nicht geprüft werden, da eine Lösung für die Intransparenz der Prozessabläufe bisher nicht vorliegt.

---

[419] Im konkreten Fall erfolgen die Kontrollen automatisch innerhalb des IT-Systems. Gleichwohl kann diese Kontrolle jedoch auch als manuelle Kontrolle eingerichtet sein.

Um diese Intransparenz in den Geschäftsprozessen zu vermindern und ein Außerkraftsetzen der internen Kontrollen unter Berücksichtigung der Journalbuchungen aufzudecken, ist folglich ein neuer Ansatz erforderlich, der diese Zielsetzungen berücksichtigt.

4.2.3 Darstellung des Kammermodells

Um eine Integration des Journal Entry Testings in den risikoorientierten Prüfungsansatz zu erreichen, ist es zunächst erforderlich, die in Kapitel 4.2.2 dargestellte traditionelle Prozessaufnahme transparenter zu machen. Hierbei liegt der Fokus darauf, einen deutlich höheren Detaillierungsgrad in Bezug auf die Aufnahme der internen Kontrollen zu erreichen, um so Management Override erkennen zu können.

Bisher hat sich der Abschlussprüfer bei der Prozessaufnahme auf die einzelnen physischen Kontrollen konzentriert, also auf die manuellen und automatischen Kontrollen innerhalb der einzelnen Prozessschritte. Grund dafür ist, dass physische Kontrollen für den Abschlussprüfer greifbar und dadurch leichter zu prüfen sind, so z. B. erteilte Genehmigungen oder die systemseitige Abstimmung der Fakturierung mit Auftrag und Lieferschein.

Bei den physischen Kontrollen handelt es sich jedoch lediglich um einen Teil des internen Kontrollsystems. Da der Abschlussprüfer nur die für den Abschluss relevanten, internen Kontrollen weitergehend betrachtet, stellt sich die Frage, ob er zuvor überhaupt alle Kontrollen identifiziert bzw. ob er auch die richtigen Kontrollen als relevant eingeschätzt hat.

In Bezug auf „Management Override erkennen“ sind nicht nur die physischen Kontrollen innerhalb des Geschäftsprozesses relevant, sondern auch solche internen Kontrollen, die den Geschäftsprozess umgeben und sicherstellen, dass dieser dem von der Geschäftsführung vorgegebenen Ablauf entspricht, sowie, dass die korrespondierenden Journalbuchungen richtig erfasst wurden und eine zutreffende Abbildung im Abschluss erfolgt.[420] Solche internen Kontrollen sollen hier als limitierende Kontrollen bezeichnet werden. Diese limitierenden Kontrollen umfassen z. B., dass es zu einer

420 Vgl. *Quick* (1996), S. 358; *Wysocki* (2003), S. 175; *Werner* (2012), S. 6; *Gerber* (2015), S. 61.

Absprache zweier Benutzer mit unterschiedlichen Berechtigungen kommen muss, um den vorgegebenen Ablauf zu umgehen.[421]

Neben den physischen und limitierenden Kontrollen gibt es als dritte Art von Kontrollen noch verbindende Kontrollen. Diese bestehen zwischen den einzelnen Prozessschritten und stellen sicher, dass diese miteinander verbunden sind. Es handelt sich bei diesen internen Kontrollen somit um eine Art Schnittstelle zwischen den einzelnen Prozessschritten, damit ein Geschäftsvorfall den gesamten Geschäftsprozess reibungslos Schritt für Schritt durchlaufen kann.[422] Ein gut aufgestelltes internes Konrollystem sollte möglichst viele solcher Kontrollen besitzen.[423]

Gerade in Bezug auf die Weiterentwicklung des Journal Entry Testings und auf das zweite Teilziel „Management Override erkennen" spielen die limitierenden und verbindenden internen Kontrollen eine erhebliche Rolle.

Allein schon aus Wirtschaftlichkeitsaspekten kann jedoch nicht jede limitierende und jede verbindende Kontrolle für sich aufgenommen und geprüft werden. Daher ist zunächst ein erwarteter Ablauf in Form eines Soll-Prozesses herzuleiten, der im nächsten Schritt mit dem Ist-Ablauf des einzelnen Geschäftsvorfalls verglichen werden kann. Ein Beispiel, wie dieser Soll-Prozess hergeleitet werden kann, wird im Folgenden dargestellt:

Der Geschäftsprozess wird hierzu als Kammer dargestellt, durch die sich die einzelnen Geschäftsvorfälle im Zeitablauf von oben nach unten bewegen. Die äußeren Kammerwände entsprechen den implementierten limitierenden Kontrollen. Die einzelnen Prozessschritte werden durch die verbindenden Kontrollen zusammengehalten und enthalten zudem noch physische Kontrollen.

Bewegt sich der Geschäftsvorfall nur innerhalb der Kammerwände und werden auf dem Weg alle limitierenden und verbindenden Kontrollen durchlaufen, entspricht der Geschäftsprozess den Vorgaben und internen Anweisungen der Geschäftsführung. Die Erwartung des Abschlussprüfers ist folglich, dass sich jeder Geschäftsvorfall wie zuvor beschrieben bewegt. Bildlich lässt sich das Kammermodell wie in der folgenden Abbildung darstellen:

---

[421] Vgl. *Gee* (2015), S. 7 f.
[422] Vgl. *Mochty* (2015), S. 38.
[423] Vgl. *Lanza/Gilbert* (2007b), S. 32.

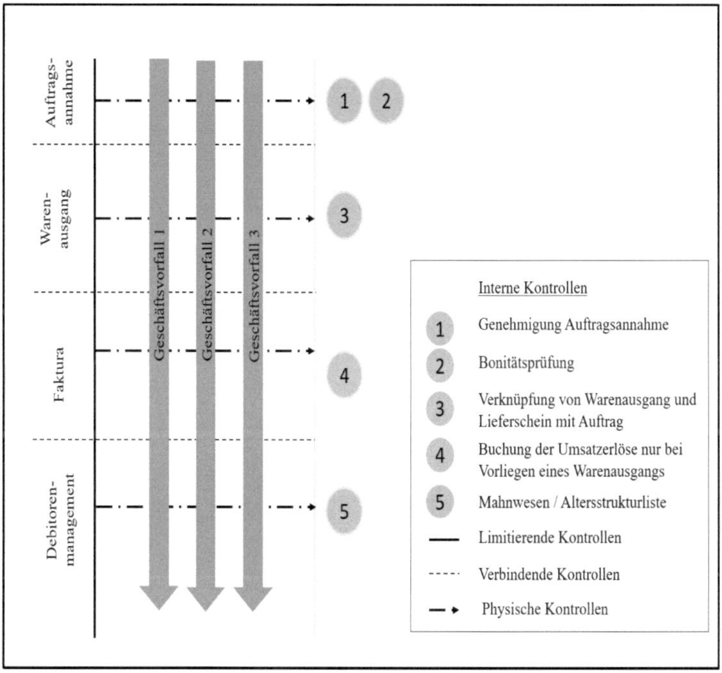

Abbildung 14: Grundlagen des Kammermodells

Die limitierenden Kontrollen in Kombination mit den verbindenden Kontrollen führen dazu, dass einzelne Kammern entstehen, durch die der Geschäftsvorfall läuft. Die durchbrochenen Pfeile stellen dabei die physischen Kontrollen dar.

Mithilfe des Kammermodells kann der Abschlussprüfer besser beurteilen, ob alle im Prozess enthaltenen Kontrollen identifiziert wurden. Hierbei treten in der Praxis jedoch weitere Probleme auf: Aufgrund der Vielzahl an Geschäftsvorfällen kann der Abschlussprüfer nicht ohne Weiteres prüfen, ob jeder Geschäftsvorfall den Prozess wie vorgegeben durchlaufen hat, zumindest nicht, ohne eine Vielzahl einzelfallbezogener Prüfungshandlungen durchzuführen. Das Vorgehen wäre in diesem Fall progressiv, da der Abschlussprüfer stichprobenartig den Ablauf einzelner Geschäftsvorfälle – ausgehend von ihrem Ursprung, z. B. dem Auftragseingang, bis zur Begleichung der Forderungen – einschließlich der internen Kontrollen, nachvollzieht.[424]

---

[424] Vgl. *Leffson* (1988), S. 251.

Durch die stichprobenartige Prüfung der Geschäftsvorfälle besteht die Gefahr, dass entweder Geschäftsvorfälle, die nicht in der Stichprobe enthalten waren, nur bestimmte Prozessschritte und Kontrollen passiert haben, anstatt den Prozess wie vorgegeben zu durchlaufen, ohne dass dies durch den Abschlussprüfer erkannt wurde, oder aber, dass der Geschäftsvorfall innerhalb eines Prozessschrittes eine Kammer verlässt und in einem späteren Prozessschritt in die nächste Kammer wieder eintritt.

Als Alternative wäre denkbar, retrograd vorzugehen, d. h. den Prozess ausgehend von den Journalbuchungen rückwärts zu durchlaufen und auf Basis bestimmter Merkmale, die den Journalbuchungen mitgegeben wurden, festzustellen, ob der vorgegebene Prozessablauf eingehalten wurde. Ziel ist es daher zunächst, das Kammermodell um die Journalbuchungen zu ergänzen.

Die Zuordnung der Journalbuchungen zu den einzelnen Prozessschritten ist unter Berücksichtigung der in Kapitel 4.1.2 dargestellten Aufteilung des Buchungsjournals umsetzbar. Im Rahmen der Aufteilung wurden die Journalbuchungen, z. B. die Umsatzerlösbuchungen oder die Forderungsbuchungen, zunächst einzelnen übergeordneten Risikoklassen zugeordnet, wobei eine übergeordnete Risikoklasse einem Geschäftsprozess, z. B. dem Prozess „Verkauf" entspricht.

Die Journalbuchungen der übergeordneten Risikoklasse „Verkauf" stellen damit das Ergebnis des Ablaufs aller Geschäftsvorfälle durch die Prozessschritte dar. Mit dieser Überlegung wird das Kammermodell dahingehend erweitert, dass am Ende jedes Prozessschrittes, in dem Journalbuchungen ausgelöst werden, eine „Auffangbox" für die Journalbuchungen besteht, wie in der Abbildung auf der folgenden Seite dargestellt wird.

Die Abbildung verdeutlicht, dass es sich beim Kammermodell vom Grundsatz her lediglich um eine Erweiterung der bisherigen Prozess- und Kontrollaufnahme um zusätzliche Kontrollen und die Auffangboxen mit den Journalbuchungen handelt.

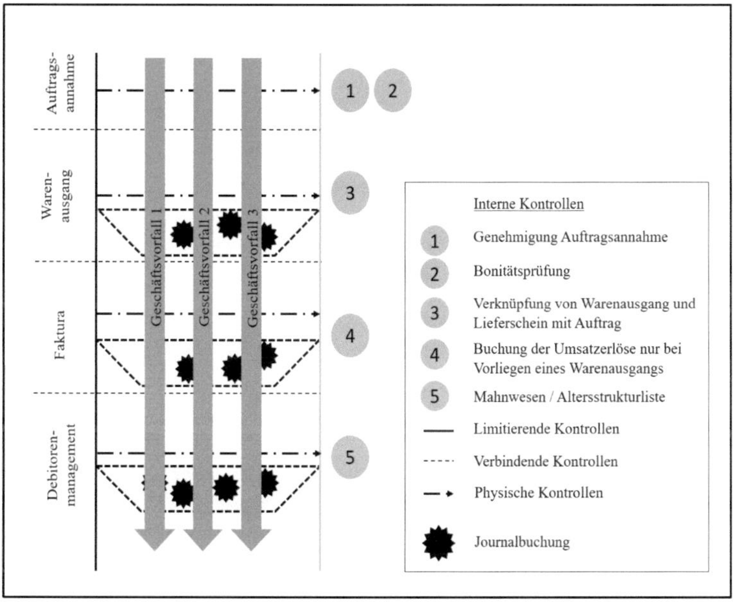

Abbildung 15: Kammermodell mit Journalbuchungen

Dies schließt die limitierenden und verbindenden Kontrollen mit ein, da anhand dieser Kontrollen „Ausbrüche“ der Journalbuchungen aus den einzelnen Kammern und somit aus dem vordefinierten Prozessablauf erkannt werden können. So wird deutlich, dass die Buchungen in der ersten Auffangbox „Warenausgang“ daraus resultieren, dass sich der Geschäftsvorfall durch die Prozesse Auftragsannahme und Warenausgang bewegt hat.

Die Journalbuchungen in den entsprechenden Auffangboxen können zudem als Datengrundlage verwendet werden, um weitere Prüfungsziele abzudecken. So kann der Abschlussprüfer mit derselben Datengrundlage neben dem Erkennen von Management Override auch z. B. die Prüfung der Existenz der Umsatzerlöse mithilfe analytischer Prüfungshandlungen durchführen, um den Umfang einzelfallbezogener Prüfungshandlungen zu reduzieren.

In Bezug auf das Ziel „Management Override erkennen“ soll im folgenden Kapitel untersucht werden, wie diese Vorgehensweise in der Praxis umgesetzt werden kann, d. h. insbesondere anhand welcher Eigenschaften der Journalbuchungen festgestellt werden kann, und ob der Prozess entsprechend dem vorgegebenen Ablauf durchlaufen wurde.

4.2.4 Anpassung des Prüfungsvorgehens

Ausgangspunkt für die Beantwortung der Frage am Ende des vorherigen Kapitels, wie Management Override anhand der Merkmale der Journalbuchungen festgestellt werden kann, sind die Journalbuchungen, die der entsprechenden übergeordneten Risikoklasse, hier der Klasse „Verkauf", zugeordnet wurden.

Hierfür muss der Abschlussprüfer folglich die Journalbuchungen in den einzelnen „Auffangboxen" dahingehend untersuchen, ob solche existieren, die nicht den typischen, also den von der Geschäftsführung vorgegebenen, Weg durch den Prozess und die Kontrollen genommen haben. Voraussetzung für eine solche Untersuchung ist, dass die Journalbuchungen auf ihrem Weg durch den Geschäftsprozess eine Art Kennzeichnung oder Merkmal erhalten, ähnlich einem Stempel beim Passieren einer Grenzkontrolle, wodurch eindeutig nachgewiesen wird, dass der Geschäftsvorfall die entsprechenden Kontrollen passiert hat. Ganz konkret: Passiert der Geschäftsvorfall z. B. die Kontrolle „Genehmigung des Auftrags", müsste dieses Passieren der Kontrolle in einem Datenfeld in der Journalbuchung dokumentiert werden.

In diesem Fall könnte der Abschlussprüfer alle Journalbuchungen vergleichsweise einfach analysieren und diejenigen Journalbuchungen extrahieren, denen eine entsprechende Kennzeichnung fehlt.

Der Ansatz, Management Override anhand der Journalbuchungen zu erkennen, scheitert in der Praxis jedoch daran, dass die Journalbuchungen keine Kennzeichnung enthalten, ob der Geschäftsvorfall tatsächlich alle für das Ziel „Management Override Erkennen" relevanten Kontrollen innerhalb des Geschäftsprozesses passiert hat bzw. die ein Durchqueren der Kammerwände, d. h. ein Umgehen der limitierenden oder der verbindenden Kontrollen, aufzeigen.

Daraus lässt sich ableiten, dass das Erkennen von Management Override mithilfe der Journalbuchungen zumindest auf direktem Wege nicht möglich ist. Da auch eine direkte Betrachtung sämtlicher internen Kontrollen aufgrund der teilweise intransparenten Geschäftsprozesse und der Vielzahl an Kontrollen nicht umsetzbar ist, kann die Reaktion auf das Risiko von Management Override nicht aus einer klassischen Systemprüfung bestehen und somit auch nicht zusammen mit der Aufbau- und Funktionsprüfung durchgeführt werden. Folglich muss die vorläufige Einordnung der Prüfungshandlungen aus Kapitel 4.1 revidiert werden und die Prüfungshandlungen zum Erkennen von Management Override müssen an einer anderen Stelle im Prüfungsansatz platziert werden.

Daher ist im nächsten Schritt zu überlegen, ob die berufsständische Verlautbarung, anstatt auf die Journalbuchungen als Prüfungsgegenstand abzustellen, auch eine Prüfung der relevanten Kontrollen einschließlich limitierender und verbindender Kontrollen meinen könnte, die sicherstellen soll, dass diese nicht umgangen wurden. Obwohl der Kritikpunkt, dass die Prozesse intransparent für den Abschlussprüfer sind und daher in der Vergangenheit teilweise nur unvollständig aufgenommen wurden, mithilfe des Kammermodells behoben werden konnte, scheidet diese Vorgehensweise in ihrer bisherigen Form aufgrund der Vielzahl an Kontrollen und vor dem Aspekt der Wirtschaftlichkeit des Prüfungsvorgehens aus.

Gleichwohl ist der Abschlussprüfer verpflichtet, eine entsprechende Reaktion auf das Risiko von Management Override in seiner Prüfungsstrategie zu berücksichtigen. Fraglich ist, wie das Prüfungsvorgehen in Bezug auf Management Override unter den genannten Bedingungen angepasst werden kann.

Im Rahmen des unternehmensindividuellen und risikoorientierten Prüfungsvorgehens führt der Abschlussprüfer ohnehin Prüfungshandlungen als Reaktion auf das Risiko von Verstößen i. e. S. durch. Identifiziert der Abschlussprüfer hierbei Verstöße i. e. S., könnte er ausgehend von den betroffenen Journalbuchungen nun eine progressive Prüfung durchführen, im Zuge derer der Ablauf des speziellen, verstoßbehafteten Geschäftsvorfalls durch den Geschäftsprozess und durch die internen Kontrollen nachvollzogen wird. Ziel ist es, dadurch herauszufinden, ob der Mitarbeiter, als er den Verstoß i. e. S. begangen hat, hierfür auch Kontrollen außer Kraft gesetzt hat.

Management Override stellt in diesem Zusammenhang ein Hilfsmittel des Mitarbeiters dar, um einen Verstoß i. e. S. durchzuführen. Anders formuliert: Der Mitarbeiter würde eine Kontrolle nicht ohne Grund, d. h. nicht ohne einen Verstoß i. e. S. zu begehen, außer Kraft setzen. Folglich findet keine Berücksichtigung des gesamten Geschäftsprozesses und aller Kontrollen statt, sondern nur bis zu dem Prozessschritt, der unmittelbar zur verstoßbehafteten Journalbuchung geführt hat bzw. bis zu der Kontrolle, die außer Kraft gesetzt wurde.

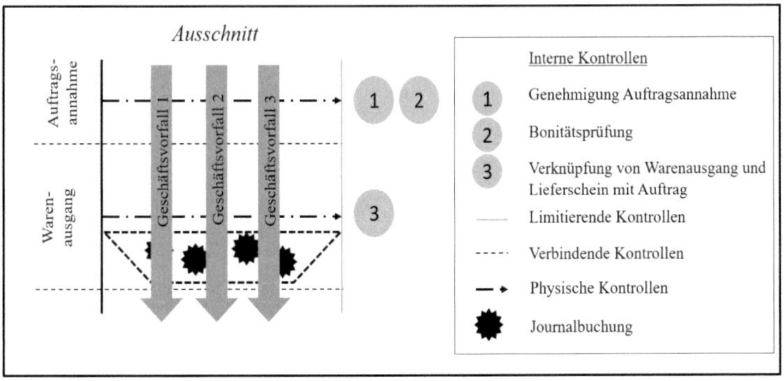

Abbildung 16: Ausschnitt Kammermodell mit Journalbuchungen

Die zuvor beschriebene Problematik, dass die Geschäftsprozesse intransparent sind und aufgrund der Vielzahl an Kontrollen nicht alle Kontrollen aufgenommen und geprüft werden können, kann dadurch behoben werden, dass der Abschlussprüfer nur für die bereits identifizierten Verstöße i. e. S. den Weg durch den Geschäftsprozess und die Kontrollen im Detail nachvollzieht. Dazu bieten sich die Process-Mining-Verfahren an, die in Kapitel 4.4 dargestellt werden sollen.

Diese Vorgehensweise kann Auswirkungen auf die Prüfungsstrategie haben. Hierbei ist zu unterscheiden zwischen Kontrollen, die umgangen, jedoch im Rahmen der Funktionsprüfung zuvor als wirksam eingestuft wurden, und Kontrollen, die umgangen, bisher aber keiner Funktionsprüfung unterzogen wurden, da sie vom Abschlussprüfer als nicht relevant eingeschätzt wurden.

Stellt der Abschlussprüfer fest, dass eine zuvor als wirksam eingeschätzte Kontrolle außer Kraft gesetzt wurde, muss der Abschlussprüfer seine Einschätzung des Kontrollrisikos insgesamt korrigieren und auch die Ergebnisse der durchgeführten Funktionsprüfungen infrage stellen. Handelt es sich hingegen um interne Kontrollen, die bisher nicht als relevant eingeschätzt und daher nicht geprüft wurden, muss der Abschlussprüfer beurteilen, inwieweit sich dieser Verstoß i. w. S. ebenfalls auf die zuvor vorgenommene Beurteilung des Kontrollrisikos auswirkt. Insofern das Kontrollrisiko nach oben angepasst werden muss, führt dies in beiden Fällen dazu, dass der Umfang der aussagebezogenen Prüfungshandlungen ansteigt, um das Entdeckungsrisiko wieder auf das erforderliche Niveau zu senken.[425]

Zusammenfassend sind die Prüfungshandlungen zum Erkennen von Management Override folglich unter den aussagebezogenen, konkret den einzelfallbezogenen Prüfungshandlungen einzuordnen und dienen dazu, die ursprüngliche Beurteilung des Kontrollrisikos zu verifizieren oder zu widerlegen.

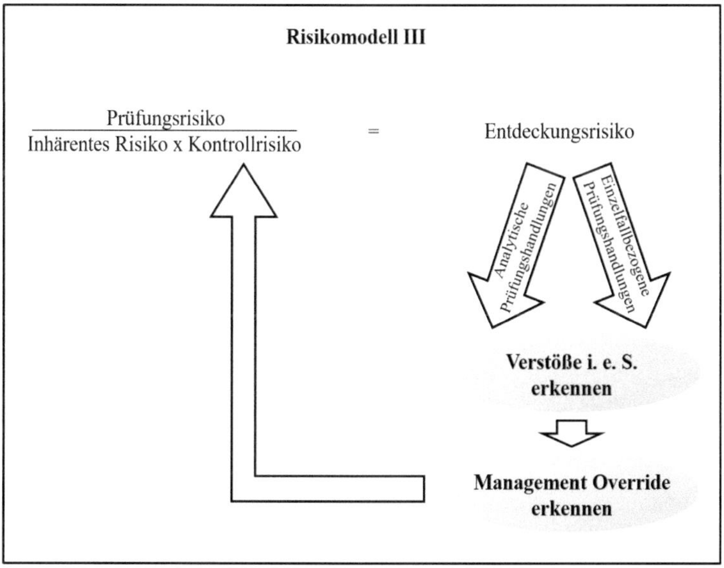

Abbildung 17: Angepasstes Risikomodell zur Integration von Management Override

Aufgrund dieses Ergebnisses wird im Folgenden zunächst eine Weiterentwicklung des Journal Entry Testings vorgestellt, um Verstöße i. e. S. zu identifizieren, um darauf aufbauend in einem zweiten Schritt das Prüfungsvorgehen mit dem Ziel „Management Override erkennen“ darzustellen.

425 Siehe hierzu die Ausführungen in Kapitel 2.1.

4.3 Datenmustererkennung zum Erkennen von Verstößen i. e. S.

4.3.1 Einsatz multivariater Datenmustererkennung

Um Verstöße i. e. S. zu erkennen, benötigt der Abschlussprüfer ein Instrument, mit dem er die Journalbuchungen innerhalb der übergeordneten Risikoklassen, also hier innerhalb der Klasse „Verkauf", in risikobehaftete und risikofreie Journalbuchungen einteilen kann.

Hierzu kann auf die Methoden der Mustererkennung zurückgegriffen werden, die schon lange in einer Vielzahl wissenschaftlicher Disziplinen eingesetzt werden.[426] Mithilfe der Mustererkennung können Muster in Datenbeständen identifiziert und dadurch Unterschiede zwischen Gruppen von Datensätzen bzw. einzelnen Datensätzen erkannt werden.[427] Muster meint in diesem Zusammenhang eine Kombination von Merkmalen zur Ableitung bestimmter Regelmäßigkeiten.[428]

Bezogen auf das Journal Entry Testing ist ein Muster eine Kombination von Ausprägungen relevanter Merkmale (also hier Datenfelder) der jeweiligen Journalbuchung. Jede Journalbuchung weist eine Vielzahl unterschiedlicher Merkmale auf (z. B. Kontonummer, Benutzer, Betrag, Buchungsdatum), die hierfür verwendet werden können. Die jeweiligen Datenfelder enthalten dabei die entsprechenden Ausprägungen der Merkmale, wie in der nachfolgenden Tabelle dargestellt.

Merkmal 1	Merkmal 2	Merkmal 3	Merkmal 4
Kontonummer	**Erfassungsdatum**	**Zeit**	**Benutzer**
xxx01	02.01.20X1	11:04	Schneider
xxx05	02.01.20X1	11:05	Münster
xxx03	02.01.20X1	11:10	Münster
[...]	[...]	[...]	[...]
xxx11	17.03.20X1	15:01	Hellmann
[...]	[...]	[...]	[...]
xxx02	17.10.20X1	16:53	Hoffmann
[...]	[...]	[...]	[...]

Tabelle 4: Merkmale der Journalbuchungen

426 Vgl. *Heno* (1983), S. 121.
427 Vgl. *Bissantz/Hagedorn* (2009), S. 139.
428 Vgl. *Mertens* (1977), S. 779; *Bissantz/Hagedorn* (2009), S. 139.

Die Methoden der Mustererkennung werden dabei heutzutage unter den Begriff Data Mining gefasst,[429] da es sich hierbei um einen Prozess von Datenanalysen zur Ableitung und Validierung von Mustern aus großen Datenbeständen handelt.[430] Konkret umfassen sie Techniken, die den explorativen Datenanalysen[431] und damit dem Bereich der statistischen Datenanalyse zuzuordnen sind.[432] Aufgrund der unterschiedlichen Bezeichnung der Methoden in der Literatur und der fehlenden Abgrenzung der Begriffe wird im Folgenden der Begriff „Datenmustererkennung“ verwendet.

Bei der Datenmustererkennung ist zwischen dem Erkennen bekannter und unbekannter Muster zu differenzieren. Bekannte Muster resultieren aus gesichertem Wissen über bestehende Zusammenhänge. Demgegenüber sind bei unbekannten Mustern keine oder nur unzureichende Informationen über die zugrunde liegenden Zusammenhänge verfügbar.[433]

Für eine vollständige und eindeutige Einteilung der Journalbuchungen wären jedoch bekannte Muster für Verstöße i. e. S. notwendig, z. B. wenn ein Benutzername eindeutig auf Verstöße i. e. S. hindeuten würde, was in der Praxis natürlich regelmäßig nicht der Fall sein wird. In diesem theoretischen Fall könnten risikobehaftete Journalbuchungen in der Datengrundlage relativ einfach identifiziert werden.

Bisher liegen bekannte Muster aufgrund der vielen möglichen Ausgestaltungen von Verstößen i. e. S. und der fehlenden empirischen Informationen über historische Fälle jedoch nur in unbedeutenden Ansätzen vor.[434] Hinzu kommt, dass sich die Allgemeingültigkeit dieser Muster nicht wissenschaftlich belegen lässt, da dies ein unternehmensübergreifendes Journal Entry Testing und somit eine umfangreiche Vergleichsgruppe erfordern würde. Dies führt dazu, dass eine Identifizierung von Mustern für risikobehaftete Journalbuchungen nur schwer möglich ist.

Weiterhin wäre es vice versa denkbar, Muster für tatsächlich risikofreie Journalbuchungen zu untersuchen und somit eine Negativabgrenzung vorzunehmen. Hierdurch wäre es theoretisch möglich, alle risikofreien Journalbuchungen zu extrahieren und dadurch die verbleibenden Journalbuchungen indirekt als risikobehaftet einzuordnen.

---

429 Vgl. *Wrobel* (1998), S. 6.
430 Vgl. *Frawley/Piatetsky-Shapiro/Matheus* (1992), S. 58; *Bose et al.* (2011), S. 493.
431 Siehe zur explorativen Datenanalyse *Tukey* (1977).
432 Vgl. *Kockläuner* (2000), S. 21.
433 Vgl. *Mertens* (1977), S. 777 f.
434 Vgl. *Gee* (2015), S. 2.

Aus den oben genannten Gründen lassen sich jedoch ebenfalls keine Muster für risikofreie Journalbuchungen ableiten und wissenschaftlich überprüfen. Auch hier stellen insbesondere die fehlenden empirischen Informationen historischer Fälle das wesentliche Hindernis dar.

Im Folgenden soll die Datenmustererkennung daher dazu eingesetzt werden, um auf Basis der Journalbuchungen mithilfe der explorativen Datenanalyse bisher unbekannte Muster aufzudecken.

Konkret sollen Muster abgeleitet werden, anhand derer die Journalbuchungen innerhalb der einzelnen Klassen in zwei Gruppen eingeteilt werden können. Als Gruppen werden dabei weiterhin risikobehaftete und risikofreie Journalbuchungen definiert. Dabei werden solche Journalbuchungen als risikobehaftet eingeschätzt, die sich signifikant von den für diese Klasse typischen Buchungen unterscheiden.[435] Bezogen auf die Praxis bedeutet dies, dass zunächst ein Muster aus dem Buchungsjournal hergeleitet werden muss, das den typischen Aufbau einer Journalbuchung in dieser Klasse beschreibt. Es wird somit eine Datenmustererkennung angewendet, die auf die Entdeckung von Abweichungen abzielt, d. h. darauf, ob ausgewählte Merkmale und deren Ausprägungen statistisch auffällige Abweichungen zu den Merkmalen und deren Ausprägungen der übrigen Journalbuchungen aufweisen.[436]

Hier wird das Problem der fehlenden Kenntnisse über das grundsätzliche Muster von Verstößen i. e. S. dadurch gelöst, dass der Abschlussprüfer mithilfe statistischer Beobachtungen unternehmensindividuelle Muster erkennen kann.[437] Statistische Beobachtungen meinen in diesem Zusammenhang, dass der Abschlussprüfer die Merkmalsausprägungen mithilfe statistischer Verfahren aufnimmt und analysiert, um daraus Muster abzuleiten.

Wenn man über Muster spricht, ist zudem zwischen univariaten und multivariaten Mustern zu unterscheiden.[438] Das Journal Entry Testing in seiner bisherigen Form ist nichts anderes als eine vereinfachte univariate Mustererkennung. Hierbei wird angenommen, dass z. B. Journalbuchungen am Wochenende ein Muster für Verstöße

---

[435] Vgl. *Hamberger* (2001), S. 494.
[436] Vgl. *Bedard/Biggs* (1991), S. 624; *Wrobel* (1998), S. 8.
[437] Vgl. *Mertens* (1977), S. 778.
[438] Vgl. *Heiler/Michels* (1994), S. 177; *Kockläuner* (2000), S. 1 f.

i. e. S. sein können. Das Merkmal „Buchungsdatum" wird dabei mit den Merkmalsausprägungen „Samstag" und „Sonntag" eingesetzt. Dieses Vorgehen kann jedoch nur dann eindeutige Ergebnisse liefern, wenn sowohl die einzelnen Merkmalsausprägungen im Zuge der Dateninventur aufgenommen und interpretiert wurden als auch das Merkmal selbst eine eindeutige Einteilung der Journalbuchungen zulässt.[439] Die zweite Voraussetzung ist der entscheidende Punkt, warum die univariate Mustererkennung im Zuge des Journal Entry Testings in der Praxis häufig dazu führt, dass Verstöße i. e. S. wegen der Vielzahl an Journalbuchungen mit entsprechenden Merkmalsausprägungen und einem daraus resultierenden großen Stichprobenumfang für einzelfallbezogene Prüfungshandlungen nicht identifiziert werden können. So lässt eine Buchung am Samstag oder Sonntag allein noch nicht zwangsläufig auf einen Verstoß i. e. S. schließen. Eine Buchung am Samstag oder Sonntag, die durch den Geschäftsführer vorgenommen wurde, deutet jedoch schon eher auf einen Verstoß i. e. S. hin.

Aus diesem Grund ist es sinnvoll, anhand einer Kombination mehrerer Merkmale die Abweichung einer Journalbuchung von dem typischen Aufbau zu identifizieren und somit eine multivariate Vorgehensweise zu wählen. Im Gegensatz zu den univariaten sind bei multivariaten Methoden nicht nur die Häufigkeiten einzelner Merkmale von Interesse (z. B. wie oft an einem Sonntag gebucht wurde), sondern auch ggfs. vorhandene Zusammenhänge zwischen den Merkmalen, z. B. der Zusammenhang zwischen dem Tag der Buchung, einem bestimmten Benutzer und dem Konto, auf dem gebucht wurde.[440]

Vom Grundsatz her kann jedes Datenfeld innerhalb des Buchungsjournals als Merkmal herangezogen werden. Um jedoch effizient und risikoorientiert vorzugehen, ist eine Auswahl der Merkmale durch den Abschlussprüfer zu treffen. Fraglich ist, welche Merkmale ausgewählt werden sollen und wie dadurch risikobehaftete Journalbuchung identifiziert werden können. Dies soll für den Untersuchungsgegenstand in den folgenden Kapiteln hergeleitet werden.

---

439 Vgl. *Hamberger* (2001), S. 494.

440 Vgl. *Bedard/Biggs* (1991), S. 624 f.; *Heiler/Michels* (1994), S. 177.

4.3.2 Dateninventur II: Identifizierung relevanter Merkmale

4.3.2.1 Benutzer

Der Benutzer kann als ein mögliches Merkmal im Rahmen der multivariaten Datenmustererkennung zur Identifizierung von Auffälligkeiten eingesetzt werden. In komplexen IT-Systemen mit einer Vielzahl von Benutzern ist es in der Praxis durchaus üblich, ein Benutzerkonzept durch die Entwicklung von Rollen und (Nutzer-)Profilen einzurichten. Dabei werden auf Basis der Geschäftsprozesse und der damit verbundenen Aufgaben Rollen für die verschiedenen Gruppen von Benutzern identifiziert.[441] Unter einer Rolle ist eine bestimmte Kombination von Berechtigungen zu verstehen, die benötigt werden, um unterschiedliche Transaktionen innerhalb des IT-Systems durchführen zu können.[442] Auf Basis der Rolle wird für jeden Benutzer ein Profil eingerichtet. Ziel des Benutzerkonzepts ist, dass eine Funktionstrennung innerhalb des IT-Systems entsteht, die eine wesentliche Komponente des internen Kontrollsystems darstellt.[443]

Im Idealfall ist das Benutzerkonzept dabei so ausgestaltet, dass jedes Profil nur solche Berechtigungen enthält, die der jeweilige Benutzer für seine Funktion bzw. Aufgabe im Unternehmen auch tatsächlich benötigt. Je weniger Berechtigungen ein Benutzer besitzt und je häufiger innerhalb eines Prozesses unterschiedliche Benutzer mit verschiedenen Berechtigungen agieren müssen, desto geringer ist das Risiko für Verstöße i. e. S.[444]

Regelmäßig verfügen daher nur die Führungskräfte und die IT-Verantwortlichen über umfangreiche Berechtigungen innerhalb des IT-Systems. Die IT-Verantwortlichen benötigen diese, um sicherzustellen, dass die Verfügbarkeit der IT-Systeme jederzeit gegeben ist.[445] Der Abschlussprüfer wird daher gerade solche Journalbuchungen als risikobehaftet einschätzen, die von Nutzern mit weitreichenden Berechtigungen autorisiert wurden und bei denen die Nutzer gleichzeitig eine entsprechende Motivation haben. Der Benutzer sollte daher zwingend als Merkmal zur Identifizierung von Auffälligkeiten eingesetzt werden.

---

441 Vgl. *Frick/Gadatsch/Schäffer-Külz* (2008), S. 331 ff.; *Goldshteyn/Gabriel/Thelen* (2013), S. 271.
442 Vgl. *Grünendahl/Steinbacher/Will* (2012), S. 150 f.
443 Vgl. *Sydon* (2012), S. 143.
444 Vgl. *Goldshteyn/Gabriel/Thelen* (2013), S. 274.
445 Vgl. *Grünendahl/Steinbacher/Will* (2012), S. 150.

Im Rahmen der Datenanalyse generiert der Abschlussprüfer zunächst eine Übersicht der Benutzer, die im Geschäftsjahr Buchungen getätigt haben. Zu diesem Zweck kann bspw. die Aufsummieren-Funktion genutzt werden.[446] Aufgrund der Tatsache, dass der Abschlussprüfer jedoch nicht jeden Mitarbeiter und seine Funktion im zu prüfenden Unternehmen kennt, reicht die Übersicht über die Benutzer allein nicht aus, um Auffälligkeiten identifizieren zu können.

Um eine Aussage treffen zu können, ob ein Benutzer auf eine Auffälligkeit innerhalb des Buchungsjournals hindeutet, ist es vielmehr notwendig, nicht nur alle Ausprägungen des Datenfelds „Benutzer" aufzunehmen, sondern auch ein Verständnis darüber zu erlangen, welche Funktion bzw. Aufgabe der Mitarbeiter im Unternehmen hat; es ist also eine Dateninventur des Merkmals „Benutzer" durchzuführen (siehe Tabelle 5).

Die zusätzlich benötigten Informationen können durch Anfrage beim zu prüfenden Unternehmen selbst oder durch eine eigene Recherche, z. B. auf Basis eines Organigramms oder einer erweiterten Telefonliste, ermittelt werden. Zudem kann die Anzahl der Buchungen je Mitarbeiter anhand des Buchungsjournals festgestellt werden. Diese ermöglicht es dem Abschlussprüfer, im Rahmen der späteren Datenanalysen zu berücksichtigen, wie viele Journalbuchungen ein bestimmter Mitarbeiter ausgelöst hat.

Die Dateninventur dieses Merkmals scheint auf den ersten Blick sehr zeitintensiv zu sein. Grundsätzlich hängt der Zeitaufwand von der Anzahl der Mitarbeiter ab, die gebucht haben, und steht somit in direktem Zusammenhang zur Unternehmensgröße. Durch die Möglichkeit, das gesamte Buchungsjournal in Klassen zu unterteilen, ist der Zeitaufwand für die Beschaffung der Informationen jedoch i. d. R. gering, weil die Zuordnung der Funktion zum jeweiligen Benutzer nur für die relevanten Klassen erfolgen muss.

[446] Siehe dazu exemplarisch *Goldshteyn/Gabriel/Thelen* (2013), S. 56 f.

Benutzer	Anzahl Buchungen	Funktion im Unternehmen
[...]	[...]	[...]
Hellmann	8.951	Bilanzbuchhaltung
Hoffmann	32	IT-Mitarbeiter
Münster	13.457	Bilanzbuchhaltung
[...]		[...]
Schneider	25.978	Debitorenbuchhaltung
[...]	[...]	[...]
Zimmermann	2	Leiter Rechnungswesen

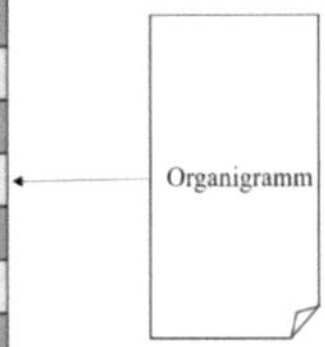

Tabelle 5: Dateninventur des Merkmals „Benutzer“

Als Ergebnis der Dateninventur liegt dem Abschlussprüfer eine Übersicht der Benutzer, der Anzahl der Buchungen, die diese jeweils ausgelöst haben, und die jeweilige Funktion bzw. Aufgabe im Unternehmen vor. In Bezug auf die Funktion reicht es aus Gründen der Wirtschaftlichkeit und der Übersichtlichkeit aus, wenn die Funktionen in bestimmten Gruppen, i. d. R. nach relevanten Abteilungen (z. B. Buchhaltung, IT) zusammengefasst werden. Von der Gruppierung sollten Mitarbeiter in rechnungslegungsrelevanten Schlüsselpositionen (Leiter Rechnungswesen, Einkaufsleiter, Lagerleiter etc.) ausgenommen werden, die aufgrund ihrer Aufgaben zumeist umfangreiche Berechtigungen besitzen und daher ohnehin im Fokus der Analyse stehen sollten.

Entgegen der in der Literatur teilweise vorhandenen Meinung[447] werden systemgenerierte Buchungen häufig nicht durch einen automatischen Benutzer gebucht. Dadurch sind die entsprechenden Journalbuchungen i. d. R. auch nicht als systemgenerierte Buchungen erkennbar. Vielmehr erscheint in diesem Fall als Benutzer derjenige Mitarbeiter, der die systemgenerierte Buchung im System angestoßen hat, sodass durch diesen Benutzer sowohl manuelle als auch systemgenerierte Buchungen erstellt werden. Folglich lässt sich häufig keine Übersicht aller systemgenerierten Geschäftsvorfälle zuverlässig extrahieren.

Könnte der Abschlussprüfer eine Teilmenge extrahieren, die zweifelsfrei nur systemgenerierte Journalbuchungen enthält, wäre es möglich, auf Basis einer kleinen Stichprobe auf alle systemgenerierten Journalbuchungen zu schließen, d. h. diese effizient und kostengünstig zu prüfen. Bei der Prüfung des Untersuchungsgegenstands

447 Vgl. *Debreceny/Gray* (2010), S. 167.

war diese Vorgehensweise aufgrund der fehlenden eindeutigen Identifizierbarkeit der systemgenerierten Journalbuchungen nicht möglich.

Im nächsten Schritt erfolgt die Beurteilung der Dateninventur, bei der jedem Benutzer ein Rang auf einer Risikoskala zugeordnet wird. Die Zuordnung, welche Ausprägungen des Merkmals „Benutzer" dabei kritisch sind, d. h. welcher Benutzer weiter oben auf der Risikoskala steht, erfolgt auf Basis der Klassen und der betrachteten Prüfungsziele. Grund hierfür ist, dass eine bestimmte Merkmalsausprägung in einem Fall ein Hinweis auf eine Auffälligkeit sein kann, in einem anderen Fall jedoch nicht. So werden z. B. in der Klasse „Einkauf" Buchungen des Lagerleiters i. d. R. keine Auffälligkeit darstellen, bei einer Betrachtung der Journalbuchungen in der Klasse „Verkauf" hingegen schon. Der Abschlussprüfer kann bei der Beurteilung des Risikos für die Benutzer auf das in Kapitel 2.2. dargestellte Fraud-Triangle zurückgreifen.

Um das Benutzerkonzept wie zuvor beschrieben für das Journal Entry Testing nutzen zu können, müssen einige Voraussetzungen erfüllt sein. Zunächst muss ein wirksames Benutzerkonzept eingerichtet sein, durch das die Funktionstrennung sichergestellt wird. Ist dies nicht der Fall, müssten bereits vor den Datenanalysen Zweifel an der Wirksamkeit des Benutzerkonzepts bestehen, und es wäre eine entsprechende Anpassung der Prüfungsstrategie erforderlich.

Weiterhin muss sichergestellt sein, dass der Mitarbeiter, der die Journalbuchung autorisiert hat, mit seinem eigenen Benutzernamen aufgetreten ist, da sonst die eindeutige Zuordnung der Journalbuchung nicht möglich ist. Konkret bedeutet dies, dass sichergestellt werden muss, dass jeder Mitarbeiter eigene Zugangsdaten erhalten hat und interne Anweisungen existieren, die den Mitarbeiter dazu verpflichten, seine Zugangsdaten streng vertraulich zu behandeln und nicht weiterzugeben. Um sicherzustellen, dass diese Voraussetzungen erfüllt sind, können die Ergebnisse der IT-Systemprüfung herangezogen werden.

Zwar ist die Zielsetzung eine andere als beim Journal Entry Testing; die Ergebnisse der IT-Systemprüfung sind jedoch grundlegender Bestandteil für ein Verständnis der Interdependenzen zwischen den Geschäftsprozessen, dem internen Kontrollsystem, dem eingesetzten IT-System und der buchhalterischen Abbildung der einzelnen Geschäftsvorfälle.[448] Dieses Verständnis ist erforderlich, um ein Prüfungsurteil mit hinreichender Sicherheit bilden zu können.

Bezogen auf das zuvor aufgezeigte Problem kann der Abschlussprüfer im Rahmen der Prüfungsplanung, also vor der Durchführung der IT-Systemprüfung, die zuvor genannten Voraussetzungen besprechen, damit diese bei der IT-Systemprüfung berücksichtigt werden können. Die Prüfung des Vorhandenseins und der Wirksamkeit des Benutzerkonzepts ist ohnehin Bestandteil der IT-Systemprüfung,[449] sodass hier keine zusätzlichen Kosten entstehen.

Weiterhin ist zu prüfen, ob die Erstellung und Übermittlung der Zugangsdaten angemessen ist. Zwar kann auch die IT-Systemprüfung i. d. R. nicht sicherstellen, ob jeder Benutzer mit seinem eigenen Benutzernamen aufgetreten ist, da die eventuelle Weitergabe der Zugangsdaten an andere Mitarbeiter weder verhindert noch geprüft werden kann. Daher muss der Abschlussprüfer mangels gegenteiliger Hinweise zunächst unterstellen, dass eine Weitergabe nicht stattgefunden hat – insbesondere vor dem Hintergrund, dass ein Mitarbeiter sein Passwort i. d. R. nicht freiwillig weitergeben und damit riskieren wird, dass damit Verstöße i. e. S. begangen werden.

Sofern sich keine anderweitigen Zweifel an der Angemessenheit und Wirksamkeit des Benutzerkonzepts ergeben, kann der Abschlussprüfer das Merkmal „Benutzer" und die Ergebnisse für die entsprechende Dateninventur im Rahmen der multivariaten Datenmustererkennung nutzen.

4.2.3.2 Buchungsdatum und -zeit

Neben dem Benutzer können Datenfelder mit einem Datums- bzw. Zeitbezug zur Identifizierung von Auffälligkeiten eingesetzt werden. Hintergrund ist die Vermutung, dass Verstöße i. e. S. erwartungsgemäß nicht im normalen Geschäftsbetrieb, sondern eher zu Randzeiten ausgeführt werden, also nach Feierabend oder am Wochenende.[450] Hierbei stehen dem Abschlussprüfer gleich mehrere Merkmale zur Verfügung. Ob alle

---

[448] Vgl. *Köster/Kuschel/Ribbert* (2010), S. 730 f.

[449] Vgl. *Brösel et al.* (2015), S. 368 f.

[450] Vgl. *Odenthal* (2005), S. 102.

bzw. welche Merkmale ausgewählt werden, liegt im Ermessen des Abschlussprüfers und ist unternehmensindividuell festzulegen.

Das erste mögliche Merkmal stellt die Periodenzugehörigkeit (Periode) einer Journalbuchung dar. Hierunter wird der Monat verstanden, unter dem die Buchung getätigt wurde. Grund für die Einbeziehung der Periodenzugehörigkeit ist die Annahme, dass das Risiko, dass Verstöße i. e. S. getätigt werden, innerhalb eines Geschäftsjahres nicht gleichverteilt ist und der Abschlussprüfer somit Auffälligkeiten durch eine Analyse der Anzahl und Zusammensetzung der Journalbuchungen je Monat identifizieren kann.[451] Gleichzeitig können, wie von ISA 240 gefordert, vor allem die Buchungen zum Ende der Berichtsperiode entsprechend ausgewertet werden.[452]

Diese zeitliche Fokussierung ist zielführend, da insbesondere kurz vor dem Abschlussstichtag eine besondere Motivation bestehen kann, den Abschluss zu manipulieren, um gewisse Unternehmens- oder persönliche Ziele zu erreichen.[453] Bei Führungskräften hängt die variable Vergütung i. d. R. davon ab, ob das Unternehmen bestimmte Kennzahlen erreicht. Daher wird die Führungskraft unterjährig zunächst abwarten, bis feststeht, dass diese Kennzahlen im Geschäftsjahr voraussichtlich nicht mehr erreicht werden können. Erst dann wird sie eine entsprechende Buchung vornehmen.[454] Weiterhin werden gerade in der zwölften Periode i. d. R. eine Vielzahl von Nicht-Standardbuchungen zur Abschlusserstellung gebucht, sodass Verstöße i. e. S. weniger auffällig sind als im übrigen Geschäftsjahr.[455]

Im Zuge der Dateninventur wird jeder Journalbuchung eine Periode zugeordnet. Sofern ein entsprechendes Datenfeld bereits im Buchungsjournal voreingestellt ist, ist zunächst zu prüfen, ob sich die Periodenzugehörigkeit nach dem durch den Benutzer manuell vergebenen Buchungsdatum oder nach dem automatisch generierten Erfassungsdatum richtet. Für die sinnvolle Berücksichtigung dieses Merkmals ist es erforderlich, dass die Periode auf Basis des Buchungsdatums ermittelt wird. Wird z. B. eine Rechnung am 2. Januar des neuen Geschäftsjahres (= Erfassungsdatum) unter dem

451 Vgl. *Gee* (2015), S. 161.
452 Vgl. *IFAC*, ISA 240.32; *Schindler/Haußer* (2014), S. 982.
453 Vgl. *Lanza/Gilbert* (2007a), S. 2.
454 Vgl. *Terlinde* (2005), S. 178.
455 Vgl. *Debreceny/Gray* (2010), S. 161.

28. Dezember gebucht (= Buchungsdatum), so muss als Periodenzugehörigkeit „Dezember“ (= i. d. R. Periode 12) ausgegeben werden.

Hierbei soll unterstellt werden, dass, obwohl das Buchungsdatum manuell vergeben wird, eine Buchung am 2. Januar nicht mehr in die Perioden 1 bis 11 gebucht werden kann. Grund dafür ist, dass i. d. R. über das interne IT-Kontrollsystem sicherstellt wird, dass nach einem Monatsabschluss nicht mehr ohne gesonderte Freigabe in die abgeschlossene Periode gebucht werden kann. Hinzu kommt, dass die Ergebnisse der Vorperioden der Geschäftsführung bereits übermittelt und von dieser kontrolliert wurden, wodurch eine Buchung in frühere Perioden auffallen würde.

Um die entsprechenden Merkmalsausprägungen zu erhalten, wird folglich auf Grundlage des Buchungsdatums jedem Monat eine entsprechende Ziffer von 1 bis 12 zugeordnet, wie in der folgenden Abbildung dargestellt ist. Die Abschlussbuchungen werden dabei in die 12. Periode eingegliedert, da zumeist eine weitergehende Trennung zwischen diesen Abschlussbuchungen und den Buchungen des laufenden Monats Dezember nicht möglich ist.

Nr.	Buchungsdatum	Periode
JB 1	02.01.X1	1
JB 2	02.01.X1	1
[...]	[...]	[...]
JB 4895	28.02.X1	2
JB 4896	01.03.X1	3
[...]	[...]	[...]
JB 38566	10.11.X1	11
[...]	[...]	[...]

Tabelle 6: Dateninventur „Periode“

Neben der Periode als übergeordnetem Zeitbezug kann auch der Wochentag der Buchung als Merkmal genutzt werden. Hintergrund dessen ist, dass die buchhalterische Erfassung eines Geschäftsvorfalls grundsätzlich während der üblichen Arbeitstage und -zeiten stattfinden sollte. Auffälligkeiten ergeben sich dann, wenn die Journalbuchung an ungewöhnlichen Tagen erfasst wurden, d. h. an solchen Tagen an denen der Abschlussprüfer eigentlich keine Buchungen erwartet hätte.[456]

Insbesondere ist „Sonntag" eine auffällige Ausprägung des Merkmals „Wochentag", da in Deutschland in den meisten Unternehmen am Sonntag nicht gearbeitet wird, also auch keine Buchungen stattfinden. Deswegen besteht ein erhöhtes Risiko, da an diesen Tagen die Mitarbeiter ausreichend Ruhe haben, um ungestört die entsprechende Journalbuchung zu tätigen.[457]

Darüber hinaus kann es erforderlich sein, unternehmensindividuell weitere Wochentage als auffällig zu beurteilen, so z. B. Samstage. Auf der anderen Seite kann es auch Unternehmen geben, bei denen Sonntagsbuchungen nicht auffällig sind, bspw. wenn es sich um systemgenerierte Journalbuchungen handelt, die nicht den üblichen Arbeitszeiten unterliegen. Insbesondere Standard- und Massentransaktionen in der Klasse „Verkauf" sind davon betroffen, dass dort eine Vielzahl von Transaktionen automatisiert abgewickelt wird, die zu einer entsprechend hohen Anzahl daraus resultierender Journalbuchungen führt, die zum Teil auch an Sonntagen im Buchungsjournal verarbeitet werden.[458]

Zur Ermittlung der Merkmalsausprägungen in Bezug auf den Wochentag wird bei der Dateninventur zunächst jedem Erfassungsdatum ein Wochentag zugeordnet.[459] Im Gegensatz zum Merkmal „Periode" ist hier nicht das (manuelle) Buchungsdatum, sondern das (automatisch generierte) Erfassungsdatum zu verwenden. Grund dafür ist, dass der Zeitpunkt der tatsächlichen Buchung im IT-System im Fokus steht. Die in Wochentage transformierten Erfassungsdaten stellen die benötigten Merkmalsausprägungen dar und werden in der nachfolgenden Tabelle beispielhaft aufgeführt.

Die Merkmalsausprägungen sind im nächsten Schritt vom Abschlussprüfer daraufhin zu beurteilen, welche Wochentage als auffällig im Rahmen der späteren Datenanalyse zu beurteilen sind.

---

456 Vgl. *Goldshteyn/Gabriel/Thelen* (2013), S. 257.
457 Vgl. *Odenthal* (2005), S. 102.
458 Vgl. *Hamberger* (2001), S. 493.
459 Vgl. *Goldshteyn/Gabriel/Thelen* (2013), S. 260.

Nr.	Buchungsdatum	Wochentag
JB 1	02.01.X1	Montag
JB 2	02.01.X1	Montag
[...]	[...]	[...]
JB 4895	28.02.X1	Dienstag
JB 4896	01.03.X1	Mittwoch
[...]	[...]	[...]
JB 38566	10.11.X1	Freitag
[...]	[...]	[...]

Tabelle 7: Dateninventur „Wochentag"

In Bezug auf den Untersuchungsgegenstand ist bekannt, dass die Büroräume sonntags geschlossen sind und so zumindest vor Ort keine Buchungen durchgeführt werden können. Samstags hingegegen haben die Mitarbeiter die Möglichkeit, vom Büro aus zu arbeiten, und laut dem zu prüfenden Unternehmen wird dies auch häufig genutzt. Auf Basis dieser Informationen wurde nur die Merkmalsausprägung „Sonntag" als kritisch festgelegt.

Als letztes potenzielles Merkmal in diesem Zusammenhang kann die Uhrzeit analysiert werden, zu der eine Journalbuchung getätigt wurde.[460] Normalerweise ist davon auszugehen, dass die Mitarbeiter nur zu den üblichen Arbeitszeiten buchen werden. Was genau unter den „üblichen Geschäftszeiten" im individuellen Fall zu verstehen ist, wird der Abschlussprüfer im Rahmen der Dateninventur und auf Basis der ihm vorliegenden Informationen über das Unternehmen festlegen. Grundsätzlich sind übliche Arbeitszeiten der Zeitraum von 6 Uhr morgens bis 20 Uhr abends, um Puffer für potenzielle Überstunden gerade zur Abschlusserstellung oder auch flexible Arbeitszeiten zu berücksichtigen.[461] Allerdings gilt auch für dieses Merkmal, dass die Festlegung der üblichen Bandbreite unternehmensindividuell durchzuführen ist. Die Ausführungen bezüglich der systemgenerierten Journalbuchungen (siehe vorheriger Abschnitt) gelten hier entsprechend.

Im Hinblick auf die Betrachtung von Geschäftsprozessen ist das Merkmal „Uhrzeit" noch für eine weitergehende Datenanalyse einsetzbar: Durchläuft ein Geschäftsvorfall

---

460 Vgl. *Goldshteyn/Gabriel/Thelen* (2013), S. 257.

461 Vgl. *Schaeffer* (2008), S. 159; *Schindler/Haußer* (2014), S. 982.

einen Geschäftsprozess, sollte dies anhand eines vorgegebenen Ablaufs erfolgen. I. d. R. ist das IT-System so eingerichtet, dass die einzelnen Schritte vollständig und in der vorgegebenen Reihenfolge durchlaufen werden müssen, wenn keine Fehlermeldung erscheinen soll.[462]

Auf Grundlage dieser Information kann der Abschlussprüfer anhand der Uhrzeit prüfen, ob es Anzeichen dafür gibt, dass ein Geschäftsvorfall nicht die vorgegebene Reihenfolge der Prozessschritte durchlaufen hat. Wie im nachfolgenden Kapitel erläutert werden soll, kann die buchhalterische Erfassung des Geschäftsvorfalls in Verbindung mit dem zugrunde liegenden Prozess dargestellt werden, indem der Belegfluss ermittelt wird. Mit der Uhrzeit erlangt der Abschlussprüfer also ein zusätzliches Merkmal, um zu erkennen, ob eine Journalbuchung den vorgegebenen Weg durch den Prozess verlassen hat, was ein Hinweis auf Management Override sein kann.

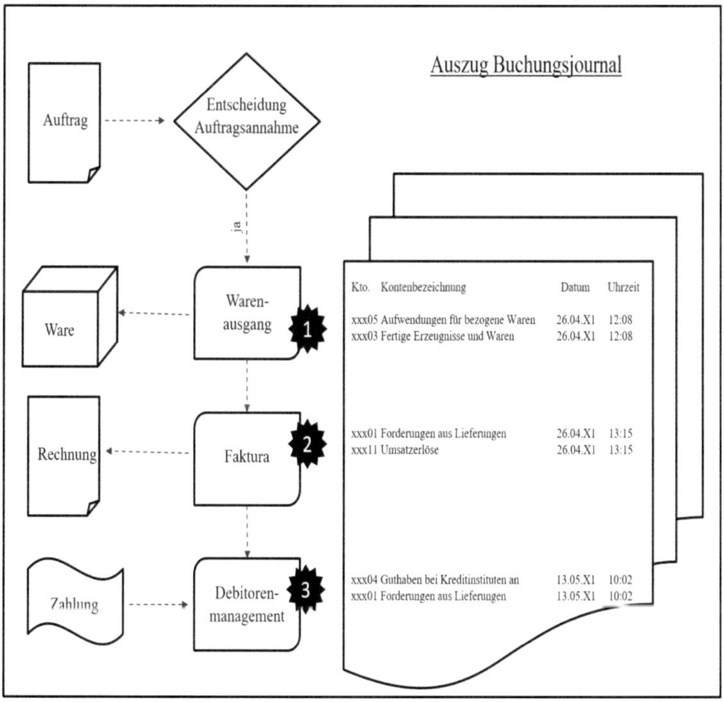

Abbildung 18: Prozessablauf „Verkauf" mit Journalbuchungen

---

[462] Vgl. *Richter-von Hagen/Stucky* (2004), S. 30.

Dabei ist zu beachten, dass das Datenfeld „Uhrzeit" mit dem Datenfeld „Datum" kombiniert werden muss, da die Uhrzeit isoliert betrachtet nicht den möglichen tagesübergreifenden Prozessablauf berücksichtigt, wie er in der vorherigen Abbildung dargestellt ist.

4.2.3.3 Buchungssätze und -zusammenhänge

Wie im vorherigen Kapitel erläutert, ermöglicht es das Verständnis der buchhalterischen Abbildung von Geschäftsvorfällen, auch Auffälligkeiten in den Buchungssätzen und im Buchungszusammenhang zur Identifizierung von Verstößen i. e. S. zu nutzen. Bei der Analyse der Buchungssätze erfolgt eine Betrachtung von Konto und Gegenkonto. Über die Ebene des einzelnen Buchungssatzes ergibt sich ein Buchungszusammenhang aus der Kombination mehrerer Buchungssätze innerhalb eines Geschäftsprozesses. So ergibt sich bspw. im Geschäftsprozess „Verkauf“ der Buchungszusammenhang durch die Verknüpfung der Buchungssätze im Rahmen der Prozessschritte „Warenausgang“, „Faktura“ und „Zahlung“.

In beiden Fällen wird das Buchungsjournal selbst verwendet, um für die ausgewählten übergeordneten Risikoklassen einen erwarteten Zusammenhang zwischen Konten und Gegenkonten bzw. zwischen den verschiedenen Buchungssätzen herzustellen und hierüber auffällige Journalbuchungen zu identifizieren. Der Vorteil dieser Vorgehensweise liegt darin, dass unabhängig von den festgelegten Prüfungszielen eine direkte Verknüpfung zum zu prüfenden Abschluss besteht.[463] Auch die Analyse der großen Bilanzskandale hat gezeigt, dass die Verstöße i. e. S. durch eine Analyse der Buchungssätze und des Buchungszusammenhangs erkennbar gewesen wären.[464] Zwar können keine allgemeingültigen Muster für diese Fälle abgeleitet werden; jedoch ist es mithilfe der Datenanalysen möglich, unternehmensindividuelle Muster für Auffälligkeiten abzuleiten.

Voraussetzung hierfür ist, dass der Abschlussprüfer zunächst die Soll-Buchungssätze identifiziert. Dieses Soll-Objekt dient dem Abschlussprüfer als eine Art Schablone, um zu prüfen, ob die Ist-Buchungen innerhalb dieser Vorgaben liegen oder davon abweichen. Aufgrund der Vielzahl möglicher Buchungssätze kann und darf es insbesondere aus Wirtschaftlichkeitsgründen nicht Inhalt dieser Analyse des Soll-Objekts sein,

---

[463] Vgl. *DeVries/Kiger* (2004), S. 57.
[464] Vgl. *Boecker* (2010), S. 49–70.

jede mögliche Kombination zu ermitteln und jede Abweichung davon einzelfallbezogen zu würdigen. Diese Vorgehensweise entspricht der zuvor beschriebenen Aufteilung des Buchungsjournals in Risikoklassen, da im Fokus nur solche Buchungen stehen sollten, die Teil der entsprechenden Risikoklassen sind, wodurch die gewünschte Risikoorientierung erreicht wird.

Aus diesem Grund ist es effizient, zunächst häufig wiederkehrende Buchungssätze und -zusammenhänge aufzudecken, um hieraus eine Bandbreite von typischen Buchungen als Sollobjekt zu ermitteln.[465] In der Regel treten bestimmte Buchungen immer wieder in einem Unternehmen auf, da sie entweder maßgeblich durch das IT-System determiniert werden oder aber aufgrund der internen Buchungsanweisungen immer gleich gebucht werden sollen.[466] Diese Buchungssätze ergeben sich, sofern vorhanden, aus der Bilanzierungsrichtlinie oder können durch ein Journal Entry Testing aus den Journalbuchungen abgeleitet werden.

Dies kann anhand eines Beispiels verdeutlicht werden: Erwartungswert der typischen Buchung in der übergeordneten Risikoklasse „Verkauf" ist die Buchung *Forderungen aus Lieferungen an Umsatzerlöse*, die als buchhalterisch richtige[467] Abbildung der Umsatzrealisierung (Soll-Buchungssatz) interpretiert wird. Anhand dieses Soll-Objekts können nun eventuell abweichende Buchungssätze wie *Sonstiger betrieblicher Aufwand an Umsatzerlöse* identifiziert werden. In der Praxis können natürlich deutlich mehr Varianten an Buchungssätzen innerhalb einer übergeordneten Risikoklasse bestehen, die entsprechend berücksichtigt werden müssen.

Darüber hinaus muss der Abschlussprüfer beachten: Auch wenn eine Buchung innerhalb der ermittelten Bandbreite liegt, ist sie nicht automatisch risikofrei, da es sich um einen „getarnten Verstoß" handeln kann. Darunter ist ein Verstoß i. e. S. zu verstehen, der so ausgestaltet ist, dass er zumindest aufgrund des verwendeten Buchungssatzes nicht sofort als solcher auffällt. Hintergrund ist, dass ein Mitarbeiter, um seine Taten zu verschleiern, den Buchungssatz i. d. R. so wählen wird, dass er wie eine typische Buchung aussieht. Gleichwohl ist es durch das multivariate Vorgehen und somit die Kombination von Merkmalen möglich, auch solche Buchungen zu identifizieren, da

---

465 Vgl. *Pommeränke* (1971), S. 133 f.

466 Vgl. *Schindler/Haußer* (2014), S. 981.

467 Aus Vereinfachungsgründen wird die Habenbuchung der Umsatzsteuer, die zu einer lehrbuchmäßigen Abbildung des vorgenannten Buchungssatzes gehört, hier und im Folgenden vernachlässigt.

bei der multivariaten Analyse eben nicht nur der Buchungssatz bzw. der Buchungszusammenhang isoliert betrachtet werden.

Die Umsetzung des beschriebenen Vorgehens gestaltet sich in der Praxis folgendermaßen: Im Rahmen der Dateninventur muss zunächst ganz allgemein identifiziert werden, welche Buchungen im Ablauf des Geschäftsprozesses überhaupt erzeugt werden, um auf Basis dessen die Buchungssätze und den -zusammenhang ableiten zu können. Aus Effizienzgesichtspunkten sollte die Dateninventur zeitgleich mit der Prozessaufnahme durchgeführt werden, um das Journal Entry Testing besser in den risikoorientierten Prüfungsansatz zu integrieren. Der Bezug zur Prozessaufnahme ergibt sich dadurch, dass der Ablauf des Geschäftsprozesses im Rahmen der Aufbauprüfung ohnehin aufgenommen wird und sich hieraus die entsprechenden Buchungssätze und der Buchungszusammenhang ableiten lassen.

Bezogen auf den Untersuchungsgegenstand und die übergeordnete Risikoklasse „Verkauf" werden (vereinfacht)[468] drei Buchungen innerhalb eines beispielhaften Geschäftsvorfalls standardmäßig genutzt, wie die Abbildung auf der nächsten Seite zeigt.[469]

Im Prozessschritt „Auftrag" besteht im Kammermodell keine „Auffangbox", d. h. es entstehen somit auch keine Journalbuchungen. Die erste Buchung entsteht im Prozessschritt „Warenausgang". Dabei wird, nachdem die Ware verpackt, der Lieferschein erstellt und der Versand an den Kunden erfolgt ist,[470] in der Finanzbuchhaltung die Buchung des Warenausgangs *Aufwendungen für bezogene Waren an Fertige Erzeugnisse und Waren* ausgelöst und in der entsprechenden „Auffangbox" abgelegt.[471]

---

468 Die Vereinfachung erfolgt, um das grundsätzliche Vorgehen zwar nachvollziehbar, aber dennoch übersichtlich darzustellen. Unter Berücksichtigung der Wesentlichkeit werden in der Praxis aber ohnehin nur die genannten Buchungen im Fokus eines Prüfungsvorgehens stehen, wodurch die Praxistauglichkeit trotz der Vereinfachung bestätigt wird.

469 In Anlehnung an *IDW*, PH 9.330.2, Tz. 18.

470 Vgl. *Brösel et al.* (2015), S. 377.

471 Die Buchung kann variieren, sofern es sich bspw. um ein Produktionsunternehmen handelt, bei dem Bestandsveränderungen gebucht werden. In diesem Fall muss der Buchungssatz entsprechend angepasst werden.

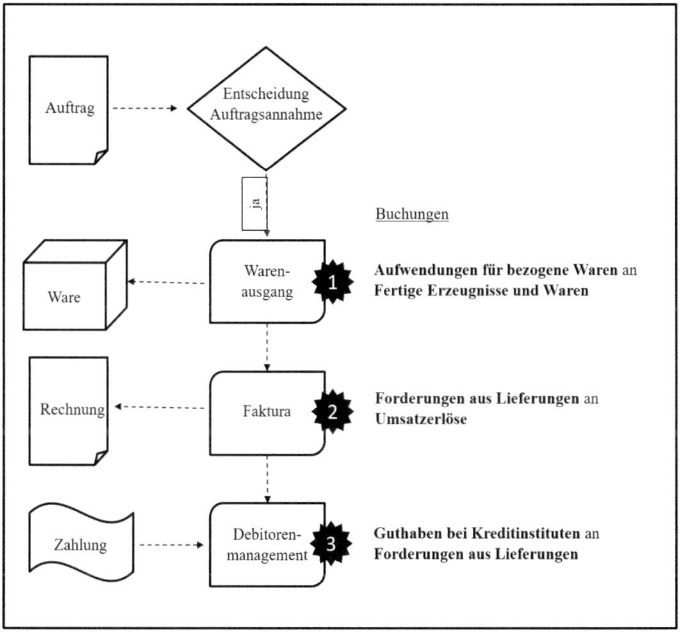

Abbildung 19: Prozessablauf „Verkauf" mit Buchungssätzen

Im nächsten Prozessschritt erfolgt die Fakturierung, korrespondierend wird in der „Auffangbox" die Buchung *Forderungen aus Lieferungen an Umsatzerlöse* abgelegt. Im Anschluss daran erfolgt im Regelfall die Zahlung durch den Kunden. In diesem Prozessschritt wird nach dem Geldeingang die Forderung durch die Buchung *Guthaben bei Kreditinstituten an Forderungen aus Lieferungen* ausgeglichen.

Diese Ausführungen zeigen, dass sich die Dateninventur stark an der bisherigen Prozessaufnahme ausrichtet und folglich die Integration in den risikoorientierten Prüfungsansatz gelingt. Im Ergebnis erfolgt lediglich eine Erweiterung der Prozessaufnahme um die Buchungssätze pro Prozessschritt. Der Abschlussprüfer kann somit die Buchungssätze, aber auch den Buchungszusammenhang in der übergeordneten Risikoklasse „Verkauf" für die relevanten Journalbuchungen nachvollziehen.

Um mithilfe der Buchungssätze und -zusammenhänge Prüfungsaussagen tätigen zu können, müssen jedoch zuvor einige Probleme der Praxis gelöst werden: Im Idealfall enthält das Buchungsjournal für jede Journalbuchung das Konto sowie das passende Gegenkonto. Dies setzt allerdings voraus, dass der Buchungssatz nur eine 1:1-Beziehung erlaubt (ein Soll-Konto an ein Haben-Konto). Ist dies der Fall, lassen sich die

Buchungssätze einfach ermitteln und entsprechende Muster ableiten. Das Gegenkonto der Journalbuchung ist jedoch i. d. R. nicht als Datenfeld verfügbar, da in der Praxis eben nicht nur 1:1-Beziehungen gebucht werden und dadurch eine technische Abbildung innerhalb des Buchungsjournals scheitert.[472]

Das Problem des fehlenden Gegenkontos kann dadurch gelöst werden, dass das Gegenkonto als zusätzliches Datenfeld manuell vom Abschlussprüfer eingefügt wird. Die Information, welches Gegenkonto zu einer Journalbuchung gehört, kann mithilfe der Belegnummer eingeholt werden. Das Datenfeld „Belegnummer" ist bei der Buchung und Gegenbuchung identisch und stellt eine eindeutige und überschneidungsfreie Verbindung zwischen den Buchungen dar.[473] Konkret müssen dazu zunächst die Soll-Buchungen von den Haben-Buchungen z. B. mithilfe einer Extraktion getrennt werden. Die Trennung kann dabei auf Basis des Vorzeichens (bspw. alle Buchungen mit negativem Vorzeichen sind Haben-Buchungen) oder, sofern vorhanden, auf Basis des Datenfelds „Soll-Haben-Kennzeichnung" erfolgen.

Im nächsten Schritt können z. B. mithilfe der Verbinden-Funktion[474] die Soll-Buchungen über das Datenfeld „Belegnummer" um die Haben-Buchungen mit der gleichen Belegnummer erweitert werden. Analog wird bei den Haben-Buchungen vorgegangen. Im Ergebnis liegen nun zwei Datenmengen vor: alle Soll-Buchungen erweitert um das zugehörige Gegenkonto im Haben und alle Haben-Buchungen erweitert um die entsprechenden Soll-Buchungen.

Im letzten Schritt müssen die beiden Datenmengen wieder zusammengefügt und es muss kontrolliert werden, ob die Anzahl der Buchungen mit der ursprünglichen Datengrundlage übereinstimmt. Damit lässt sich das Problem des fehlenden Gegenkontos beheben, und der Abschlussprüfer kann pro Journalbuchung erkennen, wie der Buchungssatz und der Buchungszusammenhang aussehen.

In Bezug auf die Problematik mehrzeiliger Buchungssätze können die folgenden drei Fälle unterschieden werden. Da die Journalbuchungen nach dem Einfügen der Gegen-

---

472 Vgl. *Wiese* (2013), S. 136.

473 Hier wird angenommen, dass einer Buchung nur eine Gegenbuchung (Soll an Haben) gegenübersteht. Es erfolgt somit eine Buchung auf einem Soll-Konto und passend dazu die Gegenbuchung auf dem Haben-Konto.

474 Siehe zu dieser Funktion *Goldshteyn/Gabriel/Thelen* (2013), S. 46.

konten wieder zusammengeführt wurden, werden die Fälle aus Sicht der (abgetrennten) Soll-Buchungen dargestellt. Gleiches gilt natürlich analog aus Sicht der (abgetrennten) Haben-Buchungen.

1. Ein Buchungssatz besteht aus mehreren Konten im Soll, aber nur einem Konto im Haben: In diesem Fall führt das beschriebene Vorgehen dazu, dass aus Sicht der abgetrennten Soll-Buchungen für jedes Konto das richtige Gegenkonto hinzugefügt wird, da hier keine andere Möglichkeit besteht. Dabei ist jedoch zu beachten, dass der Betrag der Habenbuchung nicht aufgeteilt werden kann, was dazu führt, dass jeder Soll-Buchung der volle Betrag der Habenbuchung zugeordnet wird. Eine betragsmäßige Betrachtung der Buchungssätze ist somit nicht mehr möglich, aber auch nicht erforderlich, da eine rein kontenmäßige Betrachtung der Buchungssätze erfolgt.
2. Ein Buchungssatz besteht aus einem Konto im Soll, aber aus mehreren Konten im Haben: In diesem Fall führt das Vorgehen dazu, dass der Sollbuchung jeweils nur ein Haben-Konto zugeordnet wird. Welches der vorhandenen Haben-Konten zugeordnet wird, kann der Abschlussprüfer zwar steuern (z. B. immer das Haben-Konto mit dem größten Betrag oder von einem bestimmten Benutzer), jedoch kann diese Auswahl aufgrund der Masse an Daten nicht einzelfallabhängig festgelegt werden, sondern muss dem Datenanalyseprogramm für alle Journalbuchungen als Formel vorgegeben werden. Obwohl es zunächst so scheint, als ob die Dateninventur der Buchungssätze in Fall 2 unvollständig ist, wird dieses Problem durch die analoge Vorgehensweise bei den Haben-Buchungen ausgeglichen. Liegt in Bezug auf die Soll-Buchung der Fall 2 vor, so liegt aus Sicht der Haben-Buchungen Fall 1 vor. Dadurch, dass die Soll- und Haben-Buchung im Anschluss wieder zusammengeführt werden, ist pro Belegnummer jeder Buchungssatz mindestens einmal vorhanden. Folglich sind auch mehrzeilige Buchungssätze unproblematisch, solange entweder im Soll oder Haben nur ein Konto genutzt wird.
3. Ein Buchungssatz besteht aus mehreren Konten im Soll und auch aus mehreren Gegenkonten im Haben. Dieser Fall ist grundsätzlich gleich gelagert mit Fall 2, sodass jedem Soll-Konto wieder nur ein Haben-Konto zugeordnet wird. Abweichend zu Fall 2 kommt hier jedoch hinzu, dass durch die Vorgehensweise nicht sichergestellt werden kann, dass alle vorhandenen Kombinationen im bearbeiteten Datensatz auch vorhanden sind, da das Gegenkonto wie oben beschrieben nicht einzelfallabhängig zugeordnet werden kann. Fall 3 stellt jedoch einen Sonderfall dar und ist somit für das weitere Vorgehen vernachlässigbar.[475]

---

[475] Sofern dennoch im Datensatz solche Buchungen enthalten sind, kann der Abschlussprüfer in Einzelfällen entweder eine einzelfallbezogene Zuordnung durchführen oder, bei einer Vielzahl solcher Buchungen, die Zuordnung durch die Datenanalysesoftware vornehmen lassen und jeweils die Gegenbuchung mit dem höchsten Betrag der Journalbuchung zuordnen.

Nachdem der Abschlussprüfer die Gegenkonten eingefügt hat, kann er eine Übersicht über die Buchungssätze und die Anzahl der jeweiligen Buchungskombinationen erstellen, wie aus Tabelle 8 ersichtlich ist. Wichtig ist hierbei, dass die Anzahl der jeweiligen Kombinationen nicht der Anzahl der Buchungssätze insgesamt entspricht, da ein mehrzeiliger Buchungssatz auch die entsprechende Anzahl Journalbuchungen beinhaltet.

So führt der folgende Buchungssatz im Buchungsjournal zu drei möglichen Kombinationen an Buchungssätzen:

Technische Anlagen und Maschinen 1.000 an Verbindlichkeiten aus Lieferungen 1.190 Vorsteuer 190

Nr.	Konto	Soll / Haben	Gegenkonto
JB 1	Technische Anlagen und Maschinen	Soll	Verbindlichkeiten aus Lieferungen
JB 2	Vorsteuer	Soll	Verbindlichkeiten aus Lieferungen
JB 3	Verbindlichkeiten aus Lieferungen	Haben	Technische Anlagen und Maschinen

Tabelle 8: Beispiel möglicher Kombinationen an Buchungssätzen

In der Übersicht wird somit dargestellt, wie oft eine Journalbuchung mit dem entsprechenden Buchungssatz im Buchungsjournal enthalten ist.

Mithilfe dieser Übersicht kann der Abschlussprüfer die Buchungssätze als Merkmal zur Identifizierung von Verstößen i. e. S einsetzen. Dazu reicht es jedoch nicht aus, nur die entsprechende Übersicht zu erstellen, sondern die Dateninventur erfordert noch eine Beurteilung, welche Merkmalsausprägungen, also welche Buchungssätze risikobehaftet sind. Aufgrund der Masse an Daten wird eine Einzelfallbetrachtung und Beurteilung jeder vorhandenen Kombination wirtschaftlich nicht vertretbar sein. Aus diesem Grund ist es sinnvoll, dass der Abschlussprüfer die Anzahl, wie häufig bestimmte Kombinationen vorhanden sind, zur Beurteilung einsetzt, ob eine risikobehaftete Journalbuchung vorliegt.

In Bezug auf den Untersuchungsgegenstand wurde so zunächst eine Übersicht der Buchungssätze für die übergeordnete Risikoklasse „Verkauf" einschließlich der Anzahl an Journalbuchungen mit der entsprechenden Kombination erstellt. Diese kann für die nachfolgende, multivariate Datenmustererkennung eingesetzt werden.

Konto	Gegenkonto	Anzahl Journalbuchungen
xxx01	xxx11	6.720
xxx08	xxx11	3
xxx05	xxx03	13.457
[...]	[...]	[...]

Tabelle 9: Dateninventur "Buchungssätze"

Neben den Buchungssätzen kann aufgrund der geschäftsprozessorientierten Betrachtungsweise noch ein weiteres Merkmal untersucht werden. Nach § 317 Abs. 1 HGB ist die Buchführung ebenfalls Prüfungsgegenstand, sodass die Einbeziehung der buchhalterischen Abbildung der Geschäftsvorfälle kein neuer Ansatz ist; allerdings wurde bisher selten der Buchungszusammenhang über den gesamten Geschäftsprozess hinweg betrachtet. Ebenso wie die Tatsache, dass im Rahmen der Prozessaufnahme bis dato keine Verknüpfung der Buchungssätze mit den Prozessschritten und Kontrollen stattfindet, erscheint die fehlende Berücksichtigung des Buchungszusammenhangs ebenfalls unverständlich.[476]

Um die Geschäftsprozesse bei der Datenmustererkennung zu berücksichtigen, ist es notwendig, dass nicht nur die isolierten Buchungssätze in die Datenanalysen einbezogen, sondern vielmehr auch die Zusammenhänge der Buchungssätze innerhalb eines Prozessablaufs betrachtet werden. Wie in der Abbildung 19 dargestellt, gehören die resultierenden Buchungssätze zu einem Geschäftsvorfall, der den Prozess durchläuft; sie stehen also in einem unmittelbaren Buchungszusammenhang.

Die Verknüpfung der Journalbuchungen mit der Prozessaufnahme führt dazu, dass dem Abschlussprüfer mit dem Buchungszusammenhang ein weiteres Merkmal zur Verfügung steht, um Verstöße i. e. S. durch Abweichungen zum Soll-Zustand zu identifizieren.

Zentraler Vorteil der Analyse des Merkmals „Buchungszusammenhang" ist, dass es für den Abschlussprüfer erstmals möglich ist, unter Berücksichtigung der Journalbu-

---

476 Vgl. *Wich* (2008), S. 165 f.; *Mochty/Wiese* (2011), S. 18.

chungen Interdependenzen zwischen den einzelnen Prozessschritten zu berücksichtigen und auch den zeitlichen Ablauf von Prozessschritten explizit auf Auffälligkeiten zu analysieren. Innerhalb des Buchungsjournals ist jedoch neben dem Gegenkonto auch der Buchungszusammenhang nicht unmittelbar ersichtlich.[477]

Um den Buchungszusammenhang für einen Geschäftsvorfall innerhalb des Buchungsjournals zu identifizieren, müsste es, vergleichbar mit der Belegnummer im Fall der Buchungssätze, im Buchungsjournal ein Datenfeld geben, das die Buchungen eines Geschäftsvorfalls miteinander verbindet. Anders als beim Gegenkonto gibt es ein solches Datenfeld jedoch größtenteils nicht. Gründe dafür sind insbesondere der zeitliche Unterschied zwischen den einzelnen Buchungssätzen und die Tatsache, dass sowohl Wareneingangs- als auch -ausgangsbuchungen zunächst größtenteils automatisch in der Materialwirtschaft erfasst und dann über eine Schnittstelle an die Finanzbuchhaltung übertragen werden.[478] Zwar sind die entsprechenden Journalbuchungen systemseitig sortiert und mit einer Zuordnung versehen, jedoch ist auch diese Zuordnung häufig nicht ohne weiteres aus dem Buchungsjournal ersichtlich.[479]

Unabhängig von der verwendeten Software zur Abbildung der IT-gestützten Rechnungslegung besteht jedoch normalerweise die Möglichkeit, zu jeder generierten Auftragsnummer im Geschäftsjahr die dazugehörige Lieferschein- und Rechnungsnummer abrufen zu können.[480] Ist dies nicht möglich, besteht i. d. R. aufgrund der Schnittstelle zwischen Materialwirtschaft und Finanzbuchhaltung zumindest eine Liste der Lieferschein- mit den passenden Rechnungsnummern, die eine IT-seitig vergebene Zuordnungsnummer beinhaltet.

Die Journalbuchungen lassen sich durch den automatischen Abgleich der Zuordnungsnummer um andere damit aus Prozesssicht im Zusammenhang stehende Journalbuchungen erweitern. So ist es möglich, z. B. sämtliche Warenausgangsbuchungen den

---

477 Vgl. *Bönner/Riedl/Wenig* (2011), S. 27 ff.

478 Vgl. *Maassen/Schoenen* (2002), S. 233 f.

479 Dass eine solche Zuordnung der Buchungen zum Geschäftsvorfall unabhängig vom eingesetzten IT-System bestehen muss, resultiert aus dem in § 238 HGB kodifizierten Belegprinzip. Dieses stellt sicher, dass durch einen Belegfluss die Zuordnung der Journalbuchungen nachvollziehbar ist und somit für das weitere Prüfungsvorgehen verwendet werden kann. Vgl. *Marten/Quick/Ruhnke* (2015), S. 502; *Böhm* (2016), S. 302.

480 Die dargestellte Verknüpfung zwischen Umsatzerlös- und Warenausgangsbuchung kann analog auf die Verknüpfung zwischen der Umsatzerlös- und der Forderungsbuchung angewendet werden. In diesem Fall kann bspw. die Verknüpfung mithilfe der Debitorenbuchhaltung erfolgen, um die Buchungszusammenhänge aufzudecken.

entsprechenden Umsatzerlösbuchungen zuzuordnen. Hierzu kann mithilfe der Zuordnungsnummer jeder Umsatzerlösbuchung ein Datenfeld mit der passenden Warenausgangsbuchung angehängt werden.

Im Zuge der Dateninventur werden nun die um das Datenfeld „Buchungszusammenhang“ erweiterten Journalbuchungen beurteilt. Aus prozessorientierter Sicht sind zunächst solche Journalbuchungen als risikobehaftet einzuschätzen, bei denen eine Umsatzerlösbuchung keine Zuordnungsnummer aufweist.

Die fehlende Zuordnungsnummer weist den Abschlussprüfer darauf hin, dass keine passende Warenausgangsbuchung vorhanden ist, und stellt somit eine Auffälligkeit dar. Hierbei ist allerdings auch zu berücksichtigen, dass die fehlende Zuordnung bzw. die Auffälligkeit auch aus technischen Problemen resultieren kann.

Die Nutzung der Buchungszusammenhänge zeigt erneut deutlich, dass das Journal Entry Testing nicht nur für das Erkennen von Verstößen i. e. S. eingesetzt werden kann, sondern auch, um weitere Prüfungsziele wie die „Existenz der Umsatzerlöse“ zu erreichen. Die Berücksichtigung des Buchungszusammenhangs innerhalb der übergeordneten Risikoklasse „Verkauf“ ermöglicht es dem Abschlussprüfer, für jede Umsatzerlösbuchung mithilfe der Datenanalysen zu prüfen, ob eine entsprechende Referenz zu einer Warenausgangsbuchung vorhanden ist. Zwar liefert diese Prüfungshandlung nicht die gleiche Sicherheit wie eine Belegprüfung von Auftrag, Lieferschein und Rechnung, jedoch kann der Abschlussprüfer trotzdem durch die gewonnene Prüfungssicherheit ggfs. den Umfang der einzelfallbezogenen Prüfungshandlungen reduzieren.

Das beschriebene Vorgehen wurde für den Untersuchungsgegenstand in der übergeordneten Risikoklasse „Verkauf“ angewendet, um das Merkmal im Rahmen der multivariaten Mustererkennung einsetzen zu können, wie im folgenden Kapitel dargestellt werden soll.

4.4 Einsatz eines Scoring-Modells um Verstöße i. e. S. zu erkennen

4.4.1 Einsatzmöglichkeiten von Scoring-Modellen

Ziel der Datenmustererkennung (siehe Kapitel 4.3.1) ist es, die Journalbuchungen innerhalb einer Risikoklasse in risikobehaftete und risikofreie Journalbuchungen einzuteilen. Diese Einteilung nimmt der Abschlussprüfer auf Basis einer eigenen Einschätzung über das Risikoniveau der jeweiligen Journalbuchungen vor. Es handelt sich somit um eine subjektive „A-priori-Risikoeinschätzung" des Abschlussprüfers. Um eine solche Einteilung vorzunehmen und insbesondere für Dritte nachvollziehbar zu machen, wird ein weiteres Werkzeug benötigt.

Grundsätzlich können hierzu unterschiedliche Instrumente verwendet werden. Da es sich bei der Entscheidung, welche Journalbuchungen für weitergehende einzelfallbezogene Prüfungshandlungen auszuwählen sind, um eine entscheidungstheoretische Fragestellung handelt, wird im Folgenden ein Scoring-Modell zugrunde gelegt.

Scoring-Modelle gehören zu den Methoden der Nutzwertanalyse[481] und dienen der „[...] Analyse einer Menge komplexer Handlungsalternativen mit dem Zweck, die Elemente dieser Menge entsprechend den Präferenzen des Entscheidungsträgers bezüglich eines multidimensionalen Zielsystems zu ordnen".[482] Scoring-Modelle werden demnach dazu eingesetzt, um in Entscheidungssituationen Hilfestellung bei einer sinnvollen Auswahl zwischen mehreren Alternativen zu bieten.[483]

Anwendung finden solche Modelle bisher insbesondere bei Kreditinstituten im Rahmen der Entscheidung über die Vergabe eines Kredits. Dabei werden in der Regel unterschiedliche Ausprägungen verschiedener Bonitätsmerkmale mit Punktwerten belegt, addiert und in der Summe bewertet.[484] Das Modell zur Erlangung von Entscheidungsalternativen basiert auf einem Merkmalskatalog, der das Kernstück des Modells ist.[485] Dieser Merkmalskatalog enthält die unterschiedlichen entscheidungsrelevanten Kriterien und die Gewichtung der einzelnen Alternativen.

Eine erhebliche praktische Bedeutung von Scoring-Modellen in Bezug auf die Abschlussprüfung ist – im Gegensatz zur Anwendung in der internen Revision[486] – bisher nicht erkennbar, obwohl diese in der Literatur als Instrument der Beurteilung und Festlegung des Fehlerrisikos diskutiert werden.[487]

481 Vgl. *Weber/Krahnen/Weber* (1995), S. 1621.
482 *Zangemeister* (2014), S. 45.
483 Vgl. *Strebel* (1978), S. 2182; *Nicolai* (1994), S. 423; *Weber/Krahnen/Weber* (1995), S. 1621.
484 Vgl. *Weber/Krahnen/Weber* (1995), S. 1621 f.; *Füser* (2001), S. 57.
485 Vgl. *Göckeritz* (1999), S. 69; *Füser* (2001), S. 57.
486 Vgl. *Kamm* (2013), S. 66–72.
487 Vgl. *Stibi* (1995), S. 191 ff.; *Göckeritz* (1999), S. 69–224.

Gleichwohl lassen sich Scoring-Modelle im Rahmen des Journal Entry Testings nutzen, um den Abschlussprüfer bei der Auswahl risikobehafteter Journalbuchungen zu unterstützen und ihm ein Auswahlverfahren zur Verfügung zu stellen, das sowohl einen systematischen als auch logischen Aufbau aufweist und eine nachvollziehbare Dokumentation ermöglicht. Zweckdienlich ist, dass bei Anwendung eines solchen Modells in Kombination mit dem Journal Entry Testing die Möglichkeit einer modellfundierten Dokumentation der Datenanalysen zur Einholung ausreichender und angemessener Prüfungsnachweise besteht.[488]

Scoring-Modelle in ihrer Grundform erscheinen im Gegensatz zur zuvor beschriebenen Datenmustererkennung überholt; jedoch liegt der zentrale Vorteil neben der Einfachheit darin begründet, dass sie eine quantifizierte Einheit mit kardinaler Vergleichbarkeit für die Entscheidungsfindung liefern.[489]

Scoring-Modelle begünstigen durch ihre Transparenz und immanente Logik die Nachvollziehbarkeit der Risikobeurteilung des Abschlussprüfers und die anschließende Dokumentation. Durch den Einsatz von Gewichtungen wird das prüferische Ermessen des Abschlussprüfers für einen Dritten nachvollziehbar gemacht.[490]

Weiterhin ist vorteilhaft, dass es Scoring-Modelle erlauben, sowohl quantitative (wie die Anzahl der Buchungssätze) als auch qualitative Faktoren (z. B. den Benutzer) miteinander zu kombinieren. Dies ermöglicht dem Abschlussprüfer eine Gewichtung der im Rahmen der multivariaten Datenmustererkennung identifizierten Journalbuchungen.

Insbesondere in den Fällen, in denen eine einzelne Datenanalyse für sich allein kein ausreichendes Indiz für einen Verstoß i. e. S. ist, können mithilfe von Scoring-Modellen die Ergebnisse mehrerer Datenanalysen zu einem Gesamtergebnis aggregiert werden.[491]

Problematisch bei der Anwendung von Scoring-Modellen ist jedoch, dass die Festlegung der einzelnen Bestandteile (wie der Beurteilungskriterien) und der Gewichtungen ein hohes Maß an Subjektivität aufweisen.[492]

488 Vgl. *Nicolai* (1994), S. 425.
489 Vgl. *Weber/Krahnen/Weber* (1995), S. 1621 f.; *Füser* (2001), S. 60.
490 Vgl. *Bechmann* (1978), S. 31; *Nicolai* (1994), S. 425.
491 Vgl. *Weber/Krahnen/Weber* (1995), S. 1622.
492 Vgl. *Bechmann* (1978), S. 31; *Nicolai* (1994), S. 425.

Dieser Kritikpunkt kann zum einen dadurch entkräftet werden, dass auch im Rahmen des Journal Entry Testings in seiner bisherigen Form das prüferische Ermessen des Abschlussprüfers erforderlich ist, das ebenfalls durch ein entsprechendes Maß an Subjektivität geprägt ist.[493] Darüber hinaus kann durch eine eindeutige und nachvollziehbare Normierung innerhalb des Modells verhindert werden, dass das unumgängliche prüferische Ermessen zu unterschiedlichen Ergebnissen führt. So schließt bspw. die der „BCG-Matrix"[494] zugrunde liegende Normierung bei der Einschätzung des Produktlebenszyklusses aus, dass ein und dasselbe Unternehmen von unterschiedlichen Anwendern einmal als „Cash Cow" und einmal als „Poor Dog" eingestuft wird, obwohl auch dieses Modell nicht frei von subjektiven Einschätzungen ist.[495]

Weiterhin ist zu beachten, dass durch die multivariate Betrachtung die Auffälligkeit einer Journalbuchung von einer Vielzahl an Einzelindizien abhängt. Dadurch werden jedoch nur solche Journalbuchungen weitergehend einzelfallbezogen geprüft, die in mehreren Analysen zu Auffälligkeiten geführt haben. Hier könnte man kritisch anmerken, dass eine Journalbuchung bereits bei einer einzigen auffälligen Merkmalsausprägung einen Verstoß i. e. S. beinhalten kann.

Der vermeintliche Nachteil, dass die Vorgehensweise erst bei mehreren Auffälligkeiten greift, wird durch die unternehmensindividuelle Dateninventur und die Gewichtung der Analyseergebnisse ausgeglichen. Hierdurch wird eine zielgerichtete Vorgehensweise sichergestellt, wobei die Auswahl der Einzelindizien und deren Gewichtung durch den Abschlussprüfer selbst erfolgt.

Scoring-Modelle können im Rahmen des Journal Entry Testings dazu eingesetzt werden, eine objektive, nachvollziehbare und risikoorientierte Aussage darüber zu treffen, ob eine Journalbuchung risikobehaftet ist und wie hoch das jeweilige Risikoniveau der einzelnen Journalbuchung einzuschätzen ist.

4.4.2 Anwendung des Scoring-Modells beim Journal Entry Testing

Um Scoring-Modelle beim Journal Entry Testing anwenden zu können, soll zunächst das Grundmodell erläutert werden. Ein Scoring-Modell, das auf der Nutzwertanalyse

---

493 Vgl. *Bose et al.* (2011), S. 493.
494 Siehe zur BCG-Matrix exemplarisch *Hutzschenreuter* (2009), S. 368 f.
495 Vgl. *Wilde* (1989), S. 224 f.

aufbaut, dient dazu, Entscheidungsalternativen (im Folgenden als Alternativen bezeichnet) auf eine konkrete Zielsetzung hin zu bewerten.[496] Dazu werden auf die konkrete Zielsetzung bezogene Urteile über Alternativen aggregiert, indem eine einheitliche Beurteilungsdimension verwendet wird: der Nutzen für den Entscheider.[497]

Die Bewertung der einzelnen Alternativen erfolgt in der Grundform des Scoring-Modells durch Ermittlung eines Gesamtnutzens, der sich aus der Addition einzelner Teilnutzen ergibt.[498] Dabei wird angenommen, dass eine bestimmte Anzahl an Alternativen a vorliegt, zwischen denen eine Entscheidung getroffen werden soll.

$$N_{(a)} = \sum_{i=1}^{n} g_i * n_i(a_i)$$

a = Alternative
i = entscheidungsrelevantes Kriterium
n = Anzahl entscheidungsrelevanter Kriterien
$n_i(a_i)$ = Teilnutzen
g_i = Gewichtung
$N_{(a)}$ = Gesamtnutzungswert einer Alternative a

Die Entscheidung darüber, welche Alternative ausgewählt wird, hängt von zuvor festzulegenden Kriterien i ab (entscheidungsrelevante Kriterien) ab. Zur Beurteilung der Alternativen werden n Kriterien ausgewählt (bspw. der Anschaffungspreis und die Nutzungsdauer bei der Entscheidung über die Investition in eine Maschine). Jedes entscheidungsrelevante Kriterium wird einzeln bewertet, um darauf aufbauend einen Teilnutzen ($n_i(a_i)$) zu ermitteln.

Dieser Teilnutzen wird mit einer individuellen Gewichtung g_i multipliziert. Durch Addition sämtlicher gewichteter Teilnutzen erhält man pro Alternative den Wert des Gesamtnutzens $N_{(a)}$ (Gesamtnutzungswert), der maßgeblich für die Entscheidungsfindung ist.[499] Dieses Grundmodell soll nun auf das Journal Entry Testing angepasst werden.

---

[496] Vgl. *Zangemeister* (2014), S. 45.
[497] Vgl. *Weber/Krahnen/Weber* (1995), S. 1621.
[498] Vgl. ebd., S. 1622.
[499] Vgl. *Weber/Krahnen/Weber* (1995), S. 1622; *Schierenbeck* (2003), S. 167 f.

Ein Scoring-Modell kann beim Journal Entry Testing eingesetzt werden, um den Abschlussprüfer bei der Einschätzung zu unterstützten, welche Journalbuchungen für einzelfallbezogene Prüfungshandlungen aus der Grundgesamtheit der Journalbuchungen auszuwählen sind. Beim Einsatz eines Scoring-Modells wird das Rationalprinzip unterstellt, wonach der Abschlussprüfer aus der Menge der zur Auswahl stehenden Alternativen (= Journalbuchungen) diejenigen Journalbuchungen auswählen wird, deren Konsequenzen auf den Abschluss in Bezug auf das Risiko auf Basis der bekannten Informationen am höchsten zu bewerten sind.[500] Ziel des Einsatzes eines Scoring-Modells im Rahmen des Journal Entry Testings ist es folglich, die risikobehafteten Journalbuchungen zu identifizieren.

Hierbei liegt eine Gesamtanzahl von A[501] Alternativen für den Abschlussprüfer vor. A entspricht dabei der Anzahl der Journalbuchungen innerhalb der Grundgesamtheit, in diesem Fall innerhalb der übergeordneten Risikoklasse „Verkauf". Die Journalbuchungen stellen die einzelnen Entscheidungsalternativen im Ermessen des Abschlussprüfers dar, wobei Alternativen hierbei nicht bedeutet, dass – im Gegensatz zum Grundmodell – eine Entweder-oder-Entscheidung erforderlich ist.[502] Im Ergebnis liegt dem Abschlussprüfer eine Anzahl Journalbuchungen (Teilmenge) vor, die er als risikobehaftet einschätzt und einzelfallbezogen prüft. Die Einschätzung erfolgt im Grundmodell auf Basis des Gesamtnutzungswerts, der im Rahmen der Anpassung für Zwecke des Journal Entry Testings als <u>Gesamtauffälligkeitswert</u> bezeichnet wird.[503]

Der Gesamtauffälligkeitswert ergibt sich im konkreten Fall aus der Summe der gewichteten <u>Teilauffälligkeiten</u> (= gewichteter Teilnutzen). Als Kriterien für die Einschätzung der Teilauffälligkeiten werden die Merkmale bzw. die Ergebnisse der Dateninventuren dieser Merkmale verwendet. Folglich setzt sich die Summe der gewichteten Ergebnisse der Datenanalysen $[g_i * n_i(a_i)]$ aus den einzelnen Teilauffälligkeiten $[n_i(a_i)]$ in Verbindung mit einer entsprechenden Gewichtung (g_i) zusammen.[504]

500 Vgl. *Bechmann* (1978), S. 26; *Zangemeister* (2014), S. 57 f.

501 Unter „A" wird die Gesamtanzahl der Alternativen verstanden, im Gegensatz zu „a", womit eine einzelne Alternative bezeichnet wird.

502 Wenn, abweichend von dem hier dargestellten Ansatz, anstatt des gesamten Buchungsjournals nur eine Teilmenge als Prüfungsumfang ausgewählt wurde, ist N die Anzahl der Journalbuchungen dieses Prüfungsumfangs.

503 Vgl. *Kamm* (2013), S. 70.

504 Vgl. *Weber/Krahnen/Weber* (1995), S. 1622.

Die Teilauffälligkeit ist in Bezug auf das bisher dargestellte Journal Entry Testing als das Ergebnis einer univariaten Datenanalyse zu verstehen und wird mit der unternehmensindividuellen und risikoorientierten Gewichtung multipliziert. Durch dieses Vorgehen bleibt das Grundmodell erhalten und wird entsprechend auf das Journal Entry Testing angepasst.

Um sicherzustellen, dass das Prüfungsvorgehen unter Anwendung des Scoring-Modells auch effizient ist, ist stufenweise vorzugehen. Konkret sind folgende Schritte durchzuführen:[505]

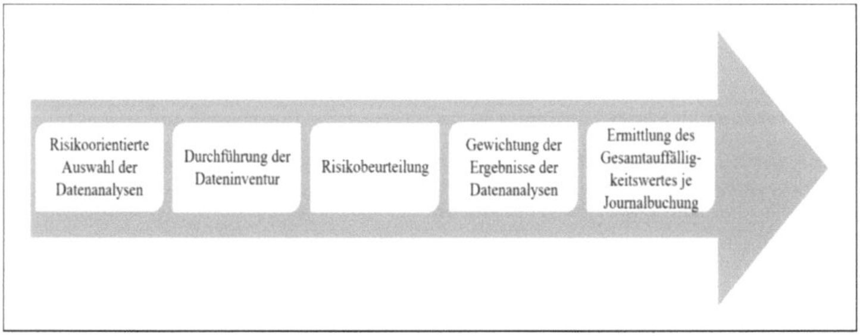

Abbildung 20: Ablauf des Scoring-Modells

Um die erforderliche Datengrundlage zu erhalten und die entscheidungsrelevanten Merkmale identifizieren zu können, erfolgen die ersten beiden Schritte analog zum idealtypischen Ablauf des Journal Entry Testings, der in Kapitel 3 beschrieben wurde. In Bezug auf das Scoring-Modell erfolgt damit die Festlegung der Kriterien, die entscheidend für die Beurteilung der Alternativen sind.[506] Durch die risikoorientierte Vorgehensweise zur Festlegung der Datenanforderung und der relevanten Merkmale ist sichergestellt, dass nur die entscheidungsrelevanten Kriterien für die Zuordnung der Journalbuchungen auch tatsächlich genutzt werden.[507]

Nach der risikoorientierten Auswahl der Datenanalysen und der Durchführung der Dateninventur liegt dem Abschlussprüfer zu jedem Merkmal eine entsprechende Übersicht vor (siehe Kapitel 4.3.2). Um hieraus Teilauffälligkeiten ermitteln zu können, müssen zunächst die Ergebnisse der unternehmensindividuellen Dateninventur durch

[505] In Anlehnung an *Nicolai* (1994), S. 423; *Schierenbeck* (2003), S. 167.
[506] Vgl. *Nicolai* (1994), S. 423.
[507] Vgl. *Zangemeister* (2014), S. 93.

den Abschlussprüfer unter Risikoaspekten beurteilt werden (= Risikobeurteilung). Dabei sind die nachfolgenden Anpassungen erforderlich, um die Ergebnisse der Dateninventur und der Datenanalysen in einer gemeinsamen Dimension abzubilden und damit bewertbar zu machen.[508] Dazu erfolgt i. d. R. eine Transformation der Ergebnisse mindestens auf eine Ordinalskala.

In Bezug auf das Journal Entry Testing bietet es sich an, diese Transformation unter Risikoaspekten vorzunehmen und Risikopunktwerte zu vergeben.

Im nächsten Schritt werden die auf Grundlage der Dateninventur ermittelten Ergebnisse der Datenanalysen individuell gewichtet. Die Gewichtung wird im Gegensatz zu den meisten Ausführungen in der Literatur[509] bewusst erst nach Durchführung der eigentlichen Analysen vorgenommen. Dieses Vorgehen stellt eine Reaktion auf die bestehende Unsicherheit dar, dass der Abschlussprüfer im Vorfeld nicht weiß, wie ein Verstoß i. e. S. konkret aussieht bzw. wie er buchhalterisch abgebildet wurde. Die Gewichtung erfolgt dadurch nicht nur auf Basis der bereits zum Zeitpunkt der Datenanalysen bekannten, sondern auch auf Basis der durch die jeweilige Dateninventur und -analyse erlangten zusätzlichen Informationen. Hierdurch wird auch die risikoorientierte Beurteilung der Ergebnisse der Datenanalysen durch den Abschlussprüfer für Dritte nachvollziehbar.

Die Gewichtung drückt die Risikoeinschätzung des Abschlussprüfers aus und stellt somit transparent das prüferische Ermessen dar. Aufgrund der Bedeutung für die Höhe des Gesamtauffälligkeitswerts ist die Gewichtung ausschlaggebend dafür, ob eine Journalbuchung weitergehend einzelfallbezogen geprüft werden muss oder nicht.

In der Literatur existiert eine Vielzahl unterschiedlicher Ansätze zur Festlegung der Gewichtung, wobei für die bestehende Zielsetzung das sogenannte Direct Ranking eingesetzt wird, da sich dieser Ansatz insbesondere für wenige Entscheidungskriterien eignet und keine unnötige Komplexität erzeugt.[510] Jedes mithilfe des Direct Rankings ermittelte Gewicht (g_i) muss größer null sein und die Summe aller Gewichte 100 % ergeben.

---

508 Vgl. *Nicolai* (1994), S. 424.
509 Siehe bspw. *Nicolai* (1994), S. 423.
510 Vgl. *Zardari et al.* (2015), S. 26.

Im letzten Schritt ergibt sich aus der Summe der gewichteten Ergebnisse der einzelnen Datenanalysen ein Gesamtauffälligkeitswert pro Journalbuchung. Journalbuchungen mit einem entsprechend hohen Gesamtauffälligkeitswert stellen risikobehaftete Journalbuchungen dar und somit die Journalbuchungen, die der Abschlussprüfer weitergehend einzelfallbezogen prüfen muss, ob sie tatsächlich Verstöße i. e. S. beinhalten. Ab wann ein Gesamtauffälligkeitswert als hoch anzusehen ist, liegt dabei wieder im Ermessen des Abschlussprüfers.

4.4.3 Praktische Umsetzung auf den Untersuchungsgegenstand

Im Rahmen der praktischen Umsetzung wurde das Buchungsjournal des Untersuchungsgegenstands für das gesamte Geschäftsjahr entlang der in Kapitel 3 beschriebenen Schritte angefordert und als Grundgesamtheit verwendet. Es enthielt 222.874 Journalbuchungen, die in die Datenanalysesoftware eingelesen wurden. Auf Basis der Risikobeurteilung wurde das Buchungsjournal in die entsprechenden übergeordneten Risikoklassen eingeteilt (siehe hierzu Kapitel 4.1.2). Für den Einsatz des Scoring-Modells wurde die übergeordnete Risikoklasse „Verkauf“ ausgewählt. Im Anschluss erfolgten die vorläufige Auswahl der Datenanalysen und die Durchführung der entsprechenden Dateninventuren je Merkmal (Kapitel 4.3.2). Auf diesen Ergebnissen aufbauend wurde das Scoring-Modell eingesetzt, das als Ausschnitt in der nachfolgenden Tabelle dargestellt wird.

Prüfungsumfang			Gewichtete Teilauffälligkeiten $g(i) \times (n_i(a_i))$				[...]	
				Teilauffälligkeit	Gewichtung			Gesamtauffälligkeit
Nr.	Benutzer	Datenfeld n	Merkmal	$(n_i(a_i))$	$g(i)$	Beurteilung	[...]	$N(a)$
JB 1	Hellmann	[...]	Benutzer	0	25,00%	0,00	[...]	0,08
JB 2	Zimmermann	[...]	Benutzer	1	25,00%	0,25	[...]	0,58
JB 3	Schneider	[...]	Benutzer	1	25,00%	0,25	[...]	0,50
JB 4	Münster	[...]	Benutzer	0	25,00%	0,00	[...]	0,00
JB 5	Zimmermann	[...]	Benutzer	2	25,00%	0,50	[...]	0,66
JB 6	Schneider	[...]	Benutzer	0	25,00%	0,00	[...]	0,08
JB 7	Schneider	[...]	Benutzer	1	25,00%	0,25	[...]	0,25
JB 8	Hellmann	[...]	Benutzer	0	25,00%	0,00	[...]	0,08
JB 9	Zimmermann	[...]	Benutzer	2	25,00%	0,50	[...]	0,66
JB 10	Münster	[...]	Benutzer	0	25,00%	0,00	[...]	0,00
[...]		[...]	[...]	[...]	[...]	[...]	[...]	[...]
JB a	Hellmann	[...]	Benutzer	0	25,00%	0,00	[...]	0,08

Tabelle 10: Ausschnitt des Scoring-Modells beim Untersuchungsgegenstand für die Klasse „Verkauf“

Die Tabelle zeigt auf der linken Seite einen Ausschnitt des Buchungsjournals, genauer gesagt die einzelnen Journalbuchungen mit ihren entsprechenden Datenfeldern. Diese

Datengrundlage wird nun um das eigentliche Scoring-Modell erweitert, indem die einzelnen Teilauffälligkeiten hinzugefügt werden, wie exemplarisch im mittleren Teil der Tabelle (ab der Spalte „Merkmal") dargestellt ist.

Grundlage für die **Teilauffälligkeiten** sind die vorab identifizierten Merkmale, wobei beim Untersuchungsgegenstand die in Kapitel 4.3.2 dargestellten Merkmale zugrunde gelegt wurden. Um die Teilauffälligkeiten zu ermitteln, ist zunächst zu prüfen, ob die Ergebnisse der Dateninventur in einer verwertbaren Skalierung[511] vorliegen. Der Vorteil des Scoring-Modells liegt darin, dass unterschiedliche Skalen unproblematisch für die weitere Verarbeitung sind, da an die verwendete Skala keine gesonderten Anforderungen gestellt werden.[512]

Das Ergebnis der Dateninventur in Bezug auf den Benutzer ist zunächst nominal skaliert, da der Abschlussprüfer lediglich eine Übersicht über die unterschiedlichen Namen der jeweiligen Benutzer erhält. Eine Nominalskala ist für das weitere Vorgehen jedoch wenig aussagekräftig, da nur die Häufigkeit einer Ausprägung dargestellt und damit lediglich die Aussage getroffen werden kann, dass sich die Merkmalsausprägungen voneinander unterscheiden.[513]

Aus diesem Grund muss die Auswertung der Benutzer in eine Ordinalskala transformiert werden, auf der Merkmale, zwischen denen eine Rangfolge besteht, abgebildet und ihrer Größe nach geordnet werden können.[514] Im konkreten Fall ergibt sich die Rangfolge der Benutzer auf Basis der Risikoeinschätzung des Abschlussprüfers, d. h.: Je höher der Rang eines Benutzers, umso höher ist auch dessen Risikoniveau.

Grundlage für die Einschätzung des Risikoniveaus sind dabei zwei Faktoren: Zunächst liegt jeder Mitarbeiter bei einem Risikoniveau von null. Er erhält jeweils 0,5 Risikopunkte für jeden Faktor des Fraud-Triangles, der bei ihm vorliegt. Er erhält somit einen halben Risikopunkt, wenn ein Anreiz, und ebenso einen halben Risikopunkt, wenn eine Gelegenheit für Verstöße i. w. S. vorliegt. Der halbe Risikopunkt berücksichtigt dabei, dass in Bezug auf den Benutzer das Risiko für Verstöße i. w. S. ansteigt, wenn mehrere Faktoren des Fraud-Triangles erfüllt sind.[515] Die Einschätzung der beiden

---

511 Siehe zu den Skalen exemplarisch *Hellmund/Klitzsch/Schumann* (1992), S. 25–30.
512 Vgl. *Weber/Krahnen/Weber* (1995), S. 1624.
513 Vgl. *Hellmund/Klitzsch/Schumann* (1992), S. 26.
514 Vgl. ebd., S. 27.
515 Für den dritten Faktor des Fraud-Triangles (innere Rechtfertigung) kann kein Risikopunkt vergeben werden, da dieser Faktor nur schwer durch den Abschlussprüfer beurteilt werden kann.

Faktoren liegt dabei im Ermessen des Abschlussprüfers und beruht auf den erlangten Informationen über das zu prüfende Unternehmen und somit auch über die Benutzer. Im konkreten Fall kann eine Journalbuchung also minimal 0,0 und maximal 1,0 Risikopunkt erhalten. Durch diese risikoorientierte Punktevergabe erfolgt die Transformation auf eine Ordinalskala mit einem Intervall von [0;1].

Die Merkmale „Periode“ und „Tag“ können in ihrer Grundform auf einer Kardinalskala[516] abgebildet werden, die Periode im Intervall [1;12] und der Tag im Intervall [1;7]. Gleiches gilt für das Merkmal „Uhrzeit“, das im Intervall [0:00;23:59] abgebildet werden kann.

Um auch bei diesen Merkmalen eine entsprechende Betrachtung unter Risikogesichtspunkten vorzunehmen und die Ergebnisse miteinander vergleichbar zu machen, ist es erforderlich, auch die kardinalen Skalen anzupassen.[517] Da der Benutzer in eine Ordinalskala transformiert wurde, bietet es sich an, dies hier analog durchzuführen, d. h. für die übrigen Merkmale ebenfalls Risikopunkte zu vergeben. Konkret bedeutet dies, dass einer Journalbuchung ein Risikopunkt zugeordnet wird, wenn es sich um eine Buchung in der zwölften Periode handelt, da kurz vor Ende der Berichtsperiode ein erhöhtes Risiko für Verstöße i. w. S. besteht. In Bezug auf den Tag der Buchung wird ein Risikopunkt vergeben, wenn es sich um einen Sonntag handelt, und bei der Uhrzeit wird ein weiterer Risikopunkt vergeben, wenn die Buchung zwischen 21 Uhr abends und 6 Uhr morgens getätigt wurde, d. h. außerhalb der üblichen Arbeitszeit. Bei diesen Merkmalen kann eine Journalbuchung somit jeweils minimal null und maximal einen Risikopunkt erhalten. Das Intervall beträgt folglich [0;1]

Das Merkmal „Buchungssatz“ ist vom Grundsatz her nominal skaliert, da zunächst lediglich dargestellt werden kann, dass sich die Kombinationen der Konten sowie die Anzahl der Kombinationen voneinander unterscheiden. Auch hier hat zur besseren Vergleichbarkeit im Zuge der Dateninventur eine Transformation in eine Ordinalskala zu erfolgen. Bei diesem Merkmal können zwei mögliche Ansätze unterschieden werden:

---

516 Vgl. *Hellmund/Klitzsch/Schumann* (1992), S. 28.

517 Vgl. *Bechmann* (1978), S. 27.

Im ersten Ansatz könnte der Abschlussprüfer einen Risikopunkt immer dann vergeben, wenn es sich bei einem Buchungssatz um eine eher ungewöhnliche Kontenkombination handelt. Dies ist aber nur bei einer kleinen Anzahl an Kontenkombinationen zu empfehlen, da der Abschlussprüfer im Rahmen der Dateninventur jede Kontenkombination einzeln beurteilen muss. Sofern es sich um eine nicht wirtschaftlich interpretierbare Anzahl an Kombinationen handelt, also im Gegensatz zu den typischen Buchungssätzen wie *Forderungen an Umsatzerlöse*, kann die Verteilung der Anzahl der Kontenkombinationen selbst zur Risikoeinschätzung herangezogen werden (zweiter Ansatz). Dabei wird davon ausgegangen, dass ungewöhnliche Kontenkombinationen i. d. R. in geringer Anzahl in der Datengrundlage enthalten sind. Dieser Ansatz wurde auch beim Untersuchungsgegenstand angewendet und ein Risikopunkt vergeben, wenn eine Journalbuchung eine Kontenkombination enthält, die insgesamt weniger als zehn Mal verwendet wurde, wobei die Anzahl zehn in diesem Falle im Ermessen des Abschlussprüfers unternehmensindividuell festgelegt wurde.

Beim Buchungssatz kann eine Journalbuchung somit minimal 0,0 und maximal 1,0 Risikopunkte erhalten. Das Intervall beträgt folglich [0;1].

Das Merkmal „Buchungszusammenhang“ ist ebenfalls nominal skaliert, da die Dateninventur nur ermittelt, ob für eine Umsatzerlösbuchung eine entsprechende Zuordnungsnummer vorliegt oder nicht. Bei der Transformation in eine Ordinalskala wird ein Risikopunkt immer dann vergeben, wenn die entsprechende Journalbuchung keine Zuordnungsnummer zu einem Warenausgang aufweist. Durch das Merkmal „Buchungszusammenhang“ kann eine Journalbuchung somit minimal 0,0 und maximal 1,0 Risikopunkte erhalten. Das Intervall beträgt folglich [0;1].

Nachdem die Teilauffälligkeiten je Merkmal bestimmt wurden, nimmt der Abschlussprüfer eine entsprechende **Gewichtung** vor.[518] Da der Gewichtung eine erhebliche Bedeutung zukommt, sollte diese ebenfalls unter Berücksichtigung des Risikoniveaus getroffen werden, muss jedoch aus Effizienzgesichtspunkten auch vergleichsweise leicht in der Praxis anzuwenden sein. Aus diesem Grund wird hierzu das Direct Ranking ausgewählt.

---

[518] Siehe zu den unterschiedlichen Ansätzen für Gewichtungen *Zardari et al.* (2015), S. 14–68.

Beim Direct Ranking wird der Abschlussprüfer zur Festlegung der Gewichtung jeder einzelnen Teilauffälligkeit einen Rang zuordnen, sodass diesem ebenfalls eine Ordinalskala zugrunde liegt.[519] Ob für die Gewichtung der Merkmale eine Skala bspw. von [1;100] oder [1;3] festgelegt wird, ist unerheblich, da die Werte anschließend auf 1 (= 100%) normiert werden.[520]

Im konkreten Fall liegen sechs Merkmale vor. Für die Gewichtung wurde eine Skala von [1;3] gewählt, um Verzerrungen zwischen den Merkmalen durch zu umfangreiche Bewertungsmöglichkeiten zu vermeiden und das Vorgehen möglichst übersichtlich zu gestalten.[521]

Für den Untersuchungsgegenstand wurden die relevanten Merkmale wie folgt bewertet:

a) Benutzer = 3
b) Buchungssatz = 3
c) Buchungszusammenhang = 2
d) Tag = 2
e) Periode = 1
f) Zeit = 1

In Summe wurden zwölf Punkte auf der Skala vergeben, woraus sich rechnerisch die folgenden Gewichtungen (g_i) für die Teilauffälligkeiten ergeben:

a) Benutzer = 25%
b) Buchungssatz = 25%
c) Buchungszusammenhang = 17%
d) Tag = 17%
e) Periode = 8%
f) Zeit = 8%

---

519 Vgl. ebd., S. 26.
520 Vgl. *Bechmann* (1978), S. 27; *Zardari et al.* (2015), S. 26.
521 Vgl. *Weber/Krahnen/Weber* (1995), S. 27.

Dabei zeigt sich, dass die Gewichtungen relativ nah beieinanderliegen, wodurch die Gefahr unabsichtlicher Verzerrungen gesenkt wird und die Aussagekraft des Scoring-Modells steigt.

Im Anschluss an die Bewertung werden die Teilauffälligkeiten mit ihren entsprechenden Gewichtungen multipliziert, sodass der Abschlussprüfer die **gewichteten Teilauffälligkeiten** je Merkmal $g_i * n_i(a_i)$ erhält.

Im nächsten Schritt werden die Teilauffälligkeiten zum Wert der **Gesamtauffälligkeit** $N_{(a)}$ addiert. Insgesamt kann eine Journalbuchung einen Gesamtauffälligkeitswert zwischen 0,0 und 1,0 erhalten, wenn die Journalbuchung entweder keine risikorelevanten Merkmalsausprägungen oder aber alle entsprechenden risikorelevanten Merkmalsausprägungen aufweist.

Im Ergebnis ist es nun möglich, die Journalbuchungen auf Basis ihres Gesamtauffälligkeitswerts absteigend zu sortieren und damit den eigentlichen Zweck des Scoring-Modells zu erfüllen, d. h. eine Ordnung einzelner Journalbuchungen (Alternativen) auf Basis ihrer Auffälligkeiten (Nutzwerte der Alternativen) zu schaffen.[522] Im konkreten Fall ergaben sich für die insgesamt 82.542 Journalbuchungen der Klasse „Verkauf" die folgenden Gesamtauffälligkeitswerte mit ihrer jeweiligen Anzahl:

Gesamtauffälligkeit	Anzahl
0,66	43
0,58	69
0,50	228
[...]	[...]
0,00	30.911

Tabelle 11: Übersicht der Gesamtauffälligkeitswerte

Aufgrund der Tatsache, dass nicht nur eine einzelne Alternative ausgewählt, sondern alle risikobehafteten Buchungen identifiziert werden sollen, stellt sich die Frage, welche Journalbuchungen nun als risikobehaftet einzuordnen sind.

522 Vgl. *Zangemeister* (2014), S. 43 f.

Eine eindeutige Differenzierung risikobehafteter und risikofreier Journalbuchungen wäre möglich, wenn diese bereits aus der eindeutigen Verteilung der Gesamtauffälligkeitswerte abgelesen werden könnte. Dies wäre der Fall, wenn z. B. eine Teilmenge der betrachteten Journalbuchungen Gesamtauffälligkeitswerte nahe 0,0 und der andere Teil Gesamtauffälligkeitswerte nahe oder gleich 1,0 hätte. Damit wäre eine zweifelsfreie Zuordnung der Journalbuchung leicht möglich. Solche eindeutigen Fälle werden jedoch in der Praxis regelmäßig nicht vorliegen.

Grundsätzlich wäre auch denkbar, einen festen Grenzwert, z. B. einen Gesamtauffälligkeitswert größer 0,5 Punkte, festzulegen, ab dem eine weitergehend einzelfallbezogen zu prüfende risikobehaftete Buchung vorliegt. Ein solcher Grenzwert ist jedoch aufgrund der ermessensbehafteten Festlegung durch den Abschlussprüfer nur schwer nachvollziehbar und sollte daher entsprechend ausführlich dokumentiert werden.

Die höchste Gesamtauffälligkeit beim Untersuchungsgegenstand haben 43 Journalbuchungen. Diese Journalbuchungen stellen im konkreten Fall aus Sicht des Abschlussprüfers risikobehaftete Journalbuchungen dar und sollten dementsprechend weitergehend einzelfallbezogen geprüft werden.

Handelt es sich im konkreten Fall bspw. um eine risikobehaftete Umsatzerlösbuchung, wird der Abschlussprüfer die dem Geschäftsvorfall zugrunde liegenden Belege (Auftrag, Lieferschein, Rechnung) anfordern und prüfen. Erst anhand der Belege ist eine finale Beurteilung möglich, ob es sich tatsächlich um einen Verstoß i. e. S. handelt.

Um die Vorgehensweise zu verifizieren, wurden die 43 risikobehafteten Journalbuchungen einzelfallbezogen geprüft und vollständig analysiert. Hierbei wurde deutlich, dass es sich insbesondere um Buchungen mit ungewöhnlichen Buchungssätzen im Dezember durch Mitarbeiter handelt, bei denen Faktoren des Fraud-Triangles vorliegen. Zusätzlich wurden diese Buchungen zu ungewöhnlichen Zeiten autorisiert.

Um die Belastbarkeit der Ergebnisse des Journal Entry Testings unter Einsatz des Scoring-Modells zu testen, wurde dasselbe Vorgehen bei weiteren mittelständischen Unternehmen mit ähnlichen Rahmenbedingungen durchgeführt; dies hat zu vergleichbaren Ergebnissen hinsichtlich Anzahl und Verteilung der Gesamtauffälligkeiten geführt.

Im Ergebnis zeigt sich, dass die unter Einsatz des Scoring-Modells identifizierten Journalbuchungen auch tatsächlich ein entsprechendes Risikoniveau für Verstöße i. e. S.

aufgewiesen haben, es sich aber dennoch nicht um Verstöße i. e. S. gehandelt hat. Erwartungsgemäß würde ein Abschlussprüfer bei der Durchführung des Journal Entry Testings in seiner bisherigen Form Journalbuchungen mit solchen Merkmalsausprägungen ebenfalls als risikobehaftet einschätzen. Hierbei ist jedoch zu beachten, dass der Umfang der risikobehafteten Journalbuchungen in diesem Fall deutlich höher ausfallen wird als unter Einsatz des Scoring-Modells.

Allein die univariate Datenanalyse in Bezug auf den Wochentag „Sonntag" führte beim Untersuchungsgegenstand zu 1.042 Treffern, die der Abschlussprüfer einzelfallbezogen prüfen müsste. Bei den 1.042 Journalbuchungen handelt es sich jedoch zum Großteil um systemgenerierte Journalbuchungen, sodass die Ergebnisse der univariaten Datenanalyse keine tatsächlichen Auffälligkeiten in Bezug auf das Ziel „Verstöße i. e. S. erkennen" darstellen.

Aus Effizienzgesichtspunkten erscheint der Einsatz des Scoring-Modells aufgrund des erforderlichen Zeitumfangs zur Erstellung des Modells zunächst nur schwer in der Praxis umsetzbar. Hierbei ist jedoch zu beachten, dass das dargestellte Modell mithilfe einer gängigen Datenanalysesoftware abgebildet werden kann, was bereits zu einer erheblichen Komplexitätsreduzierung und somit zu sinkenden Kosten führt. Darüber hinaus könnte ein solches Modell zu einem Standardanalysewerkzeug weiterentwickelt und automatisiert werden, sodass der Abschlussprüfer im Idealfall nur die entsprechenden Datenanalysen risikoorientiert auswählen, die Dateninventur beurteilen und seine Gewichtung vorgeben muss.

Zusammenfassend kann festgehalten werden, dass durch die Ergänzung der Weiterentwicklung des Journal Entry Testings um das Scoring-Modell ein praxistaugliches und zugleich effizientes Werkzeug entsteht.

4.4.4 Verplausibilisierung des Scoring-Modells mittels Korrespondenzanalyse

In der Literatur wird gefordert, die Parameter und damit auch den generellen Aufbau des Scoring-Modells zu überprüfen.[523] Dies kann z. B. mithilfe einer Sensitivitätsanalyse geschehen. Ziel ist es, die Auswirkungen von Veränderungen der Parameter auf die ausgewählte(n) Entscheidungsalternative(n) zu analysieren, also die Stabilität der

---

523 Vgl. *Nicolai* (1994), S. 424 f.; *Schierenbeck* (2003), S. 167.

Ergebnisse des Scoring-Modells zu überprüfen. Durch eine abweichende Festlegung der Gewichtungen soll getestet werden, ob die Ergebnisse weiterhin stabil sind bzw. ab welchem Punkt keine Stabilität mehr vorliegt.[524]

Im konkreten Fall des Journal Entry Testings ist also zu testen, welche Auswirkungen die Veränderung der Gewichtungen auf die Höhe des Gesamtauffälligkeitswerts und damit auf die Identifizierung risikobehafteter Journalbuchungen hat. Die Gewichtungen stellen die (subjektive) Risikoeinschätzung des Abschlussprüfers dar, wobei insbesondere das Verhältnis der einzelnen Merkmale untereinander auf Basis der Beurteilung der erlangten Informationen im Vordergrund steht.

Im Rahmen der Sensitivitätsanalyse wurden für das zuvor gezeigte Scoring-Modell die Gewichtungen so weit geändert, bis sich der Umfang und die Zusammensetzung der risikobehafteten Journalbuchungen durch die entsprechende Veränderung des Gesamtauffälligkeitswerts wesentlich verändert haben.

Im Ergebnis konnte festgestellt werden, dass nur geringfügige Veränderungen der Gewichtungen kaum Einfluss auf das Modell und die Ergebnisse haben. Lediglich wenn die Gewichtungen maßgeblich verändert werden (wenn z. B. hohe mit niedrigen Gewichtungen getauscht werden), verändern sich der Umfang und die Zusammensetzungen der Journalbuchungen entsprechend deutlich. Folglich gibt es keine Hinweise, die darauf deuten, dass das Scoring-Modell für Zwecke des Journal Entry Testings nicht belastbar ist.

Unabhängig davon ist es die Aufgabe des Abschlussprüfers beim Einsatz des Scoring-Modells in der Praxis die ausgewählten Merkmale, Gewichtungen und Ergebnisse des Scoring-Modells kritisch zu hinterfragen.

Da es keine Hinweise darauf gibt, dass ein solches Scoring-Modell bisher in der Abschlussprüfung zum Einsatz gekommen ist, soll das Modell einer weiteren Plausibilitätsbeurteilung unterzogen werden. Ziel ist es zu beurteilen, ob die Auswahl der Merkmale und der Gewichtungen tatsächlich dazu geeignet ist, eine multivariate Auswahl nach Risikogesichtspunkten durchzuführen. Konkret soll daher verplausibilisiert werden, ob eine bestimmte Kombination von Merkmalsausprägungen tatsächlich auf ein

---

524 Vgl. *Weber/Krahnen/Weber* (1995), S. 1625.

höheres Risikoniveau einer Journalbuchung schließen lässt und welche Merkmale insbesondere dafür verantwortlich sind, dass ein bestimmter Gesamtauffälligkeitswert entsteht.

Im Folgenden wird daher zur weiteren Plausibilitätsbeurteilung des Scoring-Modells eine Korrespondenzanalyse eingesetzt. Die Korrespondenzanalyse oder auch Hauptkomponentenanalyse ist ein Verfahren der multivariaten Statistik und dient dazu (explorativ), Strukturen in Datensätzen zu erkennen.[525] Bei Anwendung der Korrespondenzanalyse werden Beziehungen der Variablen einer Kontingenztabelle grafisch dargestellt; damit wird versucht, bisher unbekannte Strukturen bzw. Beziehungen zwischen diesen Variablen aufzudecken.[526] In Bezug auf das Journal Entry Testing lassen sich damit konkret Beziehungen zwischen den betrachteten gewichteten Merkmalsausprägungen und dem Gesamtauffälligkeitswert analysieren und grafisch darstellen.

In Kontingenztabellen oder auch Kreuztabellen werden die gemeinsamen (relativen und absoluten) Häufigkeiten bestimmter Merkmalsausprägungen zusammengestellt.[527] Kontingenz meint hierbei den statistischen Zusammenhang und die Bedeutung des gemeinsamen Auftretens zweier Merkmale.[528]

Die Vorteile einer Korrespondenzanalyse für den konkreten Fall liegen darin, dass

- eine multivariate Analyse und eine darauf aufbauende grafische Darstellung erfolgen kann,
- keine Anforderungen an das Skalenniveau gestellt werden und
- eine Abbildung sowohl des Gesamtauffälligkeitswerts, als auch der Merkmale in einem mehrdimensionalen Raum erfolgt, was eine Beurteilung der Beziehungen zueinander ermöglicht.[529]

---

525 Vgl. *Blasius* (1987), S. 172. Da die Korrespondenzanalyse nur zur Verplausibilisierung des Scoring-Modells eingesetzt wird, wird an dieser Stelle bewusst auf eine vollständige Darstellung des theoretischen Grundgerüsts verzichtet. Siehe zu den theoretischen Grundlagen insbesondere *Benzécri* (1992), S. 1–244; *Blasius* (2001), S. 13–102 sowie *Le Roux/Rouanet* (2010), S. 1–102.

526 Vgl. *Fricke* (1990), S. 15; *Backhaus et al.* (2015), S. 619.

527 Vgl. *Backhaus et al.* (2015), S. 619.

528 Vgl. *Eckstein* (2016), S. 164. Die Korrespondenzanalyse wurde ursprünglich für die Analyse zweier Merkmale entwickelt, die mithilfe der Kontingenztabellen analysiert werden sollen. Eine entsprechende Erweiterung auf mehrere Merkmale (multiple Korrespondenzanalyse) ist jedoch möglich. Vgl. *Bühl* (2008), S. 766.

529 Vgl. *Blasius* (1987), S. 172; *Fricke* (1990), S. 15 f.; *Bronner/Dobrov/Matiaske* (1991), S. 3. Einzige Bedingung bei der Anwendung der Korrespondenzanalyse ist, dass die Daten nicht negativ sind, was in Bezug auf die Daten des Scoring-Modells erfüllt ist.

Die allgemeine Vorgehensweise der Korrespondenzanalyse kann folgendermaßen verdeutlicht werden: Ein Punkt befindet sich irgendwo in einem real vorhandenen, dreidimensionalen Raum und kann anhand seiner Koordinaten (Länge, Breite und Höhe) genau lokalisiert werden. Weiterhin kann durch seine Koordinaten die Entfernung zu anderen, ebenfalls im Raum befindlichen Punkten bestimmt werden. Problematisch dabei ist, dass die Koordinaten der einzelnen Punkte nicht ohne Weiteres aus dem Datensatz (hier: der Datengrundlage) ermittelt werden können, da keine Anforderungen an das Skalenniveau gestellt werden, die Zusammenhänge der Merkmale unbekannt sind und damit auch keine Informationen über die Abstände zwischen den einzelnen Punkten vorliegen.

Um auf Grundlage der zu betrachtenden Merkmalsausprägungen deren Koordinaten im Raum ableiten zu können, nutzt die Korrespondenzanalyse die Vektorrechnung. Konkret bedeutet dies, dass die Journalbuchungen bzw. deren jeweilige Merkmalsausprägungen und die dazugehörigen Gesamtauffälligkeitswerte[530] in eine Matrix, also in eine Darstellung in Tabellenform, überführt werden müssen, wodurch sich eine entsprechende Kontingenztabelle ableiten lässt und darauf aufbauend die Korrespondenzanalyse durchgeführt wird.[531]

Zur Ableitung der Koordinaten wird eine Hilfsgröße benötigt, um die Zusammenhänge und Abstände grafisch abbilden zu können. Diese Hilfsgröße stellt den Punkt im Raum dar, an welchem alle Punkte im Gleichgewicht sind, und kann als Schwerpunkt bezeichnet werden.[532] Bildlich handelt es sich dabei um die Schnittstelle der Koordinatenachsen (Achsenkreuz), allerdings ohne, dass es sich dabei um einen Nullpunkt für die Maßeinheit irgendeiner bestimmten Merkmalsausprägung handelt.

Zusätzlich stellt sich die Frage, in welcher Maßeinheit die Punkte auf den Koordinatenachsen abgebildet werden sollen. Aufgrund der multivariaten Betrachtung mit mehr als drei Merkmalen und dem gleichzeitigen Bestreben, diese grafisch abzubilden, liegt die Schwierigkeit in der Auswahl der Dimension bzw. der Koordinatenachsenmaßeinheit.

---

530 Für die Korrespondenzanalyse wurde die Datengrundlage des Scoring-Modells verwendet, die nun das Datenfeld „Gesamtauffälligkeitswert" enthält. Die entsprechenden Gesamtauffälligkeitswerte können damit als eine bestimmte Kombination von Merkmalsausprägungen interpretiert werden.

531 Vgl. *Blasius* (1987), S. 174.

532 Vgl. *Fricke* (1990), S. 32.

Da die Merkmale einschließlich des Gesamtauffälligkeitswerts unterschiedlich skaliert sind, muss eine Entscheidung für zwei Merkmale getroffen werden, die auf den beiden Koordinatenachsen abgebildet werden sollen und an deren Maßeinheit auch die übrigen Merkmalsausprägungen angepasst werden müssen.

Welches Merkmal für die Bestimmung der Dimension bzw. der Koordinatenachsenmaßeinheit verwendet wird, richtet sich i. d. R. nach der enthaltenen Streuung der Merkmalsausprägungen, wie anhand der folgenden Abbildung noch erläutert werden soll.[533]

Da nicht für jedes Merkmal eine eigene Dimension bzw. Koordinatenachsenmaßeinheit vorhanden ist, können die Merkmalsausprägungen als Punkte zwar mithilfe der Korrespondenzanalyse grafisch dargestellt werden, die Abstände der Merkmalsausprägung jedoch nicht metrisch gemessen und darüber miteinander verglichen werden. Im konkreten Fall kann daher z. B. nicht der metrische Abstand zwischen dem „Tag“ und der „Periode“ betrachtet werden.

Entscheidend ist vielmehr, dass die Abstände der Punkte im relativen Verhältnis zu einander betrachtet und interpretiert werden können.[534]

Zur Verplausibilisierung werden diese Daten nun mithilfe einer geeigneten Statistiksoftware analysiert, und es ergibt sich die nachfolgende Abbildung der Korrespondenzanalyse, welche auch als Korrespondenzraum (Biplot) bezeichnet wird.[535]

---

533 Vgl. *Backhaus et al.* (2015), S. 623.

534 Vgl. *Blasius* (1987), S. 184; *Bronner/Dobrov/Matiaske* (1991), S. 5.

535 Vgl. *Blasius* (2001), S. 76.

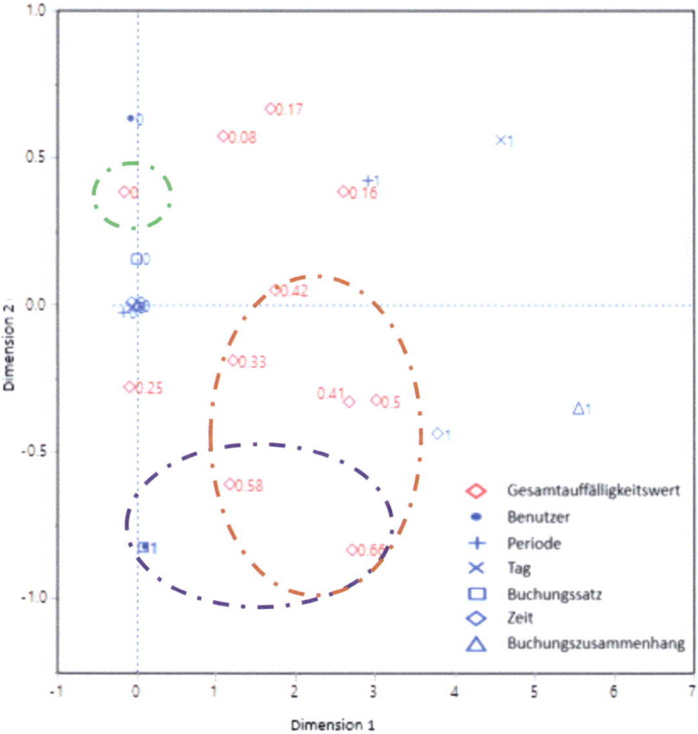

Abbildung 21: Korrespondenzanalyse

Zur inhaltlichen Interpretation des Biplots erfolgt eine Orientierung an den blauen Punkten, die die Merkmalsausprägungen repräsentieren sowie an den roten Punkten, die den Gesamtauffälligkeitswert im Korrespondenzraum repräsentieren. Die „1" bei den Punkten der Merkmale weist daraufhin, dass es sich in diesem Fall um eine risikobehaftete Ausprägung des Merkmals handelt (z. B. der Dezember in Bezug auf die Periode), analog zur Vorgehensweise des Scoring-Modells. Die „0" beschreibt einen Punkt, bei dem die Merkmalsausprägung im Ermessen des Abschlussprüfers keinen Risikopunkt erhalten hat.

Zunächst wird ersichtlich, dass bei allen Merkmalsausprägungen, die ein Risikoniveau von „0" (= keinen Risikopunkt) aufweisen, sich die entsprechenden Merkmalspunkte in unmittelbarer Nähe zum Gesamtauffälligkeitswert „0" befinden (grüner Bereich). Das zeigt jedoch lediglich: Wenn keine Merkmalsausprägung einer Journalbuchung ein entsprechendes Risikoniveau enthält, weist die Journalbuchung insgesamt einen Gesamtauffälligkeitswert von „0“ auf.

Es ist weiterhin ersichtlich, dass sich sämtliche Gesamtauffälligkeitswerte größer 0,25 im mittleren Bereich der Abbildung befinden (orangefarbener Bereich). Dabei zeigt sich, dass unterschiedliche Merkmalspunkte um diesen Kreis herumliegen, die einen Einfluss darauf haben, dass ein entsprechender Gesamtauffälligkeitswert entsteht. Welches Merkmal isoliert betrachtet für einen entsprechenden Gesamtauffälligkeitswert verantwortlich ist, wird nicht ersichtlich, allerdings können aus der Distanz zu den einzelnen Merkmalspunkten folgende Aussagen zur Verplausibilisierung des Scoring-Modells abgeleitet werden:

Es ist ersichtlich, dass die Merkmale „Benutzer“ und „Buchungssatz“ direkt beieinander liegen (lilafarbener Bereich), was auf einen Zusammenhang zwischen den beiden Merkmalen hindeutet. Betrachtet man die Ergebnisse des Scoring-Modells, so fällt auf: Wenn ein hoher Gesamtauffälligkeitswert erreicht wird (0,66 oder 0,58), wurden die entsprechenden Journalbuchungen insbesondere von einem risikobehafteten Benutzer mit einem Buchungssatz durchgeführt, der nur in einer geringen Anzahl vorhanden ist. Gleichzeitig deutet die Nähe der hohen Gesamtauffälligkeitswerte zu den beiden Merkmalen daraufhin, dass ein entsprechender Zusammenhang besteht.

In der Nähe zu den hohen Gesamtauffälligkeitswerten liegt jedoch auch das Merkmal „Zeit“, sodass auch dies auf einen Zusammenhang hindeutet. Wie im vorherigen Abschnitt erläutert, waren die Journalbuchungen mit einem hohen Gesamtauffälligkeitswert dadurch gekennzeichnet, dass es sich insbesondere um Buchungen mit ungewöhnlichen Buchungssätzen durch Mitarbeiter handelt, bei denen Faktoren des Fraud-Triangles vorliegen und die zu ungewöhnlichen Zeiten autorisiert wurden. Somit deckt sich die Darstellung in diesem Punkt mit den Ergebnissen des Scoring-Modells. Die Punkte „Periode“ und „Tag“ sind wider Erwarten im oberen Bereich der Abbildung und damit in deutlichem Abstand sowohl zu den hohen Gesamtauffälligkeitswerten als auch zu den anderen Merkmalen angesiedelt. Dies steht im Gegensatz zu den Erwartungen, da es sich bei den Journalbuchungen mit hohen Gesamtauffälligkeitswerten auch häufig um Buchungen im Dezember und somit in einer risikobehafteten Periode handelt. Betrachtet man die Datengrundlage, so fällt jedoch auf, dass das Merkmal „Periode“ deutlich häufiger einer Journalbuchung mit einem geringen Gesamtauffälligkeitswert (0,16) als einer Journalbuchung mit einem höheren

Gesamtauffälligkeitswert zuzuordnen ist. Dies führt dazu, dass der Merkmalspunkt im oberen Bereich des Biplots abgebildet ist, obwohl das Merkmal „Periode“ auch einen Einfluss auf die Erreichung eines entsprechend hohen Gesamtauffälligkeitswerts hat.

Zusammenfassend kann festgehalten werden, dass die Korrespondenzanalyse die Ergebnisse des Scoring-Modells unterstreicht. In diesem Zusammenhang wurde deutlich, dass insbesondere die Merkmale „Benutzer“ und „Buchungssatz“ maßgeblich dazu führen, dass eine Journalbuchung einen entsprechend hohen Gesamtauffälligkeitswert erhält. Dies ist auf der einen Seite durch die hohe Gewichtung zu erklären, was aufgrund der beschriebenen Bedeutung dieser beiden Merkmale für das Risikoniveau akzeptabel ist. Auf der anderen Seite zeigt das Merkmal „Zeit“ mit einer deutlich niedrigeren Gewichtung, dass auch niedrig-gewichtete Merkmale zu einem hohen Gesamtauffälligkeitswert führen und damit, so wie im vorliegenden Fall, zu einer einzelfallbezogenen Betrachtung einer Journalbuchung führen können. Schlussfolgernd ergeben sich aus den Ergebnissen der Korrespondenzanalyse keine Hinweise darauf, dass die multivariate Datenmustererkennung und insbesondere das dargestellte Scoring-Modell nicht dazu geeignet sind, um risikobehaftete Journalbuchungen zu identifizieren.

4.5 Management Override erkennen

4.5.1 Anpassung des Kammermodells

Die Zielsetzung der Funktionsprüfung liegt in der stichprobenbasierten Prüfung, ob die relevanten Kontrollen im gesamten Geschäftsjahr wirksam waren.[536]

Auch wenn der Abschlussprüfer zum Ergebnis gekommen ist, dass die geprüften Kontrollen wirksam waren, besteht ein Restrisiko, dass Kontrollen absichtlich umgangen bzw. kurzzeitig außer Kraft gesetzt wurden oder aufgrund technischer Fehler nicht funktioniert haben. Gründe dafür sind, dass die Funktionsprüfung zum einen nur für relevante Kontrollen durchgeführt wird (d. h., es werden nicht alle Kontrollen getestet) und zum anderen nur in Stichproben erfolgt.[537]

---

536 Vgl. *Quick* (1996), S. 370.
537 Siehe die Ausführungen in Kapitel 2.

Wie im Verlauf des Kapitels dargestellt wurde, ist der Ausgangspunkt für das Erkennen von Management Override ein Verständnis der Geschäftsprozesse und der implementierten internen Kontrollen, jedoch unter Berücksichtigung der Journalbuchungen. Diese Aussage kann durch die Ausführungen des Prüfungshinweises 9.330.3 gestützt werden. Der enthält zwar keine konkrete Anleitung, wie Management Override erkannt werden kann, jedoch wird dort aufgeführt, dass zur Beurteilung des Kontrollumfeldes (als wesentlicher Bestandteil des internen Kontrollsystems) und zur Beurteilung IT-gestützter Geschäftsprozesse (einschließlich der darin enthaltenen Kontrollen) Datenanalysen der Journalbuchungen verwendet werden müssen.[538]

Das Kammermodell in der zuvor dargestellten Form konnte nicht für die Zielsetzung „Management Override erkennen" eingesetzt werden, da anstatt einer Betrachtung sämtlicher Geschäftsvorfälle nur eine idealtypische Abbildung der Geschäftsvorfälle und internen Kontrollen wirtschaftlich umsetzbar war.

Durch die Anpassung des Prüfungsvorgehens und den Einsatz der Datenmustererkennung liegen dem Abschlussprüfer nun jedoch ggfs. konkrete Fälle von Verstößen i. e. S. vor, sodass nicht mehr alle Geschäftsvorfälle auf Management Override beurteilt werden müssen. In dieser geänderten Ausgangssituation kann das Kammermodell herangezogen werden, da der Einsatz für ausgewählte Geschäftsvorfälle, nämlich solche, für die ein Verstoß i. e. S. festgestellt wurde, aus Effizienzgesichtspunkten umsetzbar erscheint. Anhand des Modells kann der Ablauf des konkreten Geschäftsvorfalls durch den Geschäftsprozess einschließlich der Kontrollen und der entstandenen Journalbuchungen dargestellt werden.[539]

Fraglich ist, wie aus dem theoretischen Modell ein geeignetes Werkzeug für den Abschlussprüfer entwickelt werden und wie genau der Ablauf eines Geschäftsvorfalls möglichst detailliert dargestellt und beurteilt werden kann. Hierfür soll zunächst das Process-Mining-Verfahren genauer durchleuchtet werden.

---

538 Vgl. *IDW*, PH 9.330.3, Anhang 2, Teil 2: Beispiele für Datenanalysen zur Beurteilung des IKS im Rahmen der Abschlussprüfung.

539 Vgl. *Wich* (2008), S. 296; *Jackmuth* (2012), S. 429.

4.5.2 Einsatz von Process-Mining-Verfahren

Grundsätzlich bieten Process-Mining-Verfahren die Möglichkeit, auf Basis der Ergebnisse des Journal Entry Testings Management Override innerhalb eines Geschäftsprozesses zu erkennen.

Das Process-Mining ist eine noch recht junge wissenschaftliche Disziplin mit dem Ziel, Prozesse aufzudecken, zu überwachen und zu analysieren.[540] Der Kern dieser Verfahren besteht aus der Analyse von Daten, die aufgezeichnet wurden, während ein Geschäftsvorfall den Prozess durchlaufen hat. Diese vom IT-System aufgezeichneten Ereignisdaten werden als Event-Logs bezeichnet und können als eine chronologische Aufzeichnung der Systemaktivitäten definiert werden.[541]

Auf Basis der Event-Logs wird mithilfe von Algorithmen ein Modell generiert, das die bisher unbekannten und nicht sichtbaren realen Abläufe innerhalb eines Prozesses aufdecken und damit transparent machen kann.[542] Dazu werden aus unterschiedlichen Datenquellen des IT-Systems die für die Prozessrekonstruktion relevanten Daten mithilfe einer geeigneten Software ausgelesen und der individuelle Ablauf des Geschäftsvorfalls abgebildet. Mithilfe der Process-Mining-Verfahren lassen sich folglich anhand dokumentierter historischer Geschäftsvorfälle und deren zugehörigen Event-Logs im IT-System detaillierte Prozessabläufe rekonstruieren.[543] Die Rekonstruktion des Prozesses auf Basis der Event-Logs ist vergleichbar mit der bisherigen Prozessaufnahme, jedoch mit einem viel höheren Detaillierungsgrad ausgestattet. Zudem erfolgt keine Aufnahme eines idealtypischen Ablaufs (Soll-Ablauf), sondern es wird direkt der Ist-Ablauf des Prozesses abgebildet.[544]

Die Event-Logs beinhalten i. d. R. für jeden Geschäftsvorfall eine Zuordnungsnummer, die vom System bzw. dem Benutzer ausgeführten Aktivitäten (z. B. Auftrag anlegen, Genehmigung des Auftrags), einen automatisch generierten Zeitstempel und die Angabe des Benutzers je Event.[545]

Ein Beispiel für ein solches Event-Log wird in der folgenden Tabelle dargestellt.

---

540 Vgl. *Aalst* (2016), S. 31.
541 Vgl. *Jans/Alles/Vasarhelyi* (2010), S. 3.
542 Vgl. *Schimm* (2001), S. 317; *Kohne/Linden* (2011), S. 1.
543 Vgl. *Werner* (2012), S. 8.
544 Vgl. *Jans/Alles/Vasarhelyi* (2014), S. 1759 und S. 1769.
545 Vgl. *Aalst* (2016), S. 128 f.

Zuordnung	Aktivität	Benutzer	Zeitstempel
35654423	Auftrag anlegen	Hellmann	16.12.20X1 – 07:30:51
[...]	[...]	[...]	[...]
35654423	Auftrag genehmigt	Zimmermann	19.12.20X1 – 16:15:43
[...]	[...]	[...]	[...]

Tabelle 12: Event-Log[546]

Da die Event-Logs anhand des Zeitstempels chronologisch sortiert sind, kann mithilfe einer entsprechenden Software der Prozess als Abfolge von Aktivitäten Schritt für Schritt rekonstruiert werden.[547]

Es gibt eine Vielzahl von Gründen, die für den Einsatz von Process-Mining-Verfahren in der Abschlussprüfung sprechen. Ein wesentlicher Vorteil liegt darin, dass das Event-Log detaillierte, vom IT-System automatisch aufgezeichnete Daten enthält und diese Aufzeichnungen somit unabhängig vom Verhalten der prozessverantwortlichen Mitarbeiter erstellt werden.[548] Die Event-Logs können mit einer Überwachungskamera verglichen werden, die fortlaufend die Aktivitäten in einem Geschäft aufzeichnet.[549] In Bezug auf die Abschlussprüfung und insbesondere auf das Journal Entry Testing bedeutet dies, dass sowohl jeder Verstoß i. e. S. als auch der Weg hin zu diesem aufgezeichnet worden sein müssten. Hinzu kommt, dass die Event-Logs vor Manipulationen durch die Mitarbeiter geschützt sind, wenn die Zugriffsrechte die essenziellen Bestandteile des IT-System und damit auch für die Event-Logs auf die Systemadministratoren beschränkt sind und dem Abschlussprüfer somit eine ausreichend sichere Datengrundlage zur Verfügung steht.[550]

Weiterhin kann der Einsatz von Process-Mining-Verfahren das in Kapitel 4.2 beschriebene Problem der Intransparenz der IT-gestützten Geschäftsprozesse einschließlich der internen Kontrollen beheben.[551] Im Gegensatz zum Buchungsjournal, in dem i. d. R. keine Kennzeichnung der Journalbuchungen enthalten ist, ob die internen Kontrollen durchlaufen wurden, wird die Datengrundlage für die Process-Mining-Verfahren aus unterschiedlichen Datenquellen gewonnen, wodurch auch Informationen über

---

546 Vgl. *Stocker/Accorsi/Rother* (2013), S. 94; *Aalst* (2016), S. 129.
547 Vgl. *Schulz et al.* (2013), S. 43; *Stocker/Accorsi/Rother* (2013), S. 93.
548 Vgl. *Jans/Alles/Vasarhelyi* (2010), S. 4.
549 Vgl. *Jans/Alles/Vasarhelyi* (2010), S. 29.
550 Vgl. *Werner/Gehrke* (2011), S. 15; *Schulz et al.* (2013), S. 44.
551 Vgl. *Jackmuth* (2012), S. 431.

das Durchlaufen interner Kontrollen enthalten sind (z. B. ob ein Auftrag genehmigt wurde).[552]

Auf Basis des nunmehr vorhandenen transparenten Prozessablaufs ist es möglich, die IT-seitig abgebildeten internen Kontrollen nachzuvollziehen und ihre Wirksamkeit zu beurteilen.[553] Der Abschlussprüfer kann also mithilfe der Process-Mining-Verfahren prüfen, ob bei einem Geschäftsvorfall tatsächlich sämtliche Prozessschritte und internen Kontrollen durchlaufen wurden. Dadurch wäre es theoretisch sogar möglich, sämtliche Kontrollen, d. h. auch bisher nicht relevante, auf Management Override hin zu überprüfen. Ausgehend von diesen Vorteilen ergibt sich die Frage, warum die Process-Mining-Verfahren bisher in der Abschlussprüfung nicht eingesetzt wurden.

Folgende Probleme bestehen bisher bei den Process-Mining-Verfahren: Zunächst einmal ist Grundvoraussetzung, dass die entsprechenden Event-Logs vorliegen, um überhaupt eine Datengrundlage zur Verfügung zu haben.[554] Neben deren Existenz müssen diese auch ausreichend detailliert sein, da sonst der Ablauf der Geschäftsvorfälle nur für bestimmte Teile, nicht aber für den gesamten Geschäftsprozess erstellt werden kann.[555]

Die meisten IT-Systeme verfügen über entsprechende Aufzeichnungen; jedoch sind die Extraktion und die Aufbereitung dieser Daten mit zusätzlichen Kosten verbunden.[556] Grund dafür sind sowohl die Masse an Daten sowie die Vielzahl potenzieller Wege durch den Prozess und die daraus resultierende Komplexität.[557] Weiterhin wird eine spezielle Software für den Abruf und die Aufbereitung der Event-Logs benötigt, da die Event-Logs nicht in einer einzelnen, gut strukturierten Datenbank vorhanden, sondern über verschiedene Datenbanken verteilt sind, sodass die Anschaffung zu zusätzlichen Kosten führt.[558]

Selbst wenn die entsprechenden Voraussetzungen erfüllt sind, bedarf es für den Einsatz im Rahmen der Abschlussprüfung einer umfassenden Interpretation der erzeugten

---

552 Vgl. *Aalst* (2016), S. 125 f..

553 Vgl. *Mochty* (2015), S. 37. Dabei ist zu beachten, dass physische Kontrollen, die keine Abbildung in der IT-gestützten Rechnungslegung haben, gesondert aufzunehmen und in das Prozessmodell manuell zu integrieren sind.

554 Vgl. *Stocker/Accorsi/Rother* (2013), S. 102.

555 Vgl. *Lichtenegger* (2012), S. 3.

556 Vgl. *Jans/Alles/Vasarhelyi* (2010), S. 28 f.

557 Vgl. *Werner/Gehrke* (2011), S. 17; *Schulz et al.* (2013), S. 50.

558 Vgl. *Jans/Alles/Vasarhelyi* (2010), S. 5; *Stocker/Accorsi/Rother* (2013), S. 102; *Aalst* (2016), S. 125 f.

Prozessrekonstruktion durch den Abschlussprüfer, da aus der Visualisierung des Geschäftsprozesses an sich keine verwertbaren Informationen und somit kein Mehrwert gewonnen werden kann.[559] Aufgrund der zuvor beschriebenen Anforderungen an das Process-Mining können sich Restriktionen in Bezug auf die Anwendbarkeit ergeben, wenn der Abschlussprüfer selbst nicht das benötigte Wissen für die Extraktion, Aufbereitung und Interpretation der Daten besitzt.

Die zuvor beschriebenen Nachteile werden teilweise dadurch behoben, dass die aktuellen Softwarelösungen zur Durchführung des Process-Minings den Abschlussprüfer sowohl bei der Datenübernahme, der -aufbereitung als auch der -analyse unterstützen, wodurch die Kosten des Einsatzes gesenkt werden können und die Akzeptanz in der Praxis deutlich zunimmt. Um die Schwierigkeiten der Interpretation der Prozessrekonstruktion zu beheben, könnte das in Kapitel 4.2.3 vorgestellte Kammermodell eingesetzt werden. Konkret bedeutet dies, dass der Abschlussprüfer die rekonstruierten Daten zunächst den einzelnen Prozessschritten des Kammermodells zuordnen könnte. Dadurch würde das Kammermodell nicht mehr auf Grundlage des idealtypischen, sondern des tatsächlichen Ablaufs erstellt und könnte entsprechend interpretiert werden.

Trotz des Einsatzes des Kammermodells ist aus Effizienzgesichtspunkten die vollständige Rekonstruktion und Analyse aller Geschäftsprozesse zusätzlich zum traditionellen Prüfungsvorgehen, insbesondere in Bezug auf die Prüfung eines mittelständischen Unternehmens, isoliert betrachtet, nicht umsetzbar. Dadurch ist der flächendeckende Einsatz der Process-Mining-Verfahren im Rahmen der Abschlussprüfung aufgrund des Kosten-Nutzen-Verhältnisses aktuell noch zu hinterfragen. Gleichwohl bieten diese Verfahren mit Blick in die Zukunft ein erhebliches Potenzial für Effizienzgewinne, insbesondere im Hinblick auf die IT-gestützte Prozessrekonstruktion in Kombination mit geeigneten Methoden zur IT-gestützten Analyse von Geschäftsprozessen.[560]

Es kann folglich festgehalten werden, dass die Vorteile der Prozess-Mining-Verfahren, namentlich insbesondere die hergestellte Transparenz und damit die Möglichkeit, das Verständnis der Geschäftsprozesse und der internen Kontrollen deutlich gegenüber

---

559 Vgl. *Werner* (2012), S. 13.
560 Vgl. *Werner/Gehrke* (2011), S. 11.

dem bisherigen Prüfungsvorgehen zu steigern, überwiegen. Gleichwohl sind die Praxistauglichkeit und die Effizienz der bisher vorhandenen Process-Mining-Verfahren, obwohl es sich auf den ersten Blick um innovative und vielfältig nutzbare Werkzeuge handelt, gerade bei der Abschlussprüfung eines mittelständischen Unternehmens kritisch zu hinterfragen. Die Verfahren sind zwar zum Einsatz in der Abschlussprüfung geeignet (= effektiv), jedoch i. d. R. aus Effizienzgesichtspunkten zum jetzigen Zeitpunkt nur eingeschränkt nutzbar, da sie alle Geschäftsvorfälle abbilden, was regelmäßig mit zusätzlichen Kosten verbunden ist.

Aus diesem Grund soll im folgenden Kapitel ein Ansatz dargestellt werden, mithilfe dessen der Abschlussprüfer zielgerichtet und mit möglichst geringen Kosten Management Override unter Anwendung von Process-Mining-Verfahren erkennen kann.

4.5.3 Weiterentwicklung zum Process-Fault-Tracing

Die im vorherigen Kapitel dargestellten Process-Mining-Verfahren haben grundsätzlich das Potenzial, Management Override aufzudecken. Für den Einsatz im Rahmen der Abschlussprüfung muss jedoch insbesondere das Kosten-Nutzen-Verhältnis in Einklang gebracht werden.

Zunächst stellt sich die Frage: Wenn die Verfahren doch vergleichbar mit einer Überwachungskamera alle Aktivitäten der Mitarbeiter aufzeichnen, warum können sie in Verbindung mit dem Kammermodell nicht dazu eingesetzt werden, sowohl Verstöße i. e. S. als auch Management Override zu erkennen und somit das bisher dargestellte Journal Entry Testing zu ersetzen? Gegen das Ersetzen des Journal Entry Testings sprechen die folgenden Gründe:

Würde der Abschlussprüfer nur die Process-Mining-Verfahren einsetzen, müssten zunächst sämtliche Geschäftsprozesse vollumfänglich rekonstruiert, ausgewertet und das Ergebnis der Auswertung im Anschluss daran auf Auffälligkeiten analysiert werden. In diesem Zusammenhang ist problematisch, dass selbst, wenn sämtliche Geschäftsprozesse effizient vollumfänglich rekonstruiert und ausgewertet werden könnten, könnte ein ungewöhnlicher Geschäftsvorfall aufgrund der Vielzahl und der Komplexität der Geschäftsvorfälle nur schwer identifiziert werden. Die im Verlauf der Arbeit herausgestellten Probleme bei der Identifizierung ungewöhnlicher Geschäftsvorfälle treten hier ebenfalls auf. Konkret sind insbesondere die Anforderungen an die Ausgestaltung einer risikoorientierten Vorgehensweise zu nennen.

Hinzu kommt, und das ist das entscheidende Argument, dass das Buchungsjournal als Datengrundlage in der berufsständischen Verlautbarung vorgegeben ist, um Verstöße i. e. S. zu erkennen. Durch die Process-Mining-Verfahren können zwar auch die entsprechenden Daten aus dem Rechnungswesen dargestellt werden, z. B. welche Buchungen innerhalb der Prozessschritte erstellt wurden, es werden jedoch nicht alle Informationen abgebildet, die im Buchungsjournal enthalten sind.

Process-Mining-Verfahren können gemäß berufsständischer Verlautbarung nicht ausschließlich eingesetzt werden, um Verstöße i. e. S. zu erkennen, und können somit das Journal Entry Testing auch nicht ersetzen.

Process-Mining-Verfahren können also nur zusätzlich zum Journal Entry Testing eingesetzt werden, um Management Override zu erkennen. Dabei stellen Process-Mining-Verfahren aktuell jedoch die einzige Möglichkeit dar, um einen Geschäftsvorfall im Detail progressiv prüfen und damit den Ablauf durch den Geschäftsprozess und die internen Kontrollen zurückverfolgen zu können.

Fraglich ist, ob Process-Mining-Verfahren dahingehend weiterentwickelt werden können, dass sie Management Override effizient aufdecken können, ohne dass die Geschäftsprozesse vollumfänglich rekonstruiert und ausgewertet werden müssen.

Im Fokus einer solchen Weiterentwicklung steht daher nicht das „Mining", also das „Schürfen" nach bisher unbekanntem Wissen in einem „Datenberg",[561] sondern eine Analyse der Geschäftsprozesse und internen Kontrollen für ausgewählte Geschäftsvorfälle aufgrund von A-posteriori-Wissen über bestehende Verstöße i. e. S. Aus diesem Grund soll die Weiterentwicklung zum Erkennen von Management Override im Folgenden als Process-Fault-Tracing bezeichnet werden.

Ziel des Process-Fault-Tracings ist es, die im Rahmen des weiterentwickelten Journal Entry Testings identifizierten Verstöße i. e. S. auf mögliche Fälle von Management Override progressiv zu analysieren.[562] Der Begriff „Process-Fault-Tracing" wurde gewählt, da dieser als prozessbasierte Fehlersuche übersetzt werden kann.

Es handelt sich hier tatsächlich um eine Suche, da der Abschlussprüfer durch die vorgelagerte multivariate Datenmustererkennung bereits Verstöße i. e. S. identifiziert hat

561 Vgl. *Küppers* (1999), S. 19 f.; *Alpar/Niedereichholz* (2000), S. 3.
562 Vgl. *Kneer* (1984), S. 123.

und somit nicht mehr die Identifizierung von bisher unbekannten Mustern im Fokus steht. Dieses ist auch der entscheidende Unterschied zwischen dem Process-Fault-Tracing und den Process-Mining-Verfahren bzw. der multivariaten Datenmustererkennung.

Voraussetzung für eine effiziente Nutzung ist die Integration in den risikoorientierten Prüfungsansatz. Soll das Process-Fault-Tracing verwendet werden, um Management Override zu erkennen, so muss dieses als aussagebezogene Prüfungshandlungen und somit zur Reduktion des Entdeckungsrisikos nutzbar sein. Das Process-Fault-Tracing auf Grundlage der Process-Mining-Verfahren erfüllt grundsätzlich die Voraussetzungen für den Einsatz als aussagebezogene Prüfungshandlung. Genau genommen handelt es sich dabei um eine einzelfallbezogene Prüfungshandlung in Form einer „Wurzelstichprobe“.[563]

Durch den Einsatz des Process-Fault-Tracings könnte die in Kapitel 4.2.4 dargestellte Anpassung bestehend aus der multivariaten Datenmustererkennung im ersten Schritt und dem darauf aufbauenden Erkennen von Management Override im zweiten Schritt in der Praxis umgesetzt werden. Durch die Kombination des Process-Fault-Tracings mit dem Journal Entry Testing wird aus dem unkoordinierten Rekonstruieren von Geschäftsprozessen eine zielgerichtete und risikoorientierte Prüfungshandlung.

In der Praxis kann diese Kombination folgendermaßen umgesetzt werden: Zunächst identifiziert der Abschlussprüfer mithilfe des Journal Entry Testings Verstöße i. e. S. Angenommen, der Abschlussprüfer stellt mithilfe des Journal Entry Testings fest, dass eine möglicherweise fiktive Umsatzerlösbuchung vorliegt. Nachdem im Rahmen der einzelfallbezogenen Prüfungshandlungen festgestellt wurde, dass die Umsatzerlösbuchung tatsächlich manipuliert wurde, stellt sich für den Abschlussprüfer die Frage, wie genau der Mitarbeiter diesen Verstoß i. e. S. begangen hat.

An diesem Punkt wird das Process-Fault-Tracing eingesetzt. Ausgehend von der manipulierten Umsatzerlösbuchung kann der Abschlussprüfer mithilfe der Zuordnungsnummer den Geschäftsvorfall identifizieren, der den Verstoß i. e. S. enthält. Wie in der folgenden Abbildung auf der nächsten Seite zu erkennen ist, kann auf Grundlage dieser Zuordnungsnummer der entsprechende Ablauf des Geschäftsvorfalls durch den

---

563 Vgl. *Tesch* (2007), S. 1166; *Brösel et al.* (2015), S. 268.

Geschäftsprozess unter Hinzunahme einer entsprechenden Process-Mining-Software[564] visualisiert werden. In der Mitte der Oberflächenansicht werden alle Belege, die im Zusammenhang mit dem Geschäftsvorfall entstanden sind (vom Auftrag bis zur Zahlung[565]), vergleichbar mit den einzelnen Prozessschritten im Kammermodell angezeigt. Auf Grundlage dieser transparenten Darstellung kann der Abschlussprüfer den konkreten Ablauf nachvollziehen und mit dem von der Geschäftsführung vorgegebenen Soll-Ablauf Schritt für Schritt vergleichen.

564 Zur Visualisierung wurde eine Process-Mining-Software eingesetzt, da das Process-Fault-Tracing auf den Process-Mining-Verfahren beruht. Weiterhin existiert dadurch, dass das Process-Fault-Tracing eine eigene Weiterentwicklung ist, entsprechend bisher keine eigenständige Process-Fault-Tracing-Software.

565 Grundsätzlich müsste der Abschlussprüfer nur den Verlauf ab der Fakturierung betrachten. Der Prozessschritt der Debitorenzahlung wird lediglich zu Darstellungszwecken und zur Verdeutlichung der Vorgehensweise ebenfalls aufgeführt.

Abbildung 22: Visualisierung eines Geschäftsvorfalls mit zap Audit©[566]

566 Der Verlauf des Geschäftsvorfalls durch den Geschäftsprozess wurde mithilfe der Software *zap Audit©* dargestellt. Die Software kombiniert die Prozesstransparenz und -visualisierung der

Auf Grundlage dieser transparenten Darstellung kann der Abschlussprüfer den konkreten Ablauf nachvollziehen und mit dem von der Geschäftsführung vorgegebenen Soll-Ablauf Schritt für Schritt vergleichen. Durch die progressive Betrachtung kann der Abschlussprüfer ermitteln, ob der Verstoß i. e. S. durch ein Außerkraftsetzen oder Umgehen interner Kontrollen oder durch ein Abweichen vom vordefinierten Ablauf zu begründen ist.

Damit kann durch den Einsatz des Process-Fault-Tracings das in Kapitel 4.2.3 dargestellte Kammermodell zur Beurteilung der physischen, verbindenden und limitierenden Kontrollen doch noch für konkrete Einzelfälle eingesetzt werden. In diesem Fall hat der Abschlussprüfer mithilfe des Process-Fault-Tracings die Zielvorgabe des ISA 240 erfüllt und Management Override erkannt.

Mit der Identifizierung von Management Override ist die Prüfung jedoch noch nicht abgeschlossen. Zunächst einmal darf der Abschlussprüfer nicht davon ausgehen, dass es sich bei einem Verstoß i. e. S. bzw. bei Management Override um einen einmaligen Sachverhalt handelt.[567] Dazu muss der Abschlussprüfer die Auswirkungen auf den Prüfungsansatz beurteilen und seine ursprüngliche Risikoeinschätzung überdenken bzw. ggf. anpassen, um mögliche weitere Fälle von Verstößen i. e. S. und Management Override erkennen zu können. Konkret stellt sich in Bezug auf Management Override die Frage, ob die Einschätzung des Kontrollrisikos nach oben korrigiert werden muss.

Mithilfe der multivariaten Datenmustererkennung und des Process-Fault-Tracings hat der Abschlussprüfer folglich seine ursprüngliche Hypothese, dass das interne Kontrollsystem wirksam ist, erneut beurteilt.[568] Insofern ein Verstoß i. e. S. in Kombination mit Management Override identifiziert wurde, führt dies zu einem gestiegenen Kontrollrisiko und in Folge dessen dazu, dass das Entdeckungsrisiko durch zusätzliche aussagebezogene Prüfungshandlungen wieder gesenkt werden muss.

Der Nutzen des Process-Fault-Tracings im Rahmen der Abschlussprüfung ist folglich gegeben. Allerdings sind aus Effizienzgesichtspunkten noch die Kosten des Einsatzes zu würdigen. Grundsätzlich wird das Process-Fault-Tracing nur dann eingesetzt, wenn im Rahmen des Journal Entry Testings auch tatsächlich Verstöße i. e. S. identifiziert

---

Process-Mining-Verfahren mit den inhaltlichen Fragestellungen von Revisoren und Abschlussprüfern.

567 Vgl. *IFAC*, ISA 240.35; *Gee* (2015), S. 2.

568 Siehe zum Hypothesentest *Ruhnke* (1992), S. 9–16

wurden. Die Kosten fallen somit nur dann an, wenn tatsächlich Verstöße i. e. S. vorliegen. Ist dies der Fall, stellt das Process-Fault-Tracing durch die vollständige Darstellung des Ablaufs des Geschäftsvorfalls durch den Geschäftsprozess und die internen Kontrollen aktuell das einzige Werkzeug des Abschlussprüfers dar, um Management Override hinreichend sicher erkennen zu können. Dabei ist es unerheblich, ob es sich um ein mittelständisches Unternehmen oder einen Großkonzern handelt.

Da es aktuell keine Alternativen zum Process-Fault-Tracing gibt, sind die Kosten ohnehin von untergeordneter Bedeutung, da gemäß ISA 200 Prüfungshandlungen, die zur Erlangung von Prüfungsnachweisen notwendig sind, nicht aus Kostengründen unterlassen werden dürfen.[569]

Die Kombination aus multivariater Datenmustererkennung und Process-Fault-Tracing erfüllt damit die Anforderungen an ein risikoorientiertes und unternehmensindividuelles Prüfungsvorgehen mit der Zielsetzung, Verstöße i. w. S. und Management Override zu erkennen.

4.6 Finale Beurteilung der Zielerreichung

Wesentlicher Maßstab zur Beurteilung des Journal Entry Testings sind die Effektivität und die Effizienz des Prüfungsvorgehens, wie in Kapitel 3 ausführlich dargestellt wurde. Im Laufe der Arbeit wurden drei unterschiedliche Varianten des Journal Entry Testings vorgestellt:

1. das Journal Entry Testing in seiner bisherigen Form (Kapitel 2),
2. die Weiterentwicklung zum risikoorientierten und unternehmensindividuellen Journal Entry Testing (Kapitel 3) sowie
3. die Ergänzung der Weiterentwicklung des Journal Entry Testings um das Scoring-Modell und das Process-Fault-Tracing (Kapitel 4).

Die Effektivität und die Effizienz der drei Varianten können wie in der Abbildung auf der nächsten Seite dargestellt, beurteilt werden.

---

[569] Vgl. *IFAC*, ISA 200.A48.

	Effektivität		Kosten der Datenanalysen		Kosten einzelfallbezogene Prüfungshandlungen	Effizienz insgesamt
	Verstöße i. e. S.	Management Override	Erst-prüfung	Folge-prüfung		
JET in seiner bisherigen Form	✓	?	gering	gering	hoch	
Risikoorientierte Weiterentwicklung des JETs	✓	?	mittel	gering	mittel	
Risikoorientierte Weiterentwicklung des JETs einschl. Scoring-Modell und Process-Fault-Tracing	✓	✓	hoch	gering	gering	

Tabelle 13: Finale Effektivitäts- und Effizienzbeurteilung

Da zwischen dem Teilziel „Verstöße i. e. S. erkennen" und dem Teilziel „Management Override erkennen" unterschieden werden muss, ist bei der Beurteilung der Effektivität ebenfalls zwischen den beiden Teilzielen zu differenzieren. In Bezug auf das Erkennen von Verstößen i. e. S. wird davon ausgegangen, dass das Journal Entry Testing in seiner bisherigen Form bereits effektiv war, da der Abschlussprüfer sonst keine Prüfungsaussagen mit hinreichender Sicherheit hätte treffen können. Da die anderen beiden Varianten eine risikoorientierte und unternehmensindividuelle Weiterentwicklung des Journal Entry Testings in seiner bisherigen Form sind, erlauben diese ebenfalls Prüfungsaussagen mit hinreichender Sicherheit in Bezug auf Verstöße i. e. S. und sind daher auch als effektiv in Bezug auf dieses Teilziel einzuschätzen.

In Bezug auf das Teilziel „Management Override erkennen" ist hingegen fraglich, ob Management Override sowohl beim Journal Entry Testing in seiner bisherigen Form als auch bei der risikoorientierten und unternehmensindividuellen Weiterentwicklung tatsächlich mit hinreichender Sicherheit erkannt werden kann. Diese Erkenntnis resultiert aus den in Kapitel 4 gewonnenen Ergebnissen, dass Management Override lediglich ein Hilfsmittel darstellt, um Verstöße i. e. S. zu begehen, und der Abschlussprüfer aufgrund der Intransparenz der Geschäftsprozesse und internen Kontrollen eine direkte Prüfung auf Basis der Journalbuchungen nicht durchführen kann. Die Erweiterung um das Process-Fault-Tracing hingegen führt dazu, dass der Abschlussprüfer Management

Override mit hinreichender Sicherheit erkennen kann. Da im Rahmen des Journal Entry bisher i. d. R. nicht zwischen den beiden Teilzielen unterschieden wurde, kann nicht abschließend geklärt werden, ob Management Override in den ersten beiden Varianten ohne den Einsatz von Process-Fault-Tracing nicht doch mit hinreichender Sicherheit erkannt werden kann.

In Bezug auf die Effizienz des Journal Entry Testings sind insbesondere die Kosten als Beurteilungsmaßstab heranzuziehen. In diesem Zusammenhang sind zunächst die Kosten der eigentlichen Datenanalysen zu beurteilen, die von den Kosten der nachfolgend notwendigen einzelfallbezogenen Prüfungshandlungen, i. S. v. Belegprüfungen abzugrenzen sind. Bei den Kosten der eigentlichen Datenanalysen ist zudem zwischen denen der Erst- und der Folgeprüfung zu unterscheiden. Beim Journal Entry Testing in seiner bisherigen Form sind sowohl die Kosten der Erst- als auch der Folgeprüfung im Normalfall als gering einzuschätzen. Die Einschätzung resultiert daraus, dass der Abschlussprüfer i. d. R. nicht die in Kapitel 3 erarbeiteten Schritte zur risikoorientierten und unternehmensindividuellen Datenanforderung, -übernahme, und -analyse durchgeführt hat. Werden bspw. die GoBD-Daten unverändert übernommen und im Anschluss daran z. B. mithilfe eines Makros alle in Kapitel 3 dargestellten Kriterien risikobehafteter Buchungen zur Datenanalyse verwendet, so sind die Kosten bis zu diesem Punkt des Prüfungsvorgehens im Normalfall als gering einzuschätzen.

Aufgrund der unzureichenden risikoorientierten und unternehmensindividuellen Betrachtung ergibt sich jedoch häufig aus den Datenanalysen eine große Anzahl an Auffälligkeiten, die einzelfallbezogen zu prüfen sind, was zu hohen Kosten der einzelfallbezogenen Prüfungshandlungen führt.

Im Unterschied dazu steht die in Kapitel 3 dargestellte Erweiterung des Journal Entry Testings um die risikoorientierte und unternehmensindividuelle Betrachtungsweise. Zwar sind die Kosten der Erstprüfung höher als beim Journal Entry Testing in seiner bisherigen Form, da die Datenanforderung, -übernahme, und -analyse deutlich umfangreicher sind. Allerdings sinken diese Kosten in der Folgeprüfung deutlich auf ein ähnlich geringes Niveau wie beim Journal Entry Testing in seiner bisherigen Form. Grund dafür ist, dass der Abschlussprüfer sein Prüfungsvorgehen jedes Jahr nur aktualisieren und nicht komplett neu aufsetzen muss. Dadurch kann er bspw. die Dateninventuren aus dem Vorjahr i. d. R. erneut verwenden und aktualisieren; die Kosten sinken entsprechend. Bereits durch diese Weiterentwicklung wird die Anzahl an Auffälligkeiten, die einzelfallbezogen zu prüfen sind, erheblich reduziert, wodurch ein mittleres Kostenniveau der einzelfallbezogenen Prüfungshandlungen entsteht.

Demgegenüber steht das Journal Entry Testing einschließlich Scoring-Modell und Process-Fault-Tracing. Kerngedanke ist, dass durch die multivariate Betrachtungsweise die Verzahnung der einzelnen Kriterien und damit der einzelnen Bestandteile der Journalbuchungen in eine stärker risikoorientierte Vorgehensweise mündet, was insgesamt zu deutlich niedrigeren Kosten führt. Dadurch, dass neben den Kosten der Weiterentwicklung des Journal Entry Testings (2. Variante) jedoch auch noch das Scoring-Modell einmalig unternehmensindividuell aufgesetzt werden muss, sind die Kosten der Datenanalysen in der Erstprüfung als hoch einzuschätzen. Da der Abschlussprüfer das Scoring-Modell aus dem Vorjahr vollumfänglich erneut nutzen kann, sind die Kosten in der Folgeprüfung als gering zu beurteilen. Entscheidend ist jedoch, dass die Kosten der notwendigen einzelfallfallbezogenen Prüfungshandlungen als gering einzuschätzen sind, da sich i. d. R. nur noch eine kleine Anzahl (im vorliegenden Fall in der Klasse „Verkauf" 43 Journalbuchungen) an risikobehafteten Journalbuchungen ergibt.

Der Einsatz des Process-Fault-Tracings als einzelfallbezogene Prüfungshandlung führt, isoliert betrachtet, natürlich zu zusätzlichen Kosten, sodass die Beurteilung der Kosten der einzelfallbezogenen Prüfungshandlungen in der dritten Variante eigentlich nicht als gering erfolgen dürfte. Da es aktuell jedoch keine Alternativen zum Process-Fault-Tracing gibt und das Process-Fault-Tracing nur dann eingesetzt werden muss, wenn tatsächlich Verstöße i. e. S. identifiziert wurden, sind diese zusätzlichen Kosten nicht in die finale Effizienzbeurteilung einzubeziehen.

Betrachtet man die Effizienz insgesamt, so zeigt sich, dass die Effizienz vom Journal Entry Testing in seiner bisherigen Form an um jede Weiterentwicklung ansteigt. Insbesondere in der dritten Variante können sich aus der multivariaten, risikoorientierten und unternehmensindividuellen Vorgehensweise in der Praxis noch erhebliche Effizienzgewinne ergeben.

Das Journal Entry Testing ist also immer dann ein effizientes Werkzeug des Abschlussprüfers, wenn eine risikoorientierte und unternehmensindividuelle Vorgehensweise kostengünstig umgesetzt wird.

Diese Aussage wird dadurch bestärkt, dass in die obige Effizienzbeurteilung nicht einbezogen wurde, dass Effizienzgewinne auch dann entstehen, wenn in derselben Prüfungszeit und mit derselben Prüfungsgrundlage zusätzliche Prüfungsziele abgedeckt werden können. In Bezug auf den Untersuchungsgegenstand wurde aufgezeigt, dass das weiterentwickelte Journal Entry Testing z. B. als Reaktion auf das Risiko nicht existenter Umsatzerlöse eingesetzt und somit der Umfang anderer kostenintensiver einzelfallbezogener Prüfungshandlungen reduziert werden kann. Wenn diese Voraussetzungen erfüllt sind, gelingt auch die Integration des Journal Entry Testings in den risikoorientierten Prüfungsansatz.

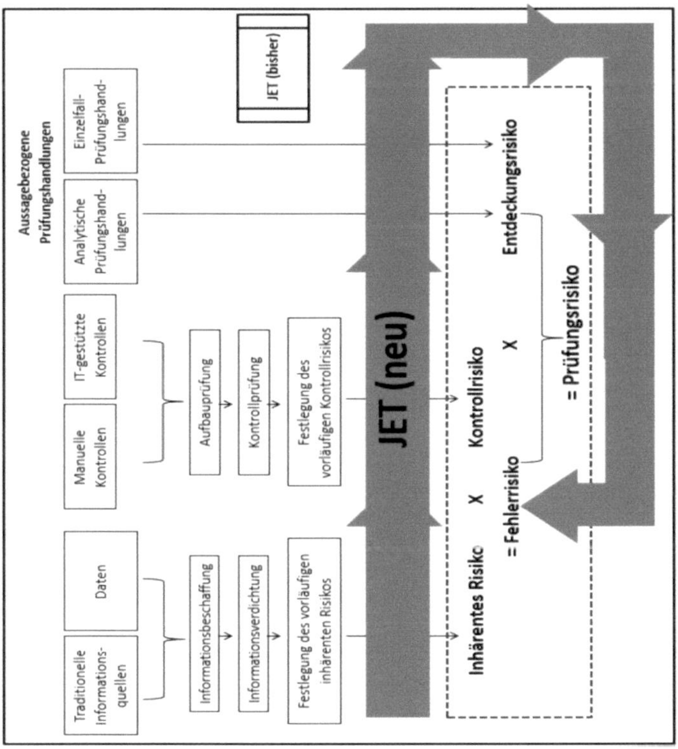

Abbildung 23:Integriertes Journal Entry Testing

5 Zusammenfassung der Forschungsergebnisse und Ausblick

Die vorliegende Forschungsarbeit ist in fünf Kapitel unterteilt. Nach der Einleitung wurde in **Kapitel 2** das theoretische Rahmenwerk für die Forschungsarbeit gebildet. Dieses kann wie folgt zusammengefasst werden:

- Kernpunkt der Abschlussprüfung ist der risikoorientierte Prüfungsansatz. Vor dem Hintergrund der Digitalisierung und steigender Datenmengen ist es erforderlich, diesen traditionellen Prüfungsansatz anzupassen. Innerhalb dieses digitalisierten Prüfungsansatzes sind die Phasen der Datenbeschaffung, -auswertung und -beurteilung zu unterscheiden.

- Der Abschlussprüfer hat seine Abschlussprüfung so auszurichten, dass er Unregelmäßigkeiten, also unbewusste Fehlern und bewusste Verstöße, erkennen kann. Beim Erkennen von Verstößen helfen dem Abschlussprüfer die Faktoren des sogenannten Fraud-Triangles, d. h. die Einschätzung, ob ein Mitarbeiter einen entsprechenden Anreiz oder eine Motivation besitzt, einen Verstoß zu begehen, eine Gelegenheit hierzu hat und dieses mit seiner Einstellung vereinbaren kann (innere Rechtfertigung).

- Pflichtbestandteil der Prüfungshandlungen zum Erkennen von Verstößen ist das sogenannte Journal Entry Testing, also die Analyse der Journalbuchungen eines Geschäftsjahres. Wie genau der Abschlussprüfer das Journal Entry Testing durchführen soll, ist jedoch weder in der berufsständischen Verlautbarung ISA 240 noch in der Literatur eindeutig und praxistauglich beschrieben.

Die in **Kapitel 3** erzielten Ergebnisse der Untersuchung können wie folgt zusammengefasst werden:

- Der zentrale Untersuchungsgegenstand ist eine mittelgroße Vertriebsgesellschaft, da der Fokus der Untersuchung auf dem Prüfgebiet der Umsatzerlöse und dem Geschäftsprozess „Verkauf" liegt. Für die IT-gestützte Rechnungslegung nutzt das Unternehmen SAP©, das in Deutschland am häufigsten eingesetzte System für die IT-gestützte Rechnungslegung.

- Als Beurteilungsmaßstab des Journal Entry Testings in seiner bisherigen Form wie auch der späteren Weiterentwicklungen dienen die Ziele der Abschlussprüfung Wirksamkeit (Effektivität) und Wirtschaftlichkeit (Effizienz).

- Eine Abschlussprüfung ist effektiv, wenn das Prüfungsurteil mit hinreichender Sicherheit abgegeben wird.
- Effizienz wird anhand der für die Prüfung benötigten Zeit, die entsprechende Kosten verursacht, gemessen; d. h. entscheidend ist, wie lange geprüft wird.
- Der typische Ablauf des Journal Entry Testings besteht aus vier Schritten:
  - Anforderung der Journalbuchungen,
  - Datenübernahme und -aufbereitung,
  - der eigentlichen Datenanalyse und
  - der Auswertung der Ergebnisse und Bildung von Prüfungsaussagen.
- Gemäß berufsständischer Verlautbarung muss der Abschlussprüfer mindestens die Journalbuchungen zum Ende der Berichtsperiode sowie die Anpassungsbuchungen anfordern („zeitliche Komponente").
- Neben der zeitlichen Komponente spielt auch die inhaltliche Komponente, d. h. die Auswahl der zu extrahierenden Datenfelder, eine große Rolle.
- Sofern die zeitliche und die inhaltliche Komponente vom Abschlussprüfer nur pauschal festgelegt werden, um kurzfristig Zeit und damit Kosten zu sparen, wird er i. d. R. nicht die richtige Datengrundlage erhalten. In der Folge muss er die Datengrundlage erneut anfordern, was zusätzliche Kosten verursacht.
- Um ein effizientes Journal Entry Testing sicherzustellen, sind die zeitliche und die inhaltliche Komponente stattdessen an den unternehmensindividuellen Risiken auszurichten.
- Informationen dazu, welche Risikofaktoren im Unternehmen vorliegen, erhält der Abschlussprüfer aus der Verzahnung des Journal Entry Testings mit der Risikobeurteilung der Abschlussprüfung. Diese Risikofaktoren werden z. B. durch die Befragung der in den Rechnungslegungsprozess eingebundenen Personen und des Aufsichtsorgans sowie aus den Ergebnissen der IT-Systemprüfung gewonnen.
- Zwar können auch die in ISA 240 aufgeführten Risikofaktoren genutzt werden; ein reines Abarbeiten dieser Faktoren ist dagegen wenig zielführend, da nur eine unternehmensindividuelle Risikobeurteilung zu einer entsprechenden Datengrundlage führt.

- Darüber hinaus können Informationen über die Abläufe der Geschäftsprozesse und das interne Kontrollsystem Hinweise auf Risikofaktoren liefern. Vorteil ist, dass eine Prozessaufnahme i. d. R. ohnehin erfolgt.
- Das Journal Entry Testing in seiner bisherigen Form wurde nur mit dem Ziel durchgeführt, Verstöße i. w. S. erkennen zu können. Grundsätzlich kann das Journal Entry Testing auch zur Abdeckung weiterer Prüfungsziele genutzt werden, die jedoch vor der abschließenden Festlegung der Datengrundlage zu definieren sind.
- Für die abschließende Festlegung der Datengrundlage muss der Abschlussprüfer zudem eine vorläufige Auswahl der durchzuführenden Datenanalysen treffen. Diese entscheidet darüber, welche Datenfelder (wie „Benutzer" oder „Betrag") überhaupt angefordert werden.
- Im nächsten Schritt werden die Daten aus dem System des zu prüfenden Unternehmens extrahiert. Hierbei ist es die Aufgabe des Abschlussprüfers, insbesondere die Vollständigkeit der Datengrundlage sicherzustellen.
- Bei der technischen Durchführung liegt es im Ermessen des Abschlussprüfers, ob er IT-basiert oder IT-gestützt vorgeht. Bei der IT-basierten Datenanalyse wählt er vordefinierte Routinen aus, die jedoch nur eingeschränkt verändert, d. h. unternehmensindividuell angepasst werden können. Bei der IT-gestützten Datenanalyse hingegen steuert und überwacht der Abschlussprüfer die Datenanalysen manuell, was zu einer risikoorientierteren Umsetzung, jedoch auch zu höheren Kosten führt.
- Der Umfang des Journal Entry Testings hängt von der Risikobeurteilung des Abschlussprüfers ab. Hierbei können drei Grundfälle unterschieden werden:

    1. Es liegen keine konkreten Hinweise auf oder Risikofaktoren für Verstöße i. w. S. in der Rechnungslegung vor.
    2. Es liegen keine konkreten Hinweise auf Verstöße i. w. S. vor, jedoch ergeben sich auf Basis der erlangten Informationen Risikofaktoren für Verstöße i. w. S.
    3. Es liegen konkrete Hinweise auf Verstöße i. w. S. innerhalb des Geschäftsjahres vor.

Mindestumfang (erster Fall) ist die Prüfung des internen Kontrollsystems auf Management Override als eine Komponente von Verstößen i. w. S., da das Risiko, dass Kontrollen außer Kraft gesetzt werden, in jedem Unternehmen vorhanden ist. Liegen dagegen Risikofaktoren für oder sogar Hinweise auf Verstöße i. w. S. vor (zweiter und dritter Fall), so ist das Journal Entry Testing entsprechend auszuweiten.

- Ergebnis des Journal Entry Testings soll die Lokalisierung risikobehafteter Buchungen sein, für die weitere einzelfallbezogene Prüfungshandlungen durchzuführen sind. Die in der berufsständischen Verlautbarung vorgegebenen Kriterien für risikobehaftete Buchungen sind teilweise leider wenig praxisrelevant.

- Als grundsätzlich relevante Kriterien wurden im Verlauf der Untersuchung die Buchungen durch ungewöhnliche Personen, zu ungewöhnlichen Zeitpunkten und mit ungewöhnlichen Gegenkonten weiterverfolgt.

- Welche Ausprägungen die vorgenannten Kriterien beim individuellen Unternehmen annehmen müssen, um risikobehaftet zu sein, wird durch die im Rahmen der Dateninventur gewonnenen Informationen festgelegt.

- Ziel der Dateninventur ist es, alle für ein Datenmodell benötigten Informationen aufzulisten. Erst am Ende dieser Dateninventur werden die durchzuführenden Datenanalysen final festgelegt.

- Im letzten Schritt werden die Prüfungsaussagen auf Basis der Ergebnisse des Journal Entry Testings und der einzelfallbezogenen Prüfungshandlungen gebildet, dokumentiert und zu einem Prüfungsurteil verdichtet.

Das Journal Entry Testing in seiner bisherigen Form besteht häufig aus einer Vielzahl unkoordinierter Stichproben, durch die der Abschlussprüfer hofft, Verstöße i. w. S. zu entdecken. Fraglich ist, wie das Journal Entry Testing weiterentwickelt werden muss, um gezielt Hinweise auf Verstöße i. e. S. liefern zu können.

Diese Frage wurde in **Kapitel 4** beantwortet, dessen Ergebnisse im Folgenden noch einmal zusammengefasst werden:

- Ziel des Journal Entry Testings ist es, Verstöße i. w. S. zu erkennen. Für das weitere Vorgehen wird zwischen den Teilzielen „Management Override erkennen" und „Verstöße i. e. S. erkennen" unterschieden.

- Da das Ziel „Management Override erkennen“ die Prüfung der Kontrollen beinhaltet, die hierfür außer Kraft gesetzt werden, erscheint es auf den ersten Blick zweckdienlich, eine Einordnung des Journal Entry Testings unterhalb der Systemprüfung vorzunehmen. Das Ziel „Verstöße i. e. S. erkennen“ ist zunächst unterhalb der analytischen Prüfungshandlungen einzuordnen, da aufgrund der Masse an Daten und der gleichzeitig geringen Anzahl an Verstößen i. e. S. ausschließlich einzelfallbezogene Prüfungshandlungen wirtschaftlich nicht vertretbar wären. Zur Erfüllung des Ziels ist jedoch eine Kombination aus analytischen und einzelfallbezogenen Prüfungshandlugen notwendig.

- Da das gesamte Buchungsjournal „am Stück“ aufgrund des starken Anstiegs des Datenvolumens nicht ohne weiteres als Datengrundlage verwendet werden kann, muss der Abschlussprüfer dieses vor dem eigentlichen Journal Entry Testing aufteilen.

- Somit wird durch die Bildung von Risikoklassen auf Basis der Prüfgebiete und die anschließende Aggregation zu übergeordneten Risikoklassen auf Basis der Geschäftsprozesse das gesamte Buchungsjournal in Teilmengen aufgeteilt und erhält so eine risikoorientierte Struktur, auf deren Basis das weitere Prüfungsvorgehen geplant werden kann.

- Zwar gibt ISA 240 vor, dass der Abschlussprüfer das Journal Entry Testing durchführen muss, um der Gefahr von Management Override zu begegnen. Jedoch enthalten die Journalbuchungen kein Datenfeld mit der Information, ob sie die Kontrollen passiert haben.

- Auch auf Basis der „traditionellen“ Prozessaufnahme kann der Abschlussprüfer nicht beurteilen, ob der Geschäftsvorfall zutreffend den gesamten Prozess durchlaufen hat und alle anderen, mit dem Geschäftsvorfall zusammenhängenden Buchungen ebenfalls erfolgt sind, da die Prozesse in Unternehmen häufig nur intransparent dargestellt sind und die dabei entstehenden Journalbuchungen außer Acht lassen.

- Hinzu kommt, dass sich der Abschlussprüfer bei der Prozessaufnahme bisher i. d. R. nur auf die einzelnen „physischen“ Kontrollen, d. h. auf die manuellen und automatischen Kontrollen <u>innerhalb der einzelnen Prozessschritte</u>, konzentriert hat.

Gerade in Bezug auf die Weiterentwicklung des Journal Entry Testings und das Teilziel „Management Override erkennen“ spielen limitierende Kontrollen, also solche, die den Prozess umgeben und beschränken und die verbindenden Kontrollen zwischen den einzelnen Prozessschritten eine Rolle.

Mithilfe des Kammermodells, das den Prozessablauf und die vorgenannten Kontrollen grafisch abbildet, kann der Abschlussprüfer beurteilen, ob alle internen Kontrollen identifiziert wurden, um auf dieser Basis festzulegen, welche der identifizierten Kontrollen relevant sind, um Management Override zu erkennen.

- Dieser Weg zum Erkennen von Management Override scheitert in der Praxis jedoch ebenfalls – wie zuvor beschrieben – daran, dass der Journalbuchung eine entsprechende Kennzeichnung fehlt.

- Da Management Override ein Hilfsmittel des Mitarbeiters darstellt, um einen Verstoß i. e. S. zu begehen, wäre eine weitere Möglichkeit, den Prozess rückwärts, d. h. ausgehend von einem bereits identifizierten Verstoß i. e. S. zu durchlaufen. Konkret bedeutet dies, dass erst Verstöße i. e. S. identifiziert werden müssen, um Management Override erkennen zu können.

- Um wiederum Verstöße i. e. S. erkennen zu können, benötigt der Abschlussprüfer ein Instrument, mit dem er die Journalbuchungen innerhalb der übergeordneten Risikoklassen, wie z. B. in der Klasse „Verkauf“, in risikobehaftete und risikofreie Journalbuchungen einteilen kann.

- Mithilfe der Datenmustererkennung können Muster in Datenbeständen identifiziert und dadurch Unterschiede zwischen Gruppen von Datensätzen bzw. einzelnen Datensätzen erkannt werden. Konkret sollen also Muster abgeleitet werden, anhand derer die Journalbuchungen innerhalb der einzelnen Klassen in risikobehaftete und risikofreie Journalbuchungen eingeteilt werden können. Mangels Kenntnissen darüber, wie eine risikobehaftete Buchung aussieht, wird zunächst das Muster für typische (= risikofreie) Buchungen ermittelt, um darauf aufbauend Abweichungen hiervon (= risikobehaftete Buchungen) festzustellen.

- Zur Identifizierung dieser Datenmuster wurden beim Untersuchungsgegenstand die Merkmale Benutzer, Periode, Tag, Uhrzeit sowie Buchungssätze und -zusammenhang in Kombination herangezogen (multivariate Datenmustererkennung).

- Insbesondere die Buchungssätze und der Buchungszusammenhang sind dabei von erheblicher Bedeutung, auch wenn sie in der Praxis bisher wenig eingesetzt wurden. Der Buchungszusammenhang berücksichtigt dabei die Interdependenzen zwischen den einzelnen Prozessschritten respektive zwischen den Buchungssätzen. Durch ihn kann auch der zeitliche Ablauf auf Abweichungen vom typischen Prozessablauf analysiert werden.

- Wie der Abschlussprüfer die einzelnen Merkmale gewichtet, liegt in seinem subjektiven Ermessen. Um dieses Ermessen für einen Dritten nachvollziehbar zu machen, wurde ein Scoring-Modell eingesetzt, das üblicherweise zur Bewertung von Entscheidungsalternativen genutzt wird.

- In der praktischen Umsetzung des Scoring-Modells beim Untersuchungsgegenstand wurden insgesamt 43 Journalbuchungen als risikobehaftet identifiziert. Für diese Journalbuchungen sind weitergehende, einzelfallbezogene Prüfungshandlungen durchzuführen.

- Die multivariate Datenmustererkennung ist damit deutlich effizienter als ein univariates Vorgehen, das beim Untersuchungsgegenstand allein in Bezug auf den Wochentag „Sonntag" zu 1.042 risikobehafteten Journalbuchungen führt.

- Durch die Anpassung des Prüfungsvorgehens und den Einsatz der Datenmustererkennung liegen dem Abschlussprüfer nun konkrete Fälle von Verstößen i. e. S. vor, die als Ausgangspunkt für das Ziel „Management Override erkennen" dienen.

- Für diese Verstöße i. e. S. wurde zunächst über den Einsatz von Process-Mining-Verfahren nachgedacht, um für den konkreten Geschäftsvorfall den Prozessablauf noch einmal zu durchlaufen. Der Kern der Process-Mining-Verfahren besteht aus der Analyse von Daten, die vom IT-System aufgezeichnet wurden, wenn ein Geschäftsvorfall den Prozess durchlaufen hat (Event-Logs).

- Auf Basis dieser Event-Logs wird mithilfe von Algorithmen ein Modell generiert, das die bisher teilweise unbekannten und nicht sichtbaren realen Abläufe innerhalb des Prozesses aufdecken und damit transparent machen kann. Hierbei werden jedoch <u>alle</u> Geschäftsvorfälle berücksichtigt. Aktuell ist ein gutes Kosten-Nutzen-Verhältnis bei den Process-Mining-Verfahren daher nicht gegeben.

- Im Fokus der eigenen Weiterentwicklung steht daher nicht das „Mining", also das „Schürfen" nach bisher unbekanntem Wissen in einem „Datenberg", sondern eine

Analyse der Geschäftsprozesse und internen Kontrollen für ausgewählte Geschäftsvorfälle, konkret solche, die Verstöße i. e. S. beinhalten. Diese Weiterentwicklung zum Erkennen von Management Override wird als „Process-Fault-Tracing" bezeichnet. Grundsätzlich wird das Process-Fault-Tracing nur dann eingesetzt, wenn im Rahmen des Journal Entry Testings auch tatsächlich Verstöße i. e. S. identifiziert wurden; es unterscheidet sich damit von den Process-Mining-Verfahren. Aktuell ist das Process-Fault-Tracing das einzige Werkzeug des Abschlussprüfers, um Management Override hinreichend sicher und kostengünstig erkennen zu können.

- Die finale Beurteilung der Weiterentwicklungen des Journal Entry Testings zeigt, dass das Journal Entry Testing ein effizientes Werkzeug des Abschlussprüfers darstellen kann und insbesondere durch die Ergänzung um das Process-Fault-Tracing und das Scoring-Modell erhebliche Kostenreduzierungen ermöglicht.

Auf Basis dieser Forschungsergebnisse soll nun folgender Ausblick gegeben werden: Die Innovationen im Bereich „Big Data" und Digitalisierung sind längst nicht abgeschlossen und werden den Berufsstand der Wirtschaftsprüfer auch weiterhin vor immer neue Herausforderungen stellen. Wenn Unternehmen sich verändern und immer digitaler werden, um am Markt langfristig bestehen zu können, führt dies auch dazu, dass sich der Abschlussprüfer ebenfalls mit diesen Themen auseinandersetzen muss.

Anders als in der Vergangenheit benötigt der Abschlussprüfer nicht nur eine sehr gute fachliche Qualifikation, sondern auch entsprechend weitreichende IT-Kenntnisse, um mit der Entwicklung in den zu prüfenden Unternehmen mithalten zu können. Eine Trennung zwischen der IT-seitigen Komponente und der eigentlichen Abschlussprüfung, wie sie aktuell in der Praxis üblich ist, muss in der Zukunft entfallen, sodass ein fließender Übergang zwischen beidem entsteht. Dies erfordert auch ein Umdenken in der Aus- und Fortbildung des Berufsstands, das heute zwar schon in Ansätzen besteht (so z. B. die Zusatzqualifikation zum IT-Auditor IDW), aber noch nicht in allen Belangen den aktuellen Anforderungen entspricht.

Im Mittelstand kommt hinzu, dass der Abschlussprüfer seinen Mandanten eine holistische Lösung anbieten muss, um in der direkten Konkurrenz zu Unternehmens- und IT-Beratern zu bestehen. Unternehmen erwarten einen Abschlussprüfer auf Augenhöhe, wenn nicht sogar jemanden, der den teilweise noch sich in leitender Position befindlichen „digitalen Anfängern" einen Schritt voraus ist. Kann der Abschlussprüfer dies nicht bieten, wird er sich zukünftig auf das Häkchen machen beschränken müssen, anstatt der Geschäftsführung als kompetenter Berater zur Seite zu stehen.

Nicht nur im Mittelstand, sondern auch bei Unternehmen von öffentlichem Interesse wird das Know-how im IT-Bereich vor dem Hintergrund der EU-Abschlussprüferreform und der damit einhergehenden Rotation verstärkt zu einem Beurteilungs- bzw. Auswahlkriterium für Wirtschaftsprüfer werden. Kann der Abschlussprüfer nicht mit umfangreichen Kenntnissen hinsichtlich „Big Data Analytics“ aufwarten, wird er bei zukünftigen Ausschreibungen wohl nur geringe Chancen haben, den Prüfungsauftrag zu erhalten.

Neben dem Abschlussprüfer muss aber auch das Prüfungsvorgehen selbst auf den neuesten Stand gebracht werden, wobei die Kosten nicht aus den Augen verloren werden dürfen. Dazu ist es erforderlich, dass der Abschlussprüfer neue Werkzeuge in der Abschlussprüfung verwendet, um mit den wachsenden Datenmengen umzugehen und eine effektive und effiziente Prüfung sicherzustellen.

Das Buchungsjournal ist der ideale Ausgangspunkt nicht nur für das Erkennen von Verstößen i. e. S. und Fällen von Management Override, sondern auch für die Abdeckung weiterer Prüfungsziele. Sobald IT-basierte Werkzeuge den Umgang mit Massendaten innerhalb des Buchungsjournals praxistauglich machen, stellt sich auch die Frage, ob die jahrelang verwendete Summen-Saldenliste, die kaum Zusatzinformationen bietet, als Ausgangspunkt der Prüfung nicht vielleicht sogar ersetzt werden kann bzw. soll.

Die Forschungsergebnisse zeigen, dass das Journal Entry Testing ein erhebliches Potenzial besitzt, das bisher ungenutzt blieb. Die Einsatzmöglichkeiten des dargestellten Scoring-Modells beschränken sich nicht nur auf die Abschlussprüfung, sondern können neben forensischen Sonderuntersuchungen auch im Rahmen der Arbeit der internen Revision eingesetzt werden. Dabei würde eine praxisnahe Weiterentwicklung der bestehenden Software, z. B. durch eine entsprechende Oberflächenprogrammierung, die Akzeptanz bei den Anwendern erhöhen.

Zudem ist denkbar, das Wissen um bereits identifizierte Verstöße dazu zu verwenden, das Scoring-Modell mit Methoden der künstlichen Intelligenz weiterzuentwickeln. Konkret würden Muster der identifizierten Verstöße gesammelt und bei nachfolgenden

Abschlussprüfungen verwendet werden, um mögliche Verstöße i. w. S. im aktuellen Buchungsstoff zu identifizieren.

Großes Potenzial in der Zukunft haben auch die Process-Mining-Verfahren bzw. das Process-Fault-Tracing, da diese Verfahren dem Problem der Intransparenz, resultierend aus Digitalisierung und technischem Fortschritt, trotzen und ungeachtet der Zunahme automatisierter Prozessabläufe und interner Kontrollen die Möglichkeit eröffnen, Geschäftsprozesse und damit den Ablauf der Geschäftsvorfälle nachvollziehbar zu machen. Der große Vorteil resultiert daraus, dass die auf Basis der Event-Logs rekonstruierten Geschäftsprozesse dem tatsächlichen Ist-Ablauf entsprechen und sämtliche Aktivitäten innerhalb des Prozesses für den Abschlussprüfer einfach nachvollziehbar machen.

Insofern die praktische Umsetzung der vorgeschlagenen Verfahren die beschriebenen Kritikpunkte, insbesondere die damit verbundenen hohen Kosten, in der Zukunft lösen kann, bieten sich vielfältige Einsatzmöglichkeiten. So könnte die bisherige Prozessaufnahme entfallen und diese erleichterte Prüfung der internen Kontrollen zu deutlichen Effizienzgewinnen führen. Daraus resultiert zudem eine noch stärkere Ausrichtung der Abschlussprüfung an einer geschäftsprozessorientierten Vorgehensweise.

Selbst, wenn die Process-Mining-Verfahren aufgrund fehlender Lösungen für die bestehenden Probleme und somit insbesondere aus Effizienzgesichtspunkten nicht als Ausgangspunkt für das weitere Prüfungsvorgehen Anwendung finden, so bietet das Process-Fault-Tracing, das im Rahmen der vorliegenden Forschungsarbeit noch am Anfang steht, die Möglichkeit, Management Override gezielt aufzudecken und somit Schwachstellen im internen Kontrollsystem zu offenbaren.

Zusammenfassend ist festzuhalten, dass sich der Abschlussprüfer sowohl hinsichtlich Aus- und Fortbildung als auch mit seinen Werkzeugen an die Digitalisierung und den technischen Fortschritt anpassen muss.

Literaturverzeichnis

Aalst, Wil: Process mining. Data science in action, 2. Aufl., Springer Verlag, Berlin (2016).

Adelmeyer, Michael/Teuteberg, Frank: Cloud-Architekturen für Datenanalysen in Wirtschaftsprüfungsgesellschaften, HMD Praxis der Wirtschaftsinformatik (2016), S. 698–711.

AICPA: Statement on auditing standards No. 47 - audit risk and materiality in conducting an audit, The Journal of Accountancy (1984), S. 143–146.

Aigner, Ilse: Der digitale Wandel - Herausforderung für die bayerische Wirtschaft. In: *Bär, Christian/Fischer, Andreas/Gulden, Henning* (Hrsg.): Informationstechnologien als Wegbereiter für den steuerberatenden Berufsstand. Festschrift für Professor Dieter Kempf, Springer Verlag, Berlin (2016), S. 3–12.

Alpar, Paul/Niedereichholz, Joachim: Data mining im praktischen Einsatz. Verfahren und Anwendungsfälle für Marketing, Vertrieb, Controlling und Kundenunterstützung, Vieweg Verlag, Wiesbaden (2000).

Apostulu, Barbara/Pasewark, William/Stawser, Jerry: The effect of senior internal auditor behaviour on staff performance and satisfaction, Accounting and Business Research (1993), Vol. 23, S. 110–122.

Axhausen, Michael: § 5 Der Geschäftsführer, in Beck`sches Handbuch der GmbH, 4. Aufl., München (2009).

Backhaus, Klaus/Erichson, Bernd/Weiber, Rolf/Plinke, Wulff: Multivariate Analysemethoden. Eine anwendungsorientierte Einführung, 14. Aufl., Springer Verlag, Berlin (2015).

Baetge, Jörg/Hüls, Dagmar/Uthoff, Carsten: Früherkennung der Unternehmenskrise. Neuronale Netze als Hilfsmittel für Kreditprüfer. In: *Corsten, Hans/May, Constantin* (Hrsg.): Neuronale Netze in der Betriebswirtschaftslehre, Gabler Verlag, Wiesbaden (1996), S. 151–168.

Bühr, Josef/Gläser, Daniel: Die Rolle der digitalen Datenanalyse bei der Planung und Durchführung des Revisionsprogramms. In: *Deggendorfer Forum zur digitalen Datenanalyse e.V.* (Hrsg.): Digitale Datenanalyse, interne Revision und Wirtschaftsprüfung. Synergien nutzen - Prüfungen optimieren, Erich Schmidt Verlag, Berlin (2009), S. 11–30.

Bamberg, Günter/Coenenberg, Adolf/Krapp, Michael: Betriebswirtschaftliche Entscheidungslehre, 15. Aufl., Franz Vahlen Verlag, München (2012).

Bechmann, Arnim: Nutzwertanalyse, Bewertungstheorie und Planung, Haupt Verlag, Bern (1978).

Becker, Axel: Outsourcing als Prüfungsobjekt der internen Revision. In: *Becker, Axel/Berndt, Michael/Klein, Jochen* (Hrsg.): Outsourcing von Geschäftsbereichen, Finanz-Colloquium Heidelberg Verlag, Heidelberg (2009).

Bedard, Jean/Biggs, Stanley: Pattern Recognition, Hypotheses Generation, and Auditor Performance in an Analytical Task, The Accounting Review (1991), Vol. 66, No. 3, S. 622–642.

Behringer, Stefan: Compliance - Modeerscheinung oder Prüfstein für gute Unternehmensführung. In: *Behringer, Stefan* (Hrsg.): Compliance kompakt. Best Practice im Compliance-Management, 3. Aufl., Erich Schmidt Verlag, Berlin (2013), S. 29–48.

Benzécri, Jean-Paul: Correspondence analysis handbook, Marcel Dekker, New York (1992).

Biendarra, Guido: Fallbasierte Entscheidungsunterstützung für Jahresabschlussprüfungen, Peter Lang Verlag, Frankfurt am Main (1998).

Bierich, Marcus: Der wirtschaftliche Erfolg von Auslandsgesellschaften.Aufgabentypische Erfolgskonzeptionen in einem Unternehmensverbund. In: *Domsch, Michel/Eisenführ, Franz/Ordelheide, Dieter/Perlitz, Manfred* (Hrsg.): Unternehmungserfolg. Planung - Ermittlung - Kontrolle, Gabler Verlag, Wiesbaden (1988).

Bissantz, Nicolas/Hagedorn, Jürgen: Data Mining (Datenmustererkennung), Wirtschaftsinformatik (2009), Nr. 1, S. 139–144.

Bittner, Thomas: Funktions- und Risikoanalyse. In: *Dawid, Roman/Dorner, Klaus* (Hrsg.): Verrechnungspreise. Grundlagen und Praxis, 2. Aufl., Springer Gabler Verlag, Wiesbaden (2016), S. 85–136.

Blasius, Jörg: Korrespondenzanalyse: ein multivariates Verfahren zur Analyse qualitativer Daten, Historical Social Research (1987), Nr. 12, S. 172–189.

Blasius, Jörg: Korrespondenzanalyse, Oldenbourg Wissenschaftsverlag, München (2001).

BMF: Grundsätze zur ordnungsmäßigen Führung und Aufbewahrung von Büchern, Aufzeichnungen und Unterlagen in elektronischer Form sowie zum Datenzugriff (GoBD). In: BMF-Schreiben vom 14. November 2014 - IV A 4 - S 0316/13/10003 (2014), S. 1450.

Boecker, Corinna: Accounting Fraud aufdecken und vorbeugen. Formen der Kooperation von Unternehmensführung und -überwachung, Erich Schmidt Verlag, Berlin (2010).

Böhm, Theodor: Internes Kontrollsystem für die Personal- und Abrechnungspraxis unter Berücksichtigung der neuen GoBD, 2. Aufl., Datakontext Fachverlag, Frechen (2016).

Bönner, Arno/Riedl, Martin/Wenig, Stefan: Digitale SAP-Massendatenanalyse. Risiken erkennen - Prozesse optimieren, Erich Schmidt Verlag, Berlin (2011).

Bose, Indranil/Rao, Raghava/Ravi, Vadlamani/Ravisankar, Prasad: Detection of financial statement fraud and feature selection using data mining techniques, Decision Support System (2011), Nr. 50, S. 491–500.

Brähler, Gernot/Bensmann, Markus/Emke, Anna-Lena: Der Einsatz mathematisch-statistischer Methoden in der digitalen Betriebsprüfung, Ilmenauer Schriften zur Betriebswirtschaftslehre, Ilmenau (2010).

Bronner, Rolf/Dobrov, Igor/Matiaske, Wenzel: Die Korrespondenzanalyse in der Praxis der Datenauswertung, Schriften aus dem Arbeitskreis betriebswirtschaftliche Verhaltensforschung, Paderborn (1991).

Brösel, Gerrit/Freichel, Christoph/Toll, Martin/Buchner, Robert: Wirtschaftliches Prüfungswesen. Der Einstieg in die Wirtschaftsprüfung, 3. Aufl., Franz Vahlen Verlag, München (2015).

Brosius, Felix: SPSS-Programmierung. Effizientes Datenmanagement und Automatisierung mit SPSS, 2. Aufl., Mitp Verlag, Heidelberg (2008).

Buchholz, Antje/Sassen, Remmer/Jucknat, Jan: Ökonomische Ineffizienzen der Prüfung und Aufsicht privater Universalbanken. In: *Freidank, Carl-Christian* (Hrsg.): Rechnungslegung, Steuerung und Überwachung von Unternehmen. Aktuelle Entwicklungen, Krisenbewältigungen und Reformbestrebungen, Erich Schmidt Verlag, Berlin (2010), S. 295–333.

Bühl, Achim: SPSS 16. Einführung in die moderne Datenanalyse, 11. Aufl., Pearson Studium, München (2008).

Bundesministerium für Forschung und Bildung: Zukunftsbild "Industrie 4.0" (2013), in: https://www.bmbf.de/pub/Zukunftsbild_Industrie_4.0.pdf, abgerufen am 21. 12. 2016.

Bundesministerium für Wirtschaft und Energie: Industrie 4.0. Volks- und betriebswirtschaftliche Faktoren für den Standort Deutschland. Eine Studie im Rahmen der Begleitforschung zum Technologieprogramm AUTONOMIK für Industrie 4.0 (2015), in: https://www.bmwi.de/BMWi/Redaktion/PDF/F/industrie-4-0-volks-und_20betriebswirtschaftliche-faktoren-deutschland,property=pdf,bereich=bmwi2012,sprache=de,rwb=true.pdf, abgerufen am 21. 12. 2016.

Bundesverband der deutschen Industrie e.V.: Digitalisierung im Mittelstand zum Erfolg führen (2016), in: http://bdi.eu/media/user_upload/20160310_Positionspapier_Digitalisierung_im_Mittelstand_zum_Erfolg_fuehren.pdf, abgerufen am 15. 10. 2016.

Bungartz, Oliver: Handbuch Interne Kontrollsysteme (IKS). Steuerung und Überwachung von Unternehmen, 3. Aufl., Erich Schmidt Verlag, Berlin (2012).

Center for Audit Quality: Practice Aid for Testing Journal Entries and Other Adjustments Pursuant to AU Section 316 (2008), in: http://www.aicpa.org/InterestAreas/CenterForAuditQuality/Resources/CAQAuditLibrary/DownloadableDocuments/CAQ%20Practice%20Aid%20for%20Testing%20Journal%20Entries.pdf, abgerufen am 24. 8. 2016.

Cressey, Donald: Other people's money. A Study in the social psychology of embezzlement, The Free Press, Illinois, USA (1953).

Davis, Jefferson: Experience and Auditors´ Selection of Relevant Information for Preliminary Control Risk Assessment, Auditing: A Journal of Practice and Theory (1996), Vol. 15, S. 16–37.

Debreceny, Roger/Gray, Glen: Data Mining Journal Entries for Fraud Detection: An exploratory study, International Journal of Accounting Information Systems (2010), Nr. 11, S. 157–181.

Deckers, Marc/Hermann, Christian: Die kritische Grundhaltung des Abschlussprüfers (professional scepticism). Verhaltensanforderung und Charaktereigenschaft im Fokus aktueller Regulierungsbestrebungen, Der Betrieb (2013), Nr. 41, S. 2315–2321.

DeVries, Delwyn/Kiger, Jack: Journal entries and adjustments—your biggest fraud danger, The Journal of Corporate Accounting & Finance (2004), Nr. 15, S. 57–62.

Dörner, Dietrich: Prüfungsansatz, risikoorientierter. In: *Ballwieser, Wolfgang/Coenenberg, Adolf/Wysocki, Klaus* (Hrsg.): Handwörterbuch der Rechnungslegung und Prüfung, 3. Aufl., Schäffer-Poeschel Verlag, Stuttgart (2002), S. 1744–1762.

Eckert, Roland: Business Model Prototyping. Geschäftsmodellentwicklung im Hyperwettbewerb. Strategische Überlegenheit als Ziel, Springer Verlag, Wiesbaden (2014).

Eckstein, Peter: Angewandte Statistik mit SPSS. Praktische Einführung für Wirtschaftswissenschaftler, 8. Aufl., Gabler Verlag, Wiesbaden (2016).

Eggert, Sandy: ERP-Addons, ERP Management (2013), Nr. 3, S. 24–37.

Ernst & Young GmbH Wirtschaftsprüfungsgesellschaft: Fraud Survey – Ergebnisse für Deutschland (2014), in: http://www.ey.com/Publication/vwLUAssets/Praesentation_zur_EY_Fraud_Survey_2014/$FILE/Praesentation-EY-Fraud-Survey-2014.pdf, abgerufen am 18. 12. 2016.

Ewert, Ralf: Wirtschaftsprüfung und ökonomische Theorie - Ein selektiver Überblick -. In: *Richter, Martin* (Hrsg.): Theorie und Praxis der Wirtschaftsprüfung II. Wirtschaftsprüfung und ökonomische Theorie - Prüfungsmarkt - Prüfungsmethoden - Urteilsbildung, Erich Schmidt Verlag, Berlin (1999), S. 35–100.

Fasel, Daniel/Meier, Andreas: Was versteht man unter Big Data und NoSQL? In: *Fasel, Daniel/Meier, Andreas* (Hrsg.): Big Data. Grundlagen, Systeme und Nutzungspotenziale, Springer Verlag, Wiesbaden (2016), S. 3–17.

Fayyad, Usama/Piatetsky-Shapiro, Gregory/Smyth, Padhraic: From Data Mining to Knowledge Discovery in Databases, AI Magazine, American Association for Artificial Intelligence (1996), S. 37–54.

Feld, Klaus-Peter/Kreisel, Horst/Baum, Grit: Bedeutung der IT für die Abschlussprüfung, Die Wirtschaftsprüfung (2013), Nr. 12, S. 565–578.

Feld, Klaus-Peter: Die IT-Mittelstandsinitiative des IDW, Die Wirtschaftsprüfung (2013), Nr. 21, S. 1029–1034.

Frawley, William/Piatetsky-Shapiro, Gregory/Matheus, Christopher: Knowledge Discovery in Databases: An Overview, AI Magazine (1992), Vol. 13, S. 57–70.

Frick, Detlev/Gadatsch, Andreas/Schäffer-Külz, Ute: Grundkurs SAP ERP. Geschäftsprozess-orientierte Einführung mit durchgehendem Fallbeispiel, Vieweg Verlag, Wiesbaden (2008).

Fricke, Dirk: Einführung in die Korrespondenzanalyse, R.G. Fischer Verlag, Frankfurt am Main (1990).

Fuhrer, Erwin/Newton, Robert: PS 240 – Prüfung von Journalbuchungen. IT-gestützte Analyse, Der Schweizer Treuhänder (2013), Nr. 5, S. 277-282.

Füser, Karsten: Intelligentes Scoring und Rating. Moderne Verfahren zur Kreditwürdigkeitsprüfung, Gabler Verlag, Wiesbaden (2001).

Gee, Sunder: Fraud and fraud detection. A data analytics approach, John Wiley & Sons Inc., New Jersey (2015).

Gentsch, Peter: Data Mining im Controlling - Methoden, Anwendungsfelder und Entwicklungsperspektiven, Zeitschrift für Controlling und Management (2003), Sonderheft 2, S. 14–23.

Gerber, Frank: Die Analyse von Geschäftsprozessen aus Sicht der Abschlussprüfung. In: *Deggendorfer Forum zur digitalen Datenanalyse e. V.* (Hrsg.): Prozessoptimierung mit digitaler Datenanalyse. Ansätze und Methoden, Erich Schmidt Verlag, Berlin (2015), S. 49–76.

Gesellschaft für deutsche Sprache: "GfdS wählt "GroKo" zum Wort des Jahres 2013". (2013), in: http://gfds.de/gfds-waehlt-groko-zum-wort-des-jahres-2013-2/, abgerufen am 21. 12. 2016.

Gilpin, Sean: Nadel im digitalen Heuhaufen. Really Big Data: Forensische Datenanalyse in Rechtsstreitigkeiten und behördlichen Ermittlungen (2014), in: http://www.disputeresolution-magazin.de/wp-content/uploads/2014/12/09_Gilpin.pdf, abgerufen am 13. 11. 2016.

Göckeritz, Britta: Vorläufige Beurteilung des Internen Kontrollsystems im Rahmen der Jahresabschlussprüfung, Peter Lang Verlag, Frankfurt am Main (1999).

Goldshteyn, Michael/Gabriel, Alexandra/Thelen, Stefan: Massendatenanalysen in der Jahresabschlussprüfung. Grundlagen und praktische Anwendungen mit Hilfe von IDEA, IDW Verlag, Düsseldorf (2013).

Grassegger, Hannes/Krogerus, Mikael: "Ich habe nur gezeigt, dass es die Bombe gibt". (2016), in: https://www.dasmagazin.ch/2016/12/03/ich-habe-nur-gezeigt-dass-es-die-bombe-gibt/, abgerufen am 21. 12. 2016.

Grünendahl, Ralf/Steinbacher, Andreas/Will, Peter: Das IT-Gesetz: Compliance in der IT-Sicherheit. Leitfaden für ein Regelwerk zur IT-Sicherheit im Unternehmen, 2. Aufl., Vieweg & Teubner Verlag, Wiesbaden (2012).

Hamann, Christian: Die Aufdeckung doloser Handlungen im Unternehmen und die ansschließende Berichterstattung durch den Wirtschaftsprüfer im Rahmen der gesetzlichen Jahresabschlussprüfung, Cuvillier Verlag, Göttingen (2003).

Hamberger, Bernhard: Zum Umgang mit Massentransaktionen. Verhaltensmuster in Massendaten automatisiert erkennen, Der Schweizer Treuhänder (2001), Nr. 5, S. 493–499.

Hartke, Lars/Hohnhorst, Georg/Sattler, Gernot: SAP-Handbuch. Sicherheit und Prüfung. Praxisorientierter Revisionsleitfaden für SAP-Systeme, 4. Aufl., IDW Verlag, Düsseldorf (2010).

Härtl, Willi: Digitale Betriebsprüfung 2010. In: *Deggendorfer Forum zur digitalen Datenanalyse e.V.* (Hrsg.): Elektronische Betriebsprüfung. Neue Herausforderungen für Wirtschaftsprüfung und Steuerberatung, Erich Schmidt Verlag, Berlin (2011), S. 11–104.

Hauser, Harald: Jahresabschlussprüfung und Aufdeckung von Wirtschaftskriminalität, Nomos Verlag, Baden-Baden (2000).

Heiler, Siegfried/Michels, Paul: Deskriptive und explorative Datenanalyse, R. Oldenbourg Verlag, München (1994).

Hellmund, Uwe/Klitzsch, Walter/Schumann, Klaus: Grundlagen der Statistik, Moderne Industrie Verlag, Landsberg (1992).

Heno, Rudolf: Kreditwürdigkeitsprüfung mit Hilfe von Verfahren der Mustererkennung, Haupt Verlag, Bern (1983).

Henselmann, Klaus/Hofmann, Stefan: Accounting fraud. Case studies and practical implications, Erich Schmidt Verlag, Berlin (2010).

Henselmann, Klaus: Abschlussanalyse 4.0. In: *Bär, Christian/Fischer, Andreas/Gulden, Henning* (Hrsg.): Informationstechnologien als Wegbereiter für den steuerberatenden Berufsstand. Festschrift für Professor Dieter Kempf, Springer Verlag, Berlin (2016), S. 359–370.

Hermes, Heinz-Josef/Schwarz, Gerd: Outsourcing, Rudolf Haufe Verlag, München (2005).

Hofmann, Stefan: Handbuch Anti-Fraud-Management. Bilanzbetrug erkennen, vorbeugen, bekämpfen, Erich Schmidt Verlag, Berlin (2008).

Huber, Walter: Industrie 4.0 in der Automobilproduktion: Ein Praxisbuch, Springer Verlag, Wiesbaden (2016).

Hutzschenreuter, Thomas: Allgemeine Betriebswirtschaftslehre. Grundlagen mit zahlreichen Praxisbeispielen, 3. Aufl., Gabler Verlag, Wiesbaden (2009).

IDW: WP Handbuch 2012. Wirtschaftsprüfung, Rechnungslegung, Beratung, Band I, 14. Aufl., IDW Verlag, Düsseldorf (2012).

IIR-Arbeitskreis „IT-Revision": Revisionsaspekte bei User-Management-Systemen (UMS), Zeitschrift interne Revision (2007), Nr. 1, S. 8–17.

Intel IT Center: Peer Research. Big Data Analytics (2012), in: http://www.intel.co.za/content/dam/www/public/us/en/documents/reports/data-insights-peer-research-report.pdf, abgerufen am 20. 12. 2016.

Jackmuth, Hans-Willi: Prozessanalyse mittels innovativer Technologien. In: *Amling, Thomas/Bantleon, Ulrich* (Hrsg.): Praxis der Internen Revision. Management, Methoden, Prüffelder, Erich Schmidt Verlag, Berlin (2012), S. 419–443.

Jans, Mieke/Alles, Michael/Vasarhelyi, Miklos: Process Mining of Event Logs in Auditing: Opportunities and Challenges (2010), in: http://papers.ssrn.com/sol3/papers.cfm?abstract_id=1578912, abgerufen am 2. 10. 2016.

Jans, Mieke/Alles, Michael/Vasarhelyi, Miklos: A Field Study on the Use of Process Mining of Event Logs as an Analytical Procedure in Auditing, The Accounting Review (2014), Nr. 5, S. 1751–1773.

Kamm, Andreas: "Rasterfahndung" als Prüfungsansatz für die interne Revision (Teil 2): der risikoorientierte Kreditorenscan, Revisionspraxis (2013), Nr. 2, S. 66-72.

Keller, Thomas: Digitale Analyse von Finanzdaten. In: *Deggendorfer Forum zur digitalen Datenanalyse e.V.* (Hrsg.): Digitale Datenanalyse, interne Revision und Wirtschaftsprüfung. Synergien nutzen - Prüfungen optimieren, Erich Schmidt Verlag, Berlin (2009), S. 87–101.

Kemper, Guido/Gerzer, Thomas/Bachmann, Ronald: Big Data - Fluch oder Segen? Unternehmen im Spiegel gesellschaftlichen Wandels, Hüthig Jehle Rehm Verlag, Heidelberg (2014).

Kempf, Dieter: Aktuelle Entwicklungen und Trends in der IT, Die Wirtschaftsprüfung (2013), Nr. 12, S. 579–585.

Klinger, Michael/Klinger, Oskar: Das interne Kontrollsystem im Unternehmen. Checklisten, Organisationsanweisungen, Praxisbeispiele und Muster-Prüfberichte, 2. Aufl., Franz Vahlen Verlag, München (2011).

Knabe, Stephan/Mika, Sebastian/Müller, Klaus-Robert/Rätsch, Gunnar/Schruff, Wienand: Zur Beurteilung des Fraud-Risikos im Rahmen der Abschlussprüfung, Die Wirtschaftsprüfung (2004), Nr. 19, S. 1057–1068.

Kneer, Dan: The Teaching of an Effective and Efficient Audit Strategy, Issues in Accounting Education (1984), S. 121–135.

Kockläuner, Gerhard: Multivariate Datenanalyse. Am Beispiel des statistischen Programmpakets SPSS, Springer Verlag, Wiesbaden (2000).

Koederitz, Martina: Big Data Analytics: Besser als der Blick in die Glaskugel - Daten sind das Öl des 21. Jahrhunderts. In: *Bär, Christian/Fischer, Andreas/Gulden, Henning* (Hrsg.): Informationstechnologien als Wegbereiter für den steuerberatenden Berufsstand. Festschrift für Professor Dieter Kempf, Springer Verlag, Berlin (2016), S. 123–129.

Köhler, Annette: Audit 4.0 Wirtschaftsprüfung digital - Es ist nicht alles Gold, was glänzt. (2016), in: https://audit-committee-institute.de/docs/aci_quarterly_2016_3.pdf, abgerufen am 21. 12. 2016.

Kohne, Sabrina/Linden, Markus: Eignung von Verfahren der Mustererkennung im Process-Mining, Diskussionsbeiträge der Fakultät für Betriebswirtschaftslehre, Mercator School of Management, Universität Duisburg-Essen, Nr. 374 (2011).

Kollmann, Tobias/Schmidt, Holger: Die Notwendigkeit für ein Digital Leadership (2016), in: https://audit-committee-institute.de/docs/aci_quarterly_2016_3.pdf, abgerufen am 21. 12. 2016.

Köster, Christoph/Kuschel, Katharina/Ribbert, Michael: Risiko- und prozessbasierte Vorbereitung und Durchführung von Journal-Entry-Tests auf Basis von IDW PS 210, Die Wirtschaftsprüfung (2010), Nr. 14, S. 727–734.

Köster, Christoph/Ribbert, Michael: Prozessorientiertes Risikomanagement und dessen Prüfung. In: *Becker, Jörg/Kugeler, Martin/Rosemann, Michael* (Hrsg.): Prozessmanagement. Ein Leitfaden zur prozessorientierten Organisationsgestaltung, 7. Aufl., Springer Verlag, Berlin (2012), S. 515–542.

KPMG AG Wirtschaftsprüfungsgesellschaft: Tatort Deutschland. Wirtschaftskriminalität 2016 (2016), in: https://assets.kpmg.com/content/dam/kpmg/pdf/2016/07/wirtschaftskriminalitaet-2016-2-KPMG.pdf, abgerufen am 18. 12. 2016.

Krommes, Werner: Hinreichende Sicherheit. Zur Schutzfunktion von stufengeregelten Risikoanalysen auf Unternehmens- und Prozessebene im Rahmen der Abschlussprüfung, Der Betrieb (2009), Nr. 45, S. 2392–2396.

Krommes, Werner: Handbuch Jahresabschlussprüfung. Ziele, Technik, Nachweise. Wegweiser zum sicheren Prüfungsurteil, 4. Aufl., Gabler Verlag, Wiesbaden (2015).

Krüger, Ralph/Schult, Bernd/Vedder, Rainer: Digitale Betriebsprüfung. GDPdU in der Praxis. Grundsätze zum Datenzugriff und zur Prüfbarkeit digitaler Unterlagen, Gabler Verlag, Wiesbaden (2010).

Küppers, Bertram: Data Mining in der Praxis. Ein Ansatz zur Nutzung der Potentiale von Data Mining im betrieblichen Umfeld, Peter Lang Verlag, Frankfurt am Main (1999).

Laney, Doug: 3D Data Management: Controlling Data Volume, Velocity, and Variety (2001), in: https://blogs.gartner.com/doug-laney/files/2012/01/ad949-3D-Data-Management-Controlling-Data-Volume-Velocity-and-Variety.pdf, abgerufen am 21. 12. 2016.

Lanza, Richard/Gilbert, Scott: Maximizing Journal Entry Testing through Automation (2007a), in: https://iaonline.theiia.org/maximizing-journal-entry-testing-through-automation, abgerufen am 12. 8. 2015.

Lanza, Richard/Gilbert, Scott: A Risk-Based Approach to Journal Entry Testing. How software can help auditors detect fraud, Journal of Accountancy (2007b), S. 32–35.

Le Roux, Brigitte/Rouanet, Henry: Multiple correspondence analysis, Sage Publications, London (2010).

Leffson, Ulrich: Wirtschaftsprüfung, 4. Aufl., Gabler Verlag, Wiesbaden (1988).

Lichtenegger, Wolfgang: Methoden zur teilautomatischen Konstruktion von Ist-Prozessmodellen mittels Process Mining sowie zur Integration manuell konstruierter und automatisch generierter Ist-Prozessmodelle, Logos Verlag, Berlin (2012).

Lieder, Henning/Goldshteyn, Michael: Effizienzsteigerung der Abschlussprüfung durch Datenanalyse, Die Wirtschaftsprüfung (2013), Nr. 12, S. 586–595.

Littleton, Ananias: The Evolution of the Journal Entry, The Accounting Review (1928), S. 383–396.

Loitlsberger, Erich: Treuhand- und Revisionswesen, 2. Aufl., Poeschel Verlag, Stuttgart (1966).

Loraas, Tina/Searcy, DeWayne: Using Queries to Automate Journal Entry Tests: Agile Machinery Group, Inc., Accounting Education (2010), Vol. 25, S. 155–174.

Lück, Wolfgang: Jahresabschlussprüfung. Grundsätze für eine umfassende Prüfung der Rechnungslegung, Schäffer-Poeschel Verlag, Stuttgart (1993).

Maassen, André/Schoenen, Markus: Lern- und Arbeitsbuch SAP R/3®. Eine Einführung in die Konzepte, Vorgehensweisen und Zusammenhänge mit Geschäftsprozessen anhand eines umfassenden Fallbeispiels, Vieweg Verlag, Wiesbaden (2002).

Mann, Thomas: Buddenbrooks, Deutsche Buch-Gemeinschaft, Berlin (1909).

Marten, Kai-Uwe/Quick, Reiner/Ruhnke, Klaus: Wirtschaftsprüfung. Grundlagen des betriebswirtschaftlichen Prüfungswesens nach nationalen und internationalen Normen, 5. Aufl., Schäffer-Poeschel Verlag, Stuttgart (2015).

Mayer-Schönberger, Viktor/Cukier, Kenneth: Big Data. Die Revolution, die unser Leben verändern wird, Redline-Verlag, München (2013).

McKee, Thomas/Quick, Reiner: IT-Kenntnisse der wirtschaftsprüfenden Berufstände. -Eine empirische Untersuchung-, Die Wirtschaftsprüfung (2003), Nr. 10, S. 541-547.

Mertens, Peter: Die Theorie der Mustererkennung in den Wirtschaftswissenschaften, Schmalenbachs Zeitschrift für betriebswirtschaftliche Forschung (1977), S. 777–794.

Mertens, Peter/Bodendorf, Freimut/König, Wolfgang/Picot, Arnold/Schuhmann, Matthias: Grundzüge der Wirtschaftsinformatik, 11. Aufl., Springer Verlag, Berlin (2012).

Mielke, Frederik: Geschäftsrisikoorientierte Abschlussprüfung. Strukturvorgaben für die Prüfungsplanung und -durchführung sowie Analyse der Einflussfaktoren, IDW Verlag, Düsseldorf (2007).

Mochty, Ludwig: Die Aufdeckung von Manipulationen im Rechnungswesen - Was leistet das Benford`s Law-, Die Wirtschaftsprüfung (2002), Nr. 14, S. 725–736.

Mochty, Ludwig/Wiese, Michael: Die Netzwerkstruktur der Buchhaltung als Grundlage des risikoorientierten Prüfungsansatzes, Institut für Betriebswirtschaft und Volkswirtschaft (IBES), Universität Duisburg-Essen, Essen (2011).

Mochty, Ludwig: Journal Entry Network- und Geschäftsprozess-Analyse im Verbund. Ein dualer Revisionsansatz. In: *Deggendorfer Forum zur digitalen Datenanalyse e. V.* (Hrsg.): Prozessoptimierung mit digitaler Datenanalyse. Ansätze und Methoden, Erich Schmidt Verlag, Berlin (2015), S. 27–47.

Müller, Günter: Massendatenanalyse - Zukunftswerkzeug der internen Revision? In: *Deggendorfer Forum zur digitalen Datenanalyse e.V.* (Hrsg.): Digitale Datenanalyse, interne Revision und Wirtschaftsprüfung. Synergien nutzen - Prüfungen optimieren, Erich Schmidt Verlag, Berlin (2009), S. 59–70.

Nickenig, Karin/Wesselmann, Carsten: Angewandtes Rechnungswesen. Eine Einführung in die manuelle und EDV-gestützte Buchführung, Springer Verlag, Wiesbaden (2014).

Nicolai, Christiana: Die Nutzwertanalyse, Das Wirtschaftsstudium (1994), Nr. 5, S. 423–426.

Nigrini, MArk: Benford's Law: Applications for Forensic Accounting, Auditing, and Fraud Detection, John Wiley & Sons Inc., New Jersey (2012).

Nimwegen, Sebastian: Vermeidung und Aufdeckung von Fraud. Möglichkeiten der internen Corporate-Governance-Elemente, Josef Eul Verlag, Köln (2009).

o. V.: Marktanteile der führenden Anbieter am Umsatz mit Enterprise-Resource-Planning-Software (ERP) in Deutschland von 2011 bis 2013 (2016), in: http://de.statista.com/statistik/daten/studie/262275/umfrage/marktanteile-der-anbieter-von-erp-software-in-deutschland/, abgerufen am 18. 12. 2016.

Odenthal, Roger: Kriminalität am Arbeitsplatz. Korruption und Unterschlagung durch Mitarbeiter erkennen und verhindern, Gabler Verlag, Wiesbaden (2005).

Odenthal, Roger: Prüfsoftware im Einsatz. Handbuch für die praktische Analyse von Unternehmensdaten, Datev eG, Nürnberg (2006).

Odenthal, Roger: Korruption und Mitarbeiterkriminalität. Wirtschaftskriminalität vorbeugen, erkennen und aufdecken, 2. Aufl., Gabler Verlag, Wiesbaden (2009).

O'Gara, John: Corporate fraud. Case studies in detection and prevention, John Wiley & Sons Inc., New Jersey (2004).

Orth, Thomas: Überlegungen zu einem prozeßorientierten Prüfungsansatz, Die Wirtschaftsprüfung (1999), Nr. 15, S. 573–585.

Petry, Martin: Fast Close - Verkürzung von Aufstellungs- und Veröffentlichungszeiten für Jahres- und Konzernabschlüsse, Betriebsberater (2002), Nr. 32, S. 1635–1639.

Pierre Audoin Consultants: IT Innovation Readiness Index 2015 (2015), in: https://www.freudenberg-it.com/wp-content/uploads/2016/09/FIT_IT-Innovation-Readiness-Index-2015.pdf, abgerufen am 21. 12. 2016.

Pommeränke, Walter: Die Probleme der Jahresabschlussprüfung von Kreditinstituten bei automatischer Informationsverarbeitung, Dissertation, Frankfurt am Main (1971).

Quick, Reiner: Die Risiken der Jahresabschlussprüfung, IDW Verlag, Düsseldorf (1996).

Quick, Reiner/Wolz, Matthias: Benford's Law in deutschen Rechnungslegungsdaten, Betriebswirtschaftliche Forschung und Praxis (2003), Nr. 2, S. 208–224.

Rau, Simon: Statistisch-mathematische Methoden der steuerlichen Betriebsprüfung und die Strukturanalyse als ergänzende Alternative, Josef Eul Verlag, Köln (2012).

Richter, Wolf-Dietrich/Fischer, Dominik: Journal Entry Testing - Ein praxisorientierter Ansatz unter Verwendung der Netzwerkstruktur. In: *Deggendorfer Forum zur digitalen Datenanalyse e.V.* (Hrsg.): GoBD und Big Data. Neue Herausforderungen für die digitale Datenanalyse, Erich Schmidt Verlag, Berlin (2016), S. 85–105.

Richter-von Hagen, Cornelia/Stucky, Wolffried: Business-Process- und Workflow-Management. Prozessverbesserung durch Prozess-Management, B.G. Teubner Verlag, Wiesbaden (2004).

Romeike, Frank/Finke, Robert: Erfolgsfaktor Risiko-Management, Springer Verlag, Wiesbaden (2003).

Ruhnke, Klaus: Wissensbasierte Systeme für die Wirtschaftsprüfung - Die Eignung des Ansatzes der Mustererkennung für prüfungsspezifische Aufgabenstellungen, Diskussionsbeiträge/Fachbereich Wirtschaftswissenschaft, Universität Gesamthochschule Duisburg Nr. 171, Duisburg (1992).

Ruhnke, Klaus: Geschäftsrisikoorientierte Abschlussprüfung - Revolution im Prüfungswesen oder Weiterentwicklung des risikoorientierten Prüfungsansatzes?, Der Betrieb (2002), Nr. 9, S. 437–443.

Rüter, Andreas/Schröder, Jürgen/Göldner, Axel/Niebuhr, Jens: IT-Governance in der Praxis. Erfolgreiche Positionierung der IT im Unternehmen. Anleitung zur erfolgreichen Umsetzung regulatorischer und wettbewerbsbedingter Anforderungen, 2. Aufl., Springer Verlag, Berlin (2010).

Sailer, Christian/Flemming, Nico: Audit 4.0 - Wirtschaftsprüfung digital (2016), in: https://audit-committee-institute.de/docs/aci_quarterly_2016_3.pdf, abgerufen am 26. 12. 2016.

Salewski, Frank/Böttcher, Lars/Drexl, Andreas: Prüffeldorientierte Zuordnung von Prüfern für die operative Personaleinsatzplanung in Wirtschaftsprüfungsgesellschaften, OR Spektrum (1996), Nr. 18, S. 29–41.

Sampson, Wesley/Olan, Michael: An Innovation in Auditing: Matrix Summaries of Journal Entries, ABACUS : A Journal of Finance, Accounting and Business Studies (1992), Vol. 28, S. 133–141.

Sarkis, Joseph/Seol, Inshik: An analytic network process model for internal auditors selection, Applications of Management Science (2006), Nr. 8, S. 215–234.

Schaeffer, Mary: Fraud in accounts payable: How to prevent it, John Wiley & Sons Inc., New Jersey (2008).

Schendera, Christian: Datenqualität mit SPSS, Oldenbourg Wissenschaftsverlag, München (2007).

Schiel, Andreas: Risikobeurteilung von Bilanzmanipulationen. Eine empirische Analyse, Gabler Verlag, Wiesbaden (2012).

Schierenbeck, Henner: Grundzüge der Betriebswirtschaftslehre, 16. Aufl., Oldenbourg Wissenschaftsverlag, München (2003).

Schimm, Guido: Process Mining elektronischer Geschäftsprozesse. In: *Horster, Patrick* (Hrsg.): Elektronische Geschäftsprozesse. Grundlagen - Sicherheitsaspekte - Realisierungen - Anwendungen, IT-Verlag für Informationstechnik, Höhenkirchen (2001), S. 316–327.

Schindler, Joachim/Haußer, Jochen: Praktische Anwendung der ISA in Deutschland -Die Pflichten des Abschlussprüfers im Zusammenhang mit dolosen Handlungen und Verstößen gegen Gesetze und andere Rechtsvorschriften (ISA 240 und ISA 250), Die Wirtschaftsprüfung (2014), Nr. 19, S. 977–984.

Schmelter, Heinrich: IT-Unterstützung für interne Revision und Wirtschaftsprüfung. Praxisleitfaden zur Optimierung von Prüfungsplanung, -durchführung und -dokumentation, Erich Schmidt Verlag, Berlin (2010).

Schmidt, Stefan/Eibelshäuser, Beate: Praktische Anwendung der ISA in Deutschland - Das ISA-Risikomodell (ISA 300, ISA 315, ISA 330), Die Wirtschaftsprüfung (2013), Nr. 14, S. 696–707.

Schruff, Wienand: Zur Aufdeckung von Top-Management-Fraud durch den Wirtschaftsprüfer im Rahmen der Jahresabschlussprüfung, Die Wirtschaftsprüfung (2003), Nr. 17, S. 901–911.

Schuchter, Alexander: Perspektiven verurteilter Wirtschaftsstraftäter. Gründe ihrer Handlungen und Prävention in Unternehmen, Gabler Verlag, Wiesbaden (2012).

Schulz, Martin/Müller-Wickop, Niels/Werner, Michael/Nüttgens, Markus: Geschäftsprozessorientierte Prüfung von IT-Systemen, HMD- Praxis der Wirtschaftsinformatik (2013), Nr. 289, S. 41–51.

Schumann-Giesler, Ulrike: Datenkonsistenz bei heterogener Datenspeicherung. Konzept und prototypische Realisierung, Deutscher Universitätsverlag, Wiesbaden (1997).

Seibold, Holger: IT-Risikomanagement, Oldenbourg Wissenschaftsverlag, München (2006).

Selchert, Friedrich W.: Jahresabschlußprüfung der Kapitalgesellschaften, Gabler Verlag, Wiesbaden (1988).

Severus, Julia: Jahresabschlussprüfung in Form eines Joint Audit's. Eine fallstudienbasierte Wirkungsanalyse, Deutscher Universitäts-Verlag, Wiesbaden (2007).

Singleton, Tommie/Bologna, Jack/Singleton, Aaron/Lindquist, Robert: Fraud auditing and forensic accounting, 3. Aufl., John Wiley & Sons Inc., New Jersey (2006).

Stegmann, Wolfgang: Interne und externe Revision - die Erwartung des Unternehmens. In: *Deggendorfer Forum zur digitalen Datenanalyse e.V.* (Hrsg.): Digitale Datenanalyse, interne Revision und Wirtschaftsprüfung. Synergien nutzen - Prüfungen optimieren, Erich Schmidt Verlag, Berlin (2009), S. 32–58.

Stibi, Eva-Marie: Prüfungsrisikomodell und risikoorientierte Abschlussprüfung, IDW Verlag, Düsseldorf (1995).

Stocker, Thomas/Accorsi, Rafael/Rother, Tobias: Computergestützte Prozessauditierung mit Process Mining, HMD- Praxis der Wirtschaftsinformatik (2013), Nr. 292, S. 92–103.

Strebel, Heinz: Scoring-Modelle im Lichte neuer Gesichtspunkte zur Konstruktion praxisorientierter Entscheidungsmodelle, Der Betrieb (1978), S. 2181–2186.

Strecker, André/Reutter, Frank: Ermittlungen und Beweissicherung - Unterlagen und EDV. In: *Knierim, Thomas/Rübenstahl, Markus/Tsambikakis, Michael* (Hrsg.): Internal Investigations. Ermittlungen im Unternehmen, C.F. Müller, Heidelberg (2013), S. 181–196.

Swart, Christoph: Neue Transparenz durch Data Analytics. In: *Deggendorfer Forum zur digitalen Datenanalyse e.V.* (Hrsg.): Transparenz durch digitale Datenanalyse, Erich Schmidt Verlag, Berlin (2014), S. 13–36.

Sydon, Marcus: Die Prüfung der Standardsoftware SAP R/3 unter den revisionsspezifischen Gesichtspunkten einer Wirtschaftsprüfungsgesellschaft, Josef Eul Verlag, Köln (2012).

Terlinde, Christian: Aufdeckung von Bilanzmanipulationen in der deutschen Prüfungspraxis. Ergebnisse einer empirischen Studie, Deutscher Universitäts-Verlag, Wiesbaden (2005).

Tesch, Jörg: Stichwort „Retrograde Prüfung". In: *Freidank, Carl-Christian/Lachnit, Laurenz/Tesch, Jörg* (Hrsg.): Vahlens großes Auditing Lexikon, Franz Vahlen Verlag, München (2007), S. 1166.

Töller, Ernst-Rudolf/Gerber, Frank: Statistische Datenanalyse in der Jahresabschlussprüfung zur Nutzung quantitativer Verfahren bei analytischen Prüfungshandlungen. In: *Deggendorfer Forum zur digitalen Datenanalyse e.V.* (Hrsg.): Digitale Datenanalyse, interne Revision und Wirtschaftsprüfung. Synergien nutzen - Prüfungen optimieren, Erich Schmidt Verlag, Berlin (2009), S. 103–131.

Truijens, Thorsten/Neumann-Giesen, Axel/Weber, Jürgen: Organisationsform Shared-Service-Center. Herausforderungen an das Controlling, Wiley-VCH Verlag, Weinheim (2012).

Tukey, John: Exploratory data analysis, Addison-Wesley Publishing, Massachusetts (1977).

Urbach, Nils/Ahlemann, Frederik: IT-Management im Zeitalter der Digitalisierung. Auf dem Weg zur IT-Organisation der Zukunft, Springer Verlag, Berlin (2016).

Vodrazka, Karl: Ist die Unterscheidung zwischen formeller und materieller Prüfung noch aktuell? In: *Seicht, Gerhard* (Hrsg.): Management und Kontrolle. Festgabe für Erich Loitlsberger zum 60. Geburtstag, Duncker & Humblot, Berlin (1981), S. 97–120.

Vona, Leonard: The Fraud Audit. Responding to the risk of fraud in core business systems, John Wiley & Sons Inc., New Jersey (2011).

Wähnert, Andreas: Anwendbarkeit, Aussagekraft und Grenzen stochastischer Manipulationstests, Die steuerliche Betriebsprüfung (2008), Nr. 11, S. 312–318.

Ward, Jonathan/Barker, Adam: Undefined By Data: A Survey of Big Data Definitions (2013), in: https://arxiv.org/pdf/1309.5821v1.pdf, abgerufen am 21. 12. 2016.

Weber, Martin/Krahnen, Jan/Weber, Adelheid: Scoring-Verfahren - häufige Anwendungsfehler und ihre Vermeidung, Der Betrieb (1995), Nr. 33, S. 1621–1626.

Wenzel, Paul: Geschäftsprozeßoptimierung mit SAP-R/3. Modellierung, Steuerung und Management betriebswirtschaftlich-integrierter Geschäftsprozesse, Vieweg Verlag, Wiesbaden (1995).

Werner, Michael/Gehrke, Nick: Potentiale und Grenzen automatisierter Prozessprüfungen durch Prozessrekonstruktionen (2011), in: https://www.wiso.uni-hamburg.de/fileadmin/wiso_fs_wi/Publikationen/Michael/Werner_und_Gehrke_-_2011_-_Potentiale_und_Grenzen_automatisierter_Prozesspruefungen_durch_Prozessrekonstruktionen.pdf, abgerufen am 28. 8. 2016.

Werner, Michael: Einsatzmöglichkeiten von Process Mining für die Analyse von Geschäftsprozessen im Rahmen der Jahresabschlussprüfung (2012), in: https://www.wiso.uni-hamburg.de/fileadmin/wiso_fs_wi/Publikationen/Michael/Werner_-_2012_-_Einsatzmoeglichkeiten_von_Process_Mining_fuer_die_Analyse_von_Geschaeftsprozessen_im_Rahmen_der_Jahresabschlusspruefung.pdf.pdf, abgerufen am 28. 8. 2016.

Wich, Holger: Internes Kontrollsystem und Management-Informationssystem. Analyse der Systembedeutung für Unternehmensleitung und Abschlussprüfer, Peter Lang Verlag, Frankfurt am Main (2008).

Wiedmann, Harald: Der risikoorientierte Prüfungsansatz, Die Wirtschaftsprüfung (1993), Nr. 1, S. 13–25.

Wiedmann, Harald: Ansätze zur Fortentwicklung der Abschlussprüfung, Die Wirtschaftsprüfung (1998), Nr. 7, S. 338–350.

Wiese, Michael: Aussagebezogene Abschlussprüfung, IDW Verlag, Düsseldorf (2013).

Wilde, Klaus: Bewertung von Produkt-Markt-Strategien. Theorie und Methoden, Duncker & Humblot, Berlin (1989).

Wollgarten, Stephan: Kanzleikooperationen in Steuerberatung und Wirtschaftsprüfung. Eine empirische Analyse von Coopetition-Modellen als strategische Gestaltungsoption des Kanzleimanagements, Springer Verlag, Wiesbaden (2015).

WPK: Zeitpunkt der verpflichtenden Anwendung der ISA in Deutschland, in: http://www.wpk.de/neu-auf-wpkde/alle/2015/sv/zeitpunkt-der-verpflichtenden-anwendung-der-isa-in-deutschland/, abgerufen am 21. 12. 2016.

Wrobel, Stefan: Data Mining und Wissensentdeckung in Datenbanken, Künstliche Intelligenz (1998), Nr. 1, S. 6–10.

Wysocki, Klaus: Prüfungsgrundsätze und Prüfungsverfahren nach den nationalen und internationalen Prüfungsstandards, Oldenbourg Wissenschaftsverlag GmbH, München (2003).

Zangemeister, Christof: Nutzwertanalyse in der Systemtechnik. Eine Methodik zur multidimensionalen Bewertung und Auswahl von Projektalternativen, 5. Aufl., Zangemeister & Partner Verlag, Norderstedt (2014).

Zardari, Noorul/Ahmed, Kamal/Shirazi, Sharif/Yusop, Zulkifli: Weighting methods and their effects on multi-criteria decision making model outcomes in water resources management, Springer Verlag, Heidelberg (2015).

Zentrum für Europäische Wirtschaftsforschung: Digitalisierung im Mittelstand: Status Quo, aktuelle Entwicklungen und Herausforderungen (2016), in: https://www.kfw.de/PDF/Download-Center/Konzernthemen/Research/PDF-Dokumente-Studien-und-Materialien/Digitalisierung-im-Mittelstand.pdf, abgerufen am 21. 12. 2016.

Zimmermann, Erhard: Theorie und Praxis der Prüfungen im Betriebe, W. Girardet Verlag, Essen (1954).

Verzeichnis der Gesetze und berufsständischen Verlautbarungen

AktG (2016): Aktiengesetz vom 6. September 1965. In BGBl. I: 1089, zuletzt geändert durch Gesetz vom 10.05.2016, in BGBl. I: 1142.

GmbHG (2016): Gesetz betreffend die Gesellschaften mit beschränkter Haftung vom 20. April 1892. In RGBl. I: 477, zuletzt geändert durch Gesetz vom 10.05.2016, in BGBl. I: 1142.

HGB (2016): Handelsgesetzbuch vom 10. Mai 1897. In RGBl. I: 219, zuletzt geändert durch Gesetz vom 05.07.2016, in BGBl. I: 1578.

IDW/WPK: Anforderungen an die Qualitätssicherung in der Wirtschaftsprüferpraxis (VO 1/2006), in: http://www.wpk.de/pdf/VO_1-2006.pdf, abgerufen am 21. 12. 2016.

IDW (Hrsg.): Rechnungslegungsstandard: Grundsätze ordnungsmäßiger Buchführung bei Einsatz von Informationstechnologie (IDW RS FAIT 1), IDW Fachnachrichten 11/2002, Düsseldorf (2002).

IDW (Hrsg.): Prüfungshinweis: Besonderheiten der Abschlussprüfung kleiner und mittelgroßer Unternehmen (IDW PH 9.100.1), IDW Fachnachrichten 1-2/2007, Düsseldorf (2007).

IDW (Hrsg.): Prüfungshinweis: Prüfung von IT-gestützten Geschäftsprozessen im Rahmen der Abschlussprüfung (IDW PH 9.330.2), IDW Fachnachrichten 2/2011, Düsseldorf (2011).

IDW (Hrsg.): Prüfungshinweis: Einsatz von Datenanalysen im Rahmen der Abschlussprüfung (IDW PH 9.330.3), IDW Fachnachrichten 1/2011, Düsseldorf (2011).

IDW (Hrsg.): Prüfungsstandard: Ziele und allgemeine Grundsätze der Durchführung von Abschlußprüfungen (IDW PS 200), IDW Fachnachrichten 7/2000, Düsseldorf (2000).

IDW (Hrsg.): Prüfungsstandard: Abschlussprüfung bei Einsatz von Informationstechnologie (IDW PS 330), IDW Fachnachrichten 11/2002, Düsseldorf (2002).

IFAC (Hrsg.): International Standard on Auditing (ISA 200), "Overall Objectives of the Independent Auditor and the Conduct of an Audit in Accordance with International Standards on Auditing", in IFAC, (HRSG.): Handbook of International Quality Control, Auditing, Review, Other Assurance, and Related Services Pronouncements, New York (2010).

IFAC (Hrsg.): International Standard on Auditing (ISA 230), "Audit Documentation", in IFAC, (HRSG.): Handbook of International Quality Control, Auditing, Review, Other Assurance, and Related Services Pronouncements, New York (2010).

IFAC (Hrsg.): International Standard on Auditing (ISA 240), "The Auditor's Responsibilities Relating to Fraud in an Audit of Financial Statements", in IFAC, (HRSG.): Handbook of International Quality Control, Auditing, Review, Other Assurance, and Related Services Pronouncements, New York (2010).

IFAC (Hrsg.): International Standard on Auditing (ISA) 250, "Consideration of Laws and Regulations in an Audit of Financial Statements", in IFAC, (HRSG.): Handbook of International Quality Control, Auditing, Review, Other Assurance, and Related Services Pronouncements, New York (2010).

IFAC (Hrsg.): International Standard on Auditing (ISA 300), "Planning an Audit of Financial Statements", in IFAC, (HRSG.): Handbook of International Quality Control, Auditing, Review, Other Assurance, and Related Services Pronouncements, New York (2010).

IFAC (Hrsg.): International Standard on Auditing (ISA 315), "Identifying and Assessing the Risks of Material Misstatement through Understanding the Entity and Its Environment", in IFAC, (HRSG.): Handbook of International Quality Control, Auditing, Review, Other Assurance, and Related Services Pronouncements, New York (2010).

IFAC (Hrsg.): International Standard on Auditing (ISA) 320, "Materiality in Planning and Performing an Audit", in *IFAC, (HRSG.):* Handbook of International Quality Control, Auditing, Review, Other Assurance, and Related Services Pronouncements, New York (2010).

IFAC (Hrsg.): International Standard on Auditing (ISA) 330, "The Auditor's Responses to Assessed Risks", in *IFAC, (HRSG.):* Handbook of International Quality Control, Auditing, Review, Other Assurance, and Related Services Pronouncements, New York (2010).

IFAC (Hrsg.): International Standard on Auditing (ISA 401), "Auditing in a Computer Information Systems Environment", in *IFAC, (HRSG.):* Handbook of International Quality Control, Auditing, Review, Other Assurance, and Related Services Pronouncements, New York (2010).

IFAC (Hrsg.): International Standard on Auditing (ISA 500), "Audit Evidence", in *IFAC, (HRSG.):* Handbook of International Quality Control, Auditing, Review, Other Assurance, and Related Services Pronouncements, New York (2010).

IFAC (Hrsg.): International Standard on Auditing (ISA) 520, "Analytical Procedures", in *IFAC, (HRSG.):* Handbook of International Quality Control, Auditing, Review, Other Assurance, and Related Services Pronouncements, New York (2010).

IFAC (Hrsg.): International Standard on Auditing (ISA) 530, "Audit Sampling", in *IFAC, (HRSG.):* Handbook of International Quality Control, Auditing, Review, Other Assurance, and Related Services Pronouncements, New York (2010).

IFAC (Hrsg.): International Standard on Auditing (ISA) 550, "Related Parties", in *IFAC, (HRSG.):* Handbook of International Quality Control, Auditing, Review, Other Assurance, and Related Services Pronouncements, New York (2010).